UNDERSTANDING AIR COMBAT SYSTEMS
항공무기의 이해

UNDERSTANDING AIR COMBAT SYSTEMS

항공무기의 이해

임상민 지음

| 머리말 |

하늘을 지배하고자 탄생한 항공무기체계가 만들어진 지 이제 100년 가까운 시간이 흘렀다. 제1차 세계대전 당시 등장했던 전투기와 항공무기체계는 기술의 진보에 따라 이제 현대전의 승패를 좌우하는 핵심 무기 체계로 자리 잡게 되었다.

이처럼 현대전에서 중요한 비중을 차지하는 항공무기체계는 관계자뿐만 아니라 무기 체계에 관심이 많은 일반 대중까지 쉽고 빠르게 이해하기 원하지만, 이는 쉽지 않은 일이다. 특히 첨단 과학 기술의 결정체인 항공무기체계를 전반적으로 이해하는 것은 전문가라도 쉽지 않다. 발달된 인터넷 환경 덕분에 간단한 무기 체계 제원이나 사진 정도는 누구라도 쉽게 접할 수 있지만, 항공무기체계에 대한 체계적인 지식을 얻기에는 한계가 있는 것이 사실이다.

이 책은 항공무기체계에 관심이 있는 일반인과 마니아, 더 나아가서는 항공무기 관련 분야를 직업으로 하고 있는 관계자나 전문가들에게 항공무기에 대한 체계적인 지식과 정보를 제공하고자 발간했다. 이를 위해 전투기 세대 구분과 6세대 전투기 전망에서부터, 무인 전투기와 유무인 복합 체계, 첨단 센서, 정밀 유도 무기, 공대공·공대지 미사일에 이르기까지 항공무기체계에 대한 다양한 영역을 서술하고 있다. 또한 미국·유럽·러시아·중국의 주요 항공무기, 폭격기·공격기·수송기·지원기까지 넓은 범위를 아우르며, 항공전력 발전의 역사적 맥락과 기술적 특성을 균형 있게 담고 있다. 더 나아가 개발 과정에서 빛을 보지 못했으나 항공사적으로 의미 있는 '비운의 명기'들까지 소개하여, 항공무기 발전사를 입체적으로 조망할 수 있도록 구성했다.

『항공무기의 이해』는 우리 공군을 대표하는 매체인 〈월간공군〉에 2022년부터 2024년까지 매달 연재되었던 'Aero Detail' 코너와 우리 군을 대표하는 매체인 〈국방일보〉에 2009년부터 2010년까지 2년간 매주 연재되었던 '항공무기 이야기' 코너의 글을 선별·재편집·최신화하여 한 권으로 엮은 책이다. 부족한 글이지만 이렇게 한 권의 책으로 엮어질 수 있도록 장기간 연재를 허락한 〈국방일보〉와 〈월간공군〉에 깊은 감사의 말씀을 전한다.

끝으로 본서에 수록된 모든 내용은 1980년대부터 저자가 공개 자료를 토대로 개인적으로 연구한 내용이며, 방위사업청 또는 관련 기관의 공식적인 입장, 자료와 일체 관련이 없음을 밝힌다. 그리고 유투브 등의 무분별한 무단 전재를 금하고, 활용 시 출처 명기와 저자의 사전 동의가 필요함을 밝힌다.

2025년 10월
임상민

| 추천사 |

2025년 3월 21일, 미국 트럼프 대통령은 6세대 전투기 F-47 제작사로 보잉사를 선정했다고 발표했다. 이에 앞서 중국은 2024년 12월 26일, 독자 개발한 6세대 스텔스 전투기 J-36, J-50의 시험 비행을 노출시키면서 6세대 전투기 개발을 추진하고 있다.

유럽도 영국과 프랑스를 중심으로 각각 GCAP, FCAS 등 6세대 전투기 개발을 진행 중이다. 세계 주요 강국들의 6세대 전투기 대전이 벌어지고 있는 듯한 양상이다.

우리 정부와 군도 KF-16 이상의 성능을 갖는 KF-21 전투기를 독자 개발하고 있다. 이와 별개로 6세대급의 성능을 갖는 차세대 전투기도 개발 계획을 수립하고 있는 중이다.

정부와 군이 F-X 3차 사업을 통해 F-35를 도입하고, KF-21 사업을 통해 주력 전투기 증강을 추진하고 있지만, 주변국의 공군력은 이보다 빠르게 강화되고 있다. 일본은 F-35A와 F-35B를 합쳐 총 147대 도입을 결정했다. 뿐만 아니라 일본은 GCAP 사업에도 참여하여 2030년대에는 6세대 전투기까지 확보할 계획이다. 중국은 5세대 스텔스 전투기인 J-20을 대량생산하면서 기존 전투기의 세대 교체를 급속히 추진하고 있고, 6세대 전투기까지 시험 비행을 실시하고 있는 실정이다.

이에 따라 중국과 일본이 도입하거나 개발하는 스텔스 전투기들은 어느 정도의 성능을 갖고 있는가, 향후 우리는 KF-21을 어떻게 성능 개량해야 하는지, 그리고 어떤 전투기를 어떤 수준으로 개발해야 하는가 등에 대한 궁금증이 커지고 있다. 이는 항공무기의 과거와 현재, 미래에 대해 종합적이고 체계적인 지식이 있어야 풀 수 있다. 하지만 이에 대해 시원하게 답을 해줄 만한 서적은 거의 없는 듯하다.

그런 점에서 방위사업청의 임상민 박사가 이번에 발간한 『항공무기의 이해』는 이런 궁금증들을 푸는 데 큰 도움을 줄 것으로 기대된다. 이 책은 전투기 세대, 임무 장비, 무장, 센서부터 주요국의 항공무기체계 소개까지 항공무기체계의 모든 것을 망라한 항공무기 백과사전이자 교과서라 할 만하다.

바쁜 공무 수행 중에도 역저를 펴낸 임상민 박사의 노력에 경의를 표하면서 항공무기에 관심을 가진 일반 독자는 물론 항공무기체계 개발 및 도입 사업에 참여하는 정부 및 군 관계자들에게도 일독을 권한다.

2025년 10월
제22대 국회의원 유용원

| 추천사 |

『항공무기의 이해』 발간을 진심으로 축하드립니다. 이 책은 2022년부터 월간『공군』의 'Aero Detail' 코너에 연재된 심층 기사를 선별·재편집하여 한 권으로 엮은 것입니다. 월간『공군』은 창간 이래 우리 공군의 역사와 사명, 그리고 항공력을 국민과 함께 공유해온 소중한 매체입니다. 그중에서도 'Aero Detail'은 장기간 연재되며 항공무기체계에 대한 전문성 있는 내용을 꾸준히 전달해 왔습니다. 그리고 이제 이 글들이 책으로 묶여, 더 많은 독자에게 전해질 수 있게 된 것을 기쁘게 생각합니다.

『항공무기의 이해』는 월간『공군』에서 연재된 전투기 세대 구분과 6세대 전투기 전망, 무인 전투기와 유·무인 복합 체계, 첨단 센서, 정밀유도무기, 공대공·공대지 미사일 등 항공무기체계와 관련된 다양한 지식을 알기 쉽고 재미있게 소개하고 있습니다. 그리고 미국·유럽·러시아·중국의 주요 항공무기, 폭격기·공격기·수송기·지원기 등 주변국의 항공무기와 항공사적으로 의미 있는 '비운의 명기'들까지 소개하여 항공무기 발전사를 입체적으로 조망할 수 있도록 구성하고 있습니다.

이 책은 공군 장병과 항공 관련 분야 종사자들뿐만 아니라 항공과 군사 분야에 관심을 가지고 있는 일반 독자들에게도 유익한 독서 경험을 제공할 것이라고 확신하며 자신있게 일독을 권합니다.

다시 한번 『항공무기의 이해』의 출간을 진심으로 축하드리며 이 책이 대한민국에서 항공 분야에 대한 저변을 넓힐 수 있는 소중한 마중물이 되기를 기대합니다.

2025년 10월
공군본부 정훈실장 대령 김권희

| 축사 |

　『항공무기의 이해』의 출간을 진심으로 축하드립니다. 이 책은 전투기 세대, 임무 장비, 무장, 센서부터 주요국의 항공무기체계 소개까지 항공무기 분야의 전 영역을 체계적으로 다룬 종합 전문 서적입니다.

　항공무기체계는 단순한 무기 체계를 넘어, 과학 기술의 집약체이자 국가 안보의 핵심 전력입니다. 이에 대한 정확한 이해와 깊이 있는 연구는 항공 분야에 종사하는 모든 이에게 필수적인 소양이라 할 수 있습니다. 『항공무기의 이해』는 방대한 관련 자료 분석을 바탕으로, 학부 학생은 물론 석사·박사 과정의 대학원생들에게도 큰 학문적 가치를 제공할 것입니다. 특히 항공무기체계에 대한 기본 지식부터 첨단 기술 동향까지 폭넓게 다루고 있어, 전공 교육뿐 아니라 학문적 연구와 실무 역량 강화에도 크게 기여하리라 생각합니다.

　이 책은 학생들이 항공무기 분야에서 전문성을 함양하고, 나아가 관련 진로를 설계하는 데 든든한 길잡이가 될 것입니다. 항공무기 개발, 운용, 항공전자 및 무장 시스템 설계 등 다양한 분야로의 진출을 준비하는 과정에서 본서는 이론과 실무를 아우르는 소중한 학습 자료가 될 것입니다. 또한 항공기 제작업체를 비롯한 국방 연구기관, 방산 관련 기업에 진출하고자 하는 이들에게는 해당 산업의 기술·공학적 이해를 심화시키는 좋은 참고 서적이 될 것입니다.

더 나아가 『항공무기의 이해』는 단순한 지식 전달을 넘어, 학생들이 미래 항공무기체계의 발전 방향을 주도할 창의적 인재로 성장하도록 영감을 줄 것입니다. 『항공무기의 이해』가 제시하는 풍부한 역사적 사례와 최신 기술 분석은, 독자들에게 변화하는 안보 환경 속에서 항공무기 발전이 지닌 전략적 함의를 재조명하게 하고, 새로운 도전과 혁신의 가능성을 모색하게 할 것입니다.

끝으로, 『항공무기의 이해』를 집필한 임상민 박사의 헌신과 열정에 깊은 감사를 드립니다. 아울러 본서를 접하게 될 모든 독자들이, 이를 통해 더욱 깊은 학문적 성취와 전문성을 이루어 나가기를 기대합니다. 『항공무기의 이해』가 대한민국 항공우주산업의 발전에 크나큰 밑거름이 되기를 기원합니다.

2025년 10월
한국항공대학교 총장 허희영

| 축사 |

『항공무기의 이해』 발간을 진심으로 축하드립니다. 우리나라는 T-50 고등훈련기 등의 개발로 축적한 기술과 경험을 토대로, 현재 KF-21 보라매 전투기 개발 성공의 마무리 단계에 있습니다. 그러나 진정한 KF-21 보라매 전투기의 완성은 우리가 개발한 공대공, 공대지 등 항공무장의 장착에 있다 할 수 있을 것입니다. 이에 중-장기적으로 항공무기 개발의 필요성이 대두되고 있는데, 이는 우리의 항공우주력 발전의 중대한 도전이자 기회가 되고 있습니다. 이러한 첨단 무기 체계 개발 사업에서 가장 중요한 것은 '해당 무기 체계에 대한 올바른 이해'라고 생각합니다.

『항공무기의 이해』는 전투기 세대, 임무 장비, 무장, 센서부터 주요국의 항공무기체계 소개까지 항공무기체계 전반을 심층적으로 다룬 종합 지침서입니다. 이 책은 방위사업청에서 항공무기체계의 연구개발 사업을 관리하거나, 국외 구매 사업을 수행하는 사업 관리 요원들에게 항공무기체계를 깊이 있게 이해할 수 있는 귀중한 자료가 될 것입니다. 더불어 전력 업무를 수행하는 군 관계자들에게도, 항공무기의 기술적 특성과 발전 추세를 이해하는 데 큰 도움이 될 것입니다.

또한 이 책은 국책연구소에서 무기체계 연구에 종사하는 연구원은 물론, 방위산업체에서 항공무기를 설계·개발하는 엔지니어들에게도 실질적인 이론적 기반과 기술적 통찰을 제공할 것입니다. 항공무기에 대한 깊고 폭넓은 지식과 이해는 결국 연구개발 현장에서의 의사결정 효율성을 높이고, 군의 무기 체계 전력화를 앞당기는 밑거름이 될 것입니다. 아울러 수많은 항공 애호가들에게도 전문 지식을 심화시킬 수 있는 좋은 참고자료가 될 것입니다.

이 책이 방위사업청과 군, 연구기관, 산업계, 그리고 항공을 사랑하는 모든 이에게 영감을 주고, 대한민국이 세계적인 항공무기 강국으로 나아가는 여정에 든든한 지침서가 되기를 기대합니다. 『항공무기의 이해』가 우리 미래 항공무기체계의 비전을 함께 그려나가는 이정표가 되기를 진심으로 기원합니다.

2025년 10월
(前)방위사업청 항공기사업부장 김종태

| 축사 |

『항공무기의 이해』 출간을 진심으로 축하드립니다. 오늘날 동북아 안보 환경은 그 어느 때보다 복잡하고 도전적입니다. 북한은 핵과 미사일 능력을 지속적으로 강화하고 있으며, 중국은 스텔스 전투기와 장거리 공대공 미사일을 비롯한 항공전력 현대화를 가속하고 있습니다. 러시아 또한 스텔스 전투기와 전자전 능력을 증강하고 있습니다. 이러한 주변국의 항공전력 증강은 대한민국의 지속적인 번영과 안보를 위해 반드시 고려해야 할 요소입니다.

대한민국은 이러한 위협에 맞서 KF-21 보라매 전투기 개발을 성공적으로 추진하였고, 동시에 6세대 전투기 개발을 준비하고 있습니다. 이와 같은 전력 증강 사업을 성공적으로 수행하기 위해서는 첨단 무기 체계에 대한 깊이 있는 이해와 전문성이 필수적입니다. 무기 체계의 기술적 특징과 운용 개념, 발전 추세를 정확히 이해해야만 미래 전장 환경에 적합한 전략 수립, 미래 전력 기획, 전력 운용 개념을 발전시킬 수 있습니다..

『항공무기의 이해』는 이러한 측면에서 매우 중요한 전문 서적입니다. 전투기 세대, 임무 장비, 무장, 센서부터 주요국의 항공무기체계 소개까지 종합적으로 다루고 있어, 미래 전력을 기획하는 전문가들에게 실질적인 도움이 될 것입니다.

이 책은 무기 체계의 최신 개발 현황과 적용 기술을 일목요연하게 분석하고 있어 무기 체계 운용자에게도 유용할 것입니다. 특히 항공기를 조종하는 공군 조종사들에게는 적 항공전력과 아군 무기 체계를 종합적으로 이해할 수 있는 기회를 제공하며, 이를 통해 효과적인 임무 계획과 전술 운용에도 도움이 될 수 있을 것이라 판단됩니다.

나아가 『항공무기의 이해』는 지상과 해상무기 관련 개발자와 운용자에게도 타 무기 체계를 이해할 수 있는 기반을 마련하게 될 것입니다. 이는 합동 작전 환경에서 각 군이 보다 긴밀히 협력하고, 효율적인 전력 운용과 개발 방향을 설정하는 데 중요한 역할을 할 것입니다.

끝으로, 이 책을 집필한 임상민 박사의 헌신과 노력에 감사드리며, 『항공무기의 이해』가 대한민국 발전과 안보에 기여하는 전문 지식의 토대가 되기를 기대합니다.

2025년 10월
(前)합동군사대학교 총장 박찬근

| 축사 |

『항공무기의 이해』가 출간됨을 진심으로 축하드립니다. 이 책은 전투기 세대별 구분을 포함해서, 임무 장비, 항공 무장, 정밀 센서 및 주요 국가의 항공무기체계 소개까지 항공무기체계 전반을 폭넓고 심층적으로 다룬 전문 서적입니다.

항공무기체계는 국가 방위력의 핵심이며, 그 개발 과정에서 다양한 분야의 과학 기술과 정밀한 공학적 분석 결과를 유기적으로 최적화하는 체계 종합 기술을 필요로 합니다. 『항공무기의 이해』는 이러한 복합적 기술 분야를 한 권의 책으로 정리하여, 항공무기체계 연구 개발에 종사하는 연구원들에게 실질적인 도움이 될 것이며, 특히 다양한 세대별 전투기 설계와 운용 사례, 최신 무장과 항공전자 기술에 대한 내용들을 폭넓게 다루고 있어, 항공무기체계 연구 개발의 방향 설정과 전략 수립에도 직접적인 도움을 줄 것으로 생각됩니다.

이 책은 국방 관련 연구 개발 기관의 과학자들뿐만 아니라 항공무기 연구 개발에 참여하는 방위산업체의 연구자와 엔지니어들에게도 귀중한 참고 자료가 될 것입니다. 다양한 전투기와 폭격기 등의 군용 항공기, 항공 무장, 항공전자 시스템 등 각 분야의 세부 기술뿐만 아니라, 무인 전투기와 같은 미래 항공전의 흐름을 제시하고 있어, 실무에도 많은 참고가 될 것입니다. 나아가 무기 체계 개발의 미래 비전과 기술적 발전 방향을 제시함으로써, 차세대 항공무기 개발의 지침서가 될 것으로 기대합니다.

최근의 항공무기체계의 발전 추세인 유무인 복합 체계 및 수직 이착륙 항공기의 필요성, 항공무기체계의 국산화 목표 달성을 위해 보다 적극적인 국내 기술 확보가 필요한 항공무장용 고정밀 유도 무기 개발에 관한 제안 등, 미래 K방산 수출을 위한 항공 기술들도 촘촘하게 다루고 있어 더욱더 귀중한 최신 항공 기술 서적이 될 것입니다.

마지막으로 최근 국산 전투기의 개발이 완료되고 양산 배치를 앞두고 있는 시점에서, 이처럼 항공 기술 관련 값진 전문 서적을 발간한 임상민 박사에게 깊이 감사드리며, 『항공무기의 이해』가 국방 분야 연구개발자, 항공 사업 수행 관리자 및 방위 산업 분야 개발자들에게 영감과 지식을 제공하고, 우리나라 항공무기체계 발전의 견인차 역할을 하기를 기대합니다.

2025년 10월
(前)국방과학연구소 항공기술연구원장 이상문

목차

머리말	4
추천사 _제22대 국회의원 유용원	6
추천사 _공군본부 정훈실장 대령 김권희	8
축사 _한국항공대학교 총장 허희영	10
축사 _(前)방위사업청 항공기사업부장 김종태	12
축사 _(前)합동군사대학교 총장 박찬근	14
축사 _(前)국방과학연구소 항공기술연구원장 이상문	16

제1장 항공무기체계

01. 전투기 세대 구분과 6세대 전투기   26
전투기 세대   26
미 공군 PCA, F-X, NGAD(F-47)   27
미 해군 F/A-XX, NGAD(USN)   31
영국 GCAP/템페스트/FCAS TI   33
프랑스/독일 FCAS, NGF, SCAF   34

02. 무인 전투기와 유무인 복합 체계(MUM-T)   36
    무인기 역사   36
    무인 전투기와 유무인 복합 체계(MUM-T)   38
    미국 CCA/CCAT/LCASD/XQ-58/Skyborg   39
    오스트레일리아 ATS/보잉 MQ-28 고스트 뱃   41
    독일 리모트 캐리어   42
    영국 LANCA   42
    러시아 S-70 오크호트닉   44
    무인 전투기의 기술적 특질과 전망   45

03. 탐지 추적 체계   46
    AESA 레이더   46
    IRST   48
    EO TGP   52

04 정밀 유도 무기   56
    레이저 유도 폭탄(LGB)   56
    GPS 유도 폭탄   59
    활공형 정밀 유도 키트   62

05. 공대공 미사일   64
    미국의 공대공 미사일   64
    러시아의 공대공 미사일   70
    영국의 공대공 미사일   74
    중국의 공대공 미사일   76
    프랑스의 공대공 미사일   81
    이스라엘의 공대공 미사일   83
    일본의 공대공 미사일   86

06. 공대지 미사일   90
    단거리 공대지 미사일   90
    중거리 공대지 미사일   94
    장거리 공대지 미사일   98
    공대함 미사일   101
    대 레이더 미사일   103
    극초음속 공대지 미사일   106

07. 수직 이착륙 전투기   114
    영국의 해리어 전투기   114
    독일의 VJ 101과 VAK 191 전투기   117
    프랑스의 미라지IIIV 전투기   119
    러시아의 Yak-38과 Yak-141 전투기   120
    미국의 XF-109와 F-35B 전투기   122

08. 마하 3급 전술기   112
    SR-71 블랙버드 정찰기   112
    YF-12 블랙버드   116
    XB-70 발키리 폭격기   119
    XF-108 레이피어 전투기   123

09. 미국 5세대 전투기 — 140

    ATF 사업과 YF-23 전투기 — 140
    F-22의 랩터의 승리 — 143
    JSF 사업과 X-32 스텔스 전투기 — 147
    F-35 라이트닝II 전투기 — 150
    F-35의 미래 — 153

10. 러시아 5세대 전투기 — 155

    MiG 1.44 실험 전투기 — 155
    Su-47 실험 전투기 — 159
    Su-57 펠런(Felon) 전투기 — 162
    LTS 체크메이트 — 166

제2장 주요국 항공무기

01. 미국 전투기 — 170

    서방 세계의 베스트셀러 제트 전투기 F-4 팬텀II — 170
    자유의 투사 F-5A/B 프리덤 파이터 — 174
    우수한 경전투기 F-5E/F 타이거II — 177
    영화 탑건의 주인공 F-14 톰캣 전투기 — 181
    F-15 이글 전투기 — 185
    F-16 전투기 — 188
    F/A-18 호넷 전투기 — 192
    F/A-18E/F 수퍼호넷 전투기 — 196

02. 유럽 전투기   200

- 유럽의 공동 개발 전투기, 유로파이터 타이푼   200
- 세계 최고의 침투 공격기, 토네이도 전투기   204
- 스웨덴 드라켄, 비겐 전투기   207
- JAS 39 그리펜 전투기   211
- 6일 전쟁의 주역, 미라지III 전투기   215
- 걸프전에서 양측이 모두 운용했던 F1 전투기   218
- 델타익의 부활, 미라지2000 전투기   221
- 프랑스 주력 전투기, 라팔   223

03. 러시아 전투기   228

- 한국전과 베트남전의 주역, MiG-15와 MiG-17   228
- 러시아의 첫 초음속 제트 전투기, MiG-19   231
- 역사상 가장 많이 생산된 제트 전투기, MiG-21   233
- 가변익 전투기, MiG-23   236
- 가장 빠른 요격기 MiG-25와 MiG-31   239
- 기동성이 우수한 MiG-29 전투기   242
- 러시아의 주력 전투기 Su-27 플랭커 계열   245

04. 중국 전투기   248

- 중국의 첫 독자 개발 J-8 전투기   248
- 중국의 주력 전투기, J-10   251
- 파키스탄과 공동 개발한 중국 경전투기 FC-1   253
- 중국 플랭커 계열 전투기   256
- J-20 스텔스 전투기   257

05. 미국 폭격기 — 260

　　세계 최장기 운용 군용기, B-52 — 260
　　가변익 초음속 전략 폭격기, B-1 랜서 — 263
　　현존 최고의 스텔스 폭격기, B-2 — 265
　　미국 폭격기의 미래, -21 — 268

06. 주요국 항공 통제기 — 272

　　미 공군 E-3 센트리 항공 통제기 — 272
　　미 해군 E-2 호크아이 — 275
　　미 공군 E-8 조인트스타즈 — 279
　　러시아 A-50 메인스테이 — 282

07. 주요국 공격기 — 285

　　F-117 스텔스 공격기 — 285
　　탱크킬러, A-10 공격기 — 288
　　러시아 공격기, Su-25 — 292
　　가변익 공격기, F-111 — 293

08. 주요국 수송기 — 297

　　미군의 핵심 수송기, C-17 글로브마스터III — 297
　　서방 최대 수송기, C-5 갤럭시 — 300
　　C-135 계열 수송기 — 301
　　세계 최대 수송기 An-225와 An-124 — 304
　　브라질 C-390 밀레니엄 수송기 — 306

09. 미국 지원기 — 308

EA-18G 그라울러 전자전기 — 308
U-2 고고도 정찰기 — 311
P-3 해상 초계기 — 314

10. 주요국 공격 헬기 — 318

AH-1 코브라 공격 헬기 — 318
AH-56 샤이엔 공격 헬기 — 321
AH-64 아파치 공격 헬기 — 323
Ka-50/52 공격 헬기 — 326

제3장 비운의 명 항공기

01. F-20 타이거샤크 — 332
02. 미라지(Mirage)4000 — 337
03. 세상에서 가장 작은 제트 전투기 XF-85 고블린 — 341
04. TSR.2 폭격기 — 341
05. 경량 고성능 전투기 YF-17 코브라 — 345
06. 캐나다 CF-105 애로우 전투기 — 348
07. 스텔스 헬기 RAH-66 코만치 — 352
08. 이스라엘 라비(Lavi) 전투기 — 356
09. 고성능 스텔스 공격기 A-12 어벤저II — 360
10. F-15와의 경쟁에서 패한 F-16XL — 364
11. A-10과의 경쟁에서 패한 YA-9 공격기 — 372
12. 궁극의 프로펠러 전투기 Ta 152 — 376

제1장

항공무기체계

01
전투기 세대 구분과 6세대 전투기

전투기 세대

전투기의 세대와 기술적 특징을 명확하게 구분하는 것은 쉽지 않은 일이다. 국가, 업체가 처한 환경, 이해관계에 따라 전투기 세대 구분은 다소 차이를 보이고 있다. 이러한 세대 구분 차이를 보다 명확히 학술적으로 연구하고자 전투기 세대별 기술적 특징과 전투기 세대에 따른 전투효과도 증가 경향성을 정량적으로 산출한 연구가 기존에 수행된 바 있다.[1]

전투기 세대에 대한 기존 연구에서 공통적으로 도출되는 전투기 세대별 기술적 특징은 다음과 같았다. 먼저 1세대 전투기는 기총/로켓으로 무장하고, 아음속의 최대 속도를 갖는다. 2세대는 최대 속도가 초음속이고, 1세대 레이더, 단거리 공대공 유도탄을 무장한다. 3세대는 다목적 레이더를 탑재하고, 중거리/단거리 공대공 유도탄을 무장한다. 4세대는 고기동성과 첨단 항전 장비, 다목적 성능을 특징으로 하고, 정밀 유도 무

---

[1] 임상민·박재찬, '정태적 전투효과도 분석기법을 사용한 전투기 세대 정량화 연구', Journal of the KIMST, Vol. 15, No. 5, pp. 643-650, 2012.
임상민, '전투기의 이해', 플래닛미디어, 2012.

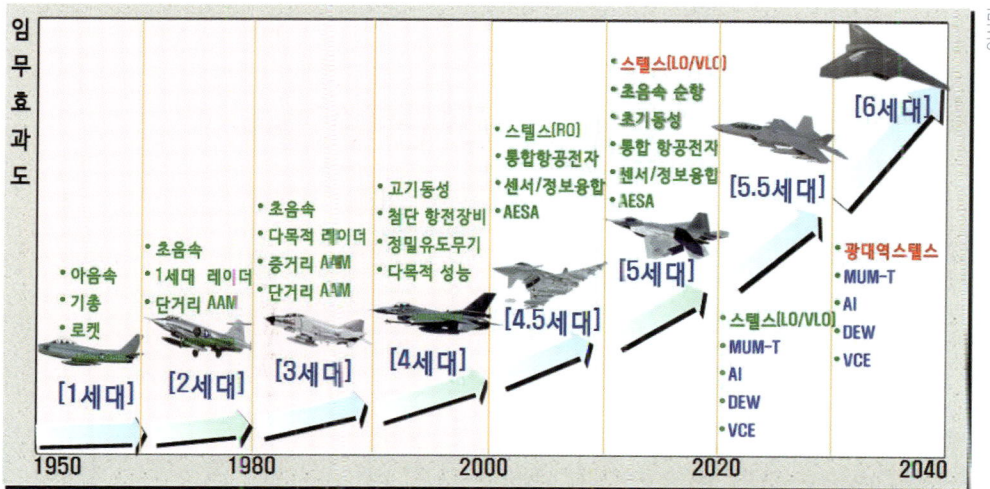

— [그림 1] 전투기 세대별 특징과 임무효과도 증가

기를 운용한다. 5세대는 스텔스 성능과 초음속 순항, 통합 항전, 정보 융합을 특징으로 한다.

4.5세대는 제한적인 스텔스 성능과 5세대급 항전 임무 장비 기술이 적용된다. 6세대는 광대역 스텔스 성능과 가변 사이클 엔진, 유무인 복합 체계, 지향성 에너지 무기 등의 항전 임무 장비 기술을 특징으로 한다. 5.5세대 전투기는 6세대 항전 임무 장비 기술이 적용된 스텔스 항공기가 해당된다. 이러한 전투기 세대별 특징과 전투기 세대 증가에 따른 임무효과도 경향성을 표현하면 [그림 1]과 같다.

미 공군 PCA, F-X, NGAD(F-47)

세계에서 가장 먼저 5세대 전투기 F-22를 전력화시켰던 미 공군은 6세대 전투기 개발에 있어서도 가장 적극적이다. 미 공군이 미래 공중 우세를 위해 추진하고 있는 프로그램은 NGAD$^{Next\ Generation\ Air\ Dominance}$라 불리고 있다. NGAD에서 6세대 전투기인 PCA$^{Penetrating\ Counter\ Air}$는 핵심에 해당하며, F-X 명칭으로도 혼용되고 있다.

PCA는 기존 공중 우세 전투기인 F-22와 F-15C/D 대체를 목적으로 한다. 프로그램은 2012년부터 공식적으로 공개되었고, 개발 리스크를 줄이기 위한 기반 기술 연구에 예산이 지속적으로 투입되고 있다.

2016년 5월, 미 공군은 공식적으로 PCA에 요구되는 임무와 능력을 공개했다. PCA의 가장 중요한 임무는 중국의 A2/AD$^{Anti-Access/Area\ Denial}$ 지역 거부 전략 환경하에서 종심 깊숙이 침투하여 표적을 탐지하고, 물리적 또는 비물리적 수단으로 교전하는 것이다. 이를 위해 미 공군은 PCA의 항속 거리, 탑재 중량, 생존성, 공격성, 가용성, 지원성에 집중하고, 이를 최적화시키는 연구를 수행했다. PCA는 중국이나 러시아 등의 미래 첨단 위협 환경에서의 작전을 고려하기 때문에 F-22보다 늘어난 항속 거리, 탑재 중량, 향상된 스텔스, 센서 능력을 필요로 한다. 이중에서 미 공군은 광대역 스텔스[2]를 6세대 전투기의 핵심적인 특성으로 판단하고 있다. 미 공군은 2018년에 PCA 적용을 목적으로 고에너지 레이저 등의 지향성 에너지 무기[3], 무인기 군집 운용, 무인 전투기 복합 운용 연구 개념을 추가로 공개한 바 있다.

미 공군 6세대 전투기에 대해서는 CSBA, CBO 등의 기관에서도 연구 결과를 공개했다. 미국 CSBA는 PCA의 전투 행동 반경을 1,500nm 이상으로 분석했다. 미국 CBO에서는 6세대 전투기 PCA가 향후 2030년대 초 또는 중반에 전력화하여 2050년까지 F-15C/D, F-22를 대체할 것이라고 예상했다. PCA 초도 전력화 시기는 2030년대 초가 예상되나 F-35 사례와 같이 기술적 복잡성과 난이도에 따라 지연될 가능성도 있어 다소 유동적이 될 것으로 보인다.

---

[2] 광대역이란 위성통신에 주로 쓰이는 C~X 밴드로 주파수 대역으로는 4~12 기가헤르츠(GHz)에 해당한다. 광대역 스텔스는 광대역을 사용하는 레이더의 탐지를 어렵게 만드는 저피탐 기술을 의미한다.

[3] 질량이 있는 물체를 표적에 맞추는 방식이 아닌 고출력 에너지를 직접 표적에 조사하여 파괴하거나 무력화시키는 병기. 레이저 무기, 고출력 마이크로파 무기, 입자 빔 무기, X선 무기 등이 이에 속한다.

▬ 미 공군연구소가 공개한 6세대 전투기 개념도

▬ 보잉 F-47 6세대 전투기

― 보잉(Boeing)이 공개한 미 공군 6세대 전투기 개념도

― 2025년 미국이 공개한 보잉 F-47 개념도

미 해군 F/A-XX, NGAD(USN)

　미 해군 역시 6세대 전투기 개발을 위해 NGAD^{Next Generation Air Dominance} 프로그램을 추진하고 있다. 미 해군의 NGAD는 미 공군 NGAD와 사업명이 동일하지만 서로 별개의 프로그램이다.

　미 해군 NGAD는 F/A-XX 명칭으로도 혼용된다. F/A-XX 프로그램 추진을 위해 미 해군은 미국의 주요 항공기 제작사에 2012년 4월 정보요청서를 발송했다.

　F/A-XX는 기존 F/A-18E/F 수퍼호넷, EA-18G 그라울러 대체를 목적으로 한다. F/A-18E/F, EA-18G가 항공모함에서 운용되는 함재기이기 때문에 F/A-XX 역시 당연히 함재기가 될 것이다. 임무적인 측면에서도 F/A-XX는 F/A-18E/F, EA-18G가 기존에 수행하던 임무와 역할의 수행을 요구받게 된다. 즉, F/A-XX는 제공, 대지공격 임무뿐만 아니라 전자전 등의 임무를 수행하게 될 가능성이 높다. 항공모함이라는 운용환경 때문에 미 해군 F/A-XX는 미 공군 PCA와 달리 형상, 중량 등 설계 측면에서 상대적으로 큰 제약을 받게 될 것이다.

　F/A-XX 특성과 관련하여 미 해군은 2015년 2월, F/A-XX가 우수한 탐지 능력과 무장 덕분에 기존 세대 전투기보다 스텔스와 속도에 과도하게 의존하지 않을 것이라그 밝혔다. 이를 위해 F/A-XX는 새로운 스펙트럼의 무장을 운용하게 될 것이고, 새로운 무장에는 지향성 에너지 무기가 포함될 것이라고 밝혔다. 또한 2015년 5월, 미 해군은 F/A-XX의 무인화까지 고려하고 있다고 추가적인 정보를 공개하기도 했다.

　F/A-XX의 전력화 시기는 구체적으로 공개되지 않았다. 하지만 F/A-18E/F, EA-18G 계열의 수명 주기가 2030년대에 도래할 것이기 때문에 미 해군은 이들 기종의 도태 시기에 맞추어 2030년대에 F/A-XX 전력화를 요구할 것으로 보인다.

― 보잉이 공개한 미 해군 6세대 전투기 개념도

― 노스롭 그루먼이 공개한 미 해군 6세대 전투기 개념도

영국 GCAP/템페스트/FCAS TI

영국은 6세대 전투기 개발을 위해 템페스트Tempest 프로그램을 추진하고 있다. 템페스트/FCAS TI Future Combat Air System Technology Initiative 프로그램은 유로파이터 타이푼 전투기 대체를 목적으로 한다. 영국이 주도하는 템페스트는 일본의 F-X 프로그램이 공동 개발 형태로 참여하면서 GCAP Global Combat Air Programme 프로그램으로 보다 확대되었다.

2018년 7월 16일, 판보로에어쇼에서 영국 국방부는 텐페스트 실물 크기 모형과 함께 개발계획을 공개했다. 템페스트 개발에는 BAE 시스템즈가 체계 종합을 주도하고, 추진 분야는 롤스로이스, 항공 전자는 이탈리아의 레오나르도, 무장은 MBDA가 참여한다.

2018년에는 템페스트의 주요한 기술적 특징을 공개됐다. 기체/추진 분야에서는 차세대 비행 제어 체계, 적응형 사이클 엔진 개념을 포함한 첨단 동력 및 추진 시스템 기술을 제시했다. 센서 분야는 다중 분광 통합 센서 체계, 첨단 능동/수동 전자 광학 센서,

— 영국 BAE 시스템즈가 공개한 템페스트 6세대 전투기 실물 크기 모형

첨단 전파 센서, 분산형 광대역 센서 기술을 제시했다.

공격 분야로는 지향성 에너지 무장, 전자전, 차세대 기만체, 무장 지원, 다중 네트워크 무장, 극초음속, 협동 교전, 인공지능과 기계 학습을 통한 군집 운용, 미래 순항/대함 무장을 이용한 종심 타격 등을 제시했다.

성능 개량 분야는 개방형 임무 체계, 가변 탑재물 형상, 확장형 구조 설계 등을 제시했다. 방호 분야는 고위협 하에서의 팀 생존성을 제시했다. 연결 및 협동 작전 분야로는 통신과 상호 운용성을 제시했다. 그밖에 과학과 기술 혁신을 통합하는 복합 체계 개념, 유연성 분야는 첨단 임무 데이터, 가상 조종석 개념을 제시했고, 가변 자율성을 지닌 유무인 복합 운용 옵션을 신개념으로 함께 제시한 바 있다.

프랑스/독일 FCAS, NGF, SCAF

프랑스와 독일은 6세대 전투기 개발을 위해 FCAS^{Future Combat Air System}/NGF^{New Generation Fighter} 프로그램을 공동 추진하고 있다.

2018년 4월, 베를린에어쇼에서 프랑스와 독일의 FCAS 프로그램 발표 이후 2018년 12월에는 스페인이 추가로 참여하게 되었다. FCAS 프로그램의 첫 단계로 프랑스와 독일은 2019년 2월부터 2년간 개념 연구에 착수했다.

프랑스는 FCAS로 NGF뿐만 아니라 무인기, 군집 운용, 유도 무기, 기존 항공기를 포함한 복합체계 개념으로 접근하고 있다. NGF의 구체적인 형상으로 프랑스는 2018년 유로네이벌 전시회에서 무미익 전투기 모형을 전시했다. 무미익 형상은 광대역 스텔스에 효과적인 설계 방식이다. FCAS는 개발을 주도하는 프랑스는 항공모함을 운용하기 때문에 라팔의 경우와 유사하게 육상 기지에서 운용할 수 있는 FCAS 기본형을 먼저 개발하고, 함재기형을 후속으로 개발할 가능성이 높다.

2018년 4월 25일, 에어버스는 홈페이지를 통해 신규 전투기의 요구 능력으로 저피탐

▬ 프랑스가 공개한 NGF 6세대 전투기 실물 크기 | 모형

성, 항속 거리 증대, 무인기 지휘 통신, 생존성, 정보/감시/정찰+데이터 융합 및 분배 등의 항목을 신개념으로 공개했다. 또한 NGF는 FCAS의 핵심 프로그램으로 무인 플랫폼이 다양한 임무를 수행할 수 있도록 통제할 수 있어야 한다고 2018년에 공개했다. 그리고 관련 무인 체계는 네트워크화되어 자율적으로 임무를 수행하고, NGF 체계와 유무인 복합 운용, 군집 운용이 가능해야 한다고 보았다. 2018년 11월 14일, 에어버스는 레이저-극초음속, 전자전-사이버, 인공지능, S/W 확장 등 NGF 적용에 필요한 신개념을 추가적으로 발표하였다.

　에어버스는 NGF를 위한 일부 기술을 사전에 유로파이터와 라팔 전투기에 먼저 적용하고, 일부 기술은 시제기 및 시험기로 시험 평가를 수행한 후 최종적으로 NGF에 통합할 계획이다. 에어버스는 NGF 전력화 시기를 2035년에서 2040년으로 계획하고 있다.

제1장　항공무기체계　**35**

02
무인 전투기와 유무인 복합 체계(MUM-T)

무인기 역사

　무인기UAV : Unmanned Aerial Vehicle란 조종사가 직접 항공기에 탑승하지 않고, 원거리에서 무선으로 통제되거나 스스로 자율 비행이 가능한 비행체를 통칭하는 말이다. 항공기에 조종사를 위한 공간이나 안전 장비, 그리고 이를 위한 기술적인 제한이 없기 때문에 무인기는 유인기에 비해 상대적으로 소형이면서 가격경쟁력이 높다. 또한 유인기가 수행하기 어려운 위험한 임무를 인명 손실 없이 수행할 수 있어 향후 발전 가능성이 매우 높은 항공기 중 하나이다.

　무인기에 대한 관심은 제1차 세계대전부터 높아졌다. 제1차 세계대전 중 독일은 배터리를 내장하고, 통제소와는 구리선으로 연결된 무인기를 시험했다. 1917년 영국은 무선 조종이 가능한 무인기를 제작하여 비행에 성공시켰다. 하지만 이들 무인기의 성능은 그리 높지 않았다. 미국은 1916년에 자동 조종 장치를 부착한 무인기를 제작하였으나 비행 상태 변화에 대한 대처 능력 부족으로 제작기 대부분이 추락했다.

　제2차 세계대전 당시 독일, 미국, 영국 등은 초보적 기술을 바탕으로 무인기 개발에 노력했다. 이러한 노력으로 탄생한 것이 현대 순항 미사일의 원조라고 할 수 있는 독일

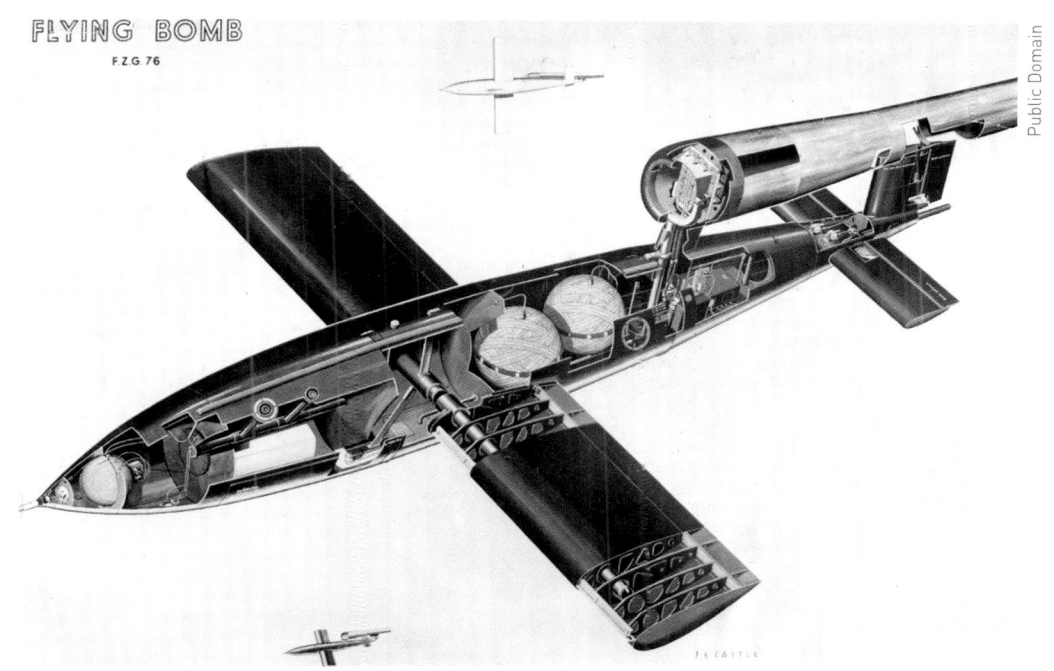

— 제2차 세계대전 당시 독일의 무인기 기술이 집약되어 탄생한 V-1은 현대 순항미사일의 원조라고 할 수 있다.

의 V-1 미사일이다. 무인기와 유사했던 V-1 미사일은 1,000lb급 탄두를 장착한 채로 시속 400mile의 속도로 200mile을 비행할 수 있었다.

6·25전쟁 당시만 해도 무인기는 정찰 임무에 제한적으로 사용되었다. 하지만 베트남전에서 본격적인 활약을 시작한다. 베트남전에서 미군은 북베트남의 지대공미사일 때문에 많은 항공기 손실을 겪었다. 이에 대한 대책으로 미국은 적 지대공미사일 유인어 무인기를 활용하여 피해를 줄일 수 있었다. 그 외에도 무인기는 사진 정찰, 전자전 지원, 전자 공격 등 다양한 임무를 베트남전에서 수행했다.

중동전에서는 이스라엘 무인기의 활약이 두드러졌다. 무인기의 잠재 능력을 일찍 파악한 이스라엘은 중동전에서 무인기를 대량으로 사용하여 아랍 측의 방공망을 성공적으로 교란하는 성과를 거두었다. 이스라엘은 이후에도 무인기 개발을 지속하여 지금은 미국에 버금가는 무인기 개발 선진국이 되었다.

1990년대에 들어와 무인기는 항법 장치의 발달로 통제가 훨씬 수월해졌고, 센서 역시 전자 광학/적외선 센서는 물론 합성 개구 레이더, 전자전 장비까지 탑재하면서 유인 정찰기에 버금가는 성능을 자랑하게 되었다. 이러한 능력은 걸프전에서 발휘되어 이라크 군에 대한 표적 정보 획득이나 해상 기뢰 제거, 해상 감시, 이라크 레이더에 대한 전자전 임무를 수행하여 미군 인명 손실을 최소화할 수 있었다. 걸프전 이후 무인기는 소말리아 내전, 보스니아전, 코소보전과 같은 지역 분쟁에도 투입되어 분쟁 지역의 평화 유지를 위한 도로망, 분쟁 지역 감시 임무를 훌륭히 수행하면서 현대전에서는 빼놓을 수 없는 존재로 인정받게 되었다.

무인 전투기와 유무인 복합 체계(MUM-T)

군용기가 수행하는 임무에도 3D 임무가 있다. 위험하고^{Dangerous}, 지루하고^{Dull}, 지저분한^{Dirty} 임무가 그것이다. 무인기는 이러한 3D 임무 수행에 적합하다.

무인기의 3D 임무 중에서 가장 중요한 것은 인명 피해를 유발하는 위험한 임무일 것이다. 이러한 임무에 대표적인 것이 바로 적의 방공망을 제압하는 임무, 즉 대공 제압$^{SEAD : Suppression of Enemy Air Defense}$ 임무다. 무인 전투기$^{UCAV : Unmanned Combat Aerial Vehicle}$는 유인기보다 먼저 적진에 침투하여 위험한 대공 제압 임무를 수행할 최적의 무기 체계로 평가받고 있다.

무인 전투기의 등장은 이미 실전에서 예고된 바 있다. 2001년 아프간 전쟁에서 미국은 무인 정찰기 MQ-1 프레데터에 AGM-114 헬파이어 대전차 미사일을 장착하여 전과를 올린 바 있다. 1만km가 넘는 미국 본토에서 아프간의 목표물을 TV로 보면서 원격 공격에 성공한 것이다. 비록 무인 정찰기를 개조하여 공격 임무에 사용한 것이지만 아프간 전쟁 사례는 미래 전장에서 무인 전투기의 역할과 가능성을 보여주는 계기가 되었다.

— 미 공군은 MQ-1 프레데터에 AGM-114 헬파이어 대전차 미사일을 탑재하여 지상 표적 공격에 사용하였다.

아프간 전쟁 사례에서처럼 무인 전투기는 단독으로 공격이 가능하지만 유인기의 통제하에 팀을 구성하여 운용도 가능하다. 이러한 운용 시스템을 멈티, 즉 유무인 복합 체계MUM-T: Manned-UnManned Teaming라고 한다. 전투기를 포함한 각종 유인기와 함께 향후 유무인 복합 체계를 구성하게 될 세계 각국의 대표적인 무인 전투기는 다음과 같다.

미국 CCA/CCAT/LCASD/XQ-58/Skyborg

2015년, 미 공군은 LCAAT-ow Cost Attritable Aircraft Technology 프로그램을 통해 대형 고가의 무인 전투기가 아닌 저가의 소모성 또는 준소모성 무인 전투기 연구에 착수했다. LCAAT 프로그램은 적보다 양적 우위, 반응성, 항속 거리, 유연성, 비대칭성 등에서 미 공군이 적보다 우위에 설 수 있도록 하는 것이 목표였다.

이 연구를 구체화하기 위한 LCASD Low Cost Attritable Strike Demonstrator 프로그램으로 탄생한

- F-22, F-35와 함께 편대비행하는 XQ-58 발키리 무인 전투기

기체가 XQ-58 발키리Valkyrie 무인 전투기다. 2019년 초도 비행에 성공한 XQ-58은 신기술과 상용 기술을 적용한 신속한 개발로 낮은 비용을 달성했다. XQ-58은 전투기, 폭격기, 다른 무인기 등과 함께 운용되어 정찰 임무를 수행하거나 호위, 대공 제압 등 전투 임무까지 수행할 수 있도록 개발된다.

LCCAT로 연구된 기술과 LCASD로 구현된 준소모성 무인 전투기는 스카이보그 프로그램으로 더욱 구체화되고 있다. 스카이보그 프로그램은 미 공군이 2020년에 시작한 무인 전투기 개발 프로그램으로, F-22나 F-35, F-15E 등과 함께 운용되는 유무인 복합 체계 개발을 목표로 한다. 스카이보그는 인공지능을 활용한 자율화, 모듈러 설계 등을 적용한 개방성, 저비용 등을 특징으로 한다. 스카이보그 프로그램으로 개발된 기술은 CCA Collaborative Combat Aircraft에 적용된다. CCA는 F-35, F-15EX, B-21 등 기존 유인 전투기/폭격기는 물론 향후 등장할 NGAD와 복합 체계를 구성하여 미래 항공전의 핵심 무기 체계가 될 것으로 예상된다.

오스트레일리아 ATS/보잉 MQ-28 고스트 뱃

ATS$^{Airpower\ Teaming\ System}$/MQ-28 고스트 뱃$^{Ghost\ Bat}$은 오스트레일리아 공군과 보잉 오스트레일리아 지사가 개발 중인 무인 전투기다. 2019년 오스트레일리아에어쇼에서 공개된 ATS는 이른바 로열 윙맨$^{Loyal\ Wingman-Advanced\ Development\ Program}$으로도 알려져 있다. ATS와 로열 윙맨 명칭에서 이미 알 수 있듯이 ATS는 타 유인기와의 복합 운용이 목적이다. 이를 반영하듯 ATS는 E-7 항공통제기, F-35, F/A-18F와 함께 비행하는 개념도가 공개되었다. ATS는 이들 유인기를 호위하거나 유인기보다 먼저 위협에 접근하여 고위험 임무를 수행하게 된다.

모듈러 방식으로 설계된 ATS의 기수는 필요에 따라 센서, 임무 장비의 교체가 가능하여 탄력적인 임무 수행도 가능할 것으로 보인다. 초기의 무인 전투기 운용 개념이 재사용 가능한 순항 미사일 수준이었다면 ATS와 같은 최신의 무인 전투기는 인공지능 등 관련 기술 발전에 따라 정찰, 감시, 정보, 전자전 임무는 물론 무장을 사용한 공대공 및 공대지 교전 임무까지 수행하게 될 예정이다.

— E-7A 항공통제기와 유무인 복합 체계르 운용되는 ATS 개념도

독일 리모트 캐리어

리모트 캐리어Remote Carrier는 독일 에어버스사의 무인 전투기다. 독일과 프랑스는 차세대 무기 체계인 FCAS/NGWS[4]의 일환으로 6세대 전투기와 무인 전투기, 컴뱃 클라우드[5] 등을 구상하고 있다. 이 중에서 무인 전투기에 해당하는 것이 리모트 캐리어다. 제작사는 리모트 캐리어를 반은 무인기, 반은 미사일로 표현한다. 이러한 표현처럼 리모트 캐리어는 준소모성의 소형 무인 전투기가 될 것으로 보인다.

리모트 캐리어는 6세대 전투기와 복합 운용되고, 필요에 따라 수송기에서도 투하하는 것을 고려하고 있다. 리모트 캐리어는 주로 적 방공망에 다수가 침투하여 방공망을 포화시키거나 전자전, 정찰 임무를 수행하게 된다. 또한 다른 무인 전투기처럼 무장을 사용하여 표적을 직접 타격하는 임무도 수행하게 될 것이다.

영국 LANCA

LANCALightweight Affordable Novel Combat Aircraft는 영국의 무인 전투기이다. 영국은 6세대 전투기로 템페스트[6]를 개발하고 있으며, 템페스트와 함께 복합 운용을 목적으로 연구한 무인 전투기가 LANCA이다. LANCA의 세부적인 자료는 공개되지 않았지만 템페스트가 LANCA 세 대와 함께 운용되는 개념도 수준의 자료가 공개된 바 있다. 2015년부터 개발에 착수한 LANCA는 설계까지만 진행하는 것으로 영국 국방부가 2022년 6월에 결정하였고, 2022년 11월부터 LANCA 후속프로그램Follow on 연구 중에 있다.

---

4 Future Combat Air System/Next-Generation Weapon System: 프랑스, 독일의 미래 항공 전력 개발 사업
5 Combat Cloud: 다영역의 실시간 정보 교환으로 전력을 향상시키는 개념
6 Tempest: 영국의 6세대 전투기

▬ A400M 수송기에서 투하되는 리모트캐리어 개념도

▬ 영국 6세대 전투기 템페스트와 LANCA 무인 전투기 개념도

러시아 S-70 오크호트닉

S-70 오크호트닉Okhotnik 무인 전투기는 러시아 5세대 전투기 Su-57과 더불어 향후 러시아 항공 전력의 중심이 될 무기 체계이다. S-70 등장 이전에 미그는 스캣Skat 무인 전투기 실물 크기 모형을 2000년대 중반에 공개하면서 주목을 받았었다. 하지만 스캣의 개발은 진전되지 않았고, 스캣에서 연구된 기술은 훗날 수호이 S-70 개발로 이어졌다.

S-70의 연구 개발은 2010년대 초부터 시작되었다. 시제기는 2017년에 처음으로 공개되었고, 초도 비행은 2019년에 이루어졌다.

S-70의 형상은 삼각형의 전익기Flying wing 형태로, 미국의 기존 X-47B나 X-45 무인 전투기와 유사하다. 엔진은 약 2만lb급의 AL-41을 장착하기 때문에 크기는 무인 전투기 중에서 대형급에 해당한다. 내부 무기고 또한 상대적으로 큰 편이서 유인 전투기의 주요 무장의 운용이 가능할 것으로 보인다. 이러한 무장 능력을 바탕으로 S-70은 Su-

— 러시아 Su-57 전투기와 유무인 복합 체계로 운용될 S-70 무인 전투기

57의 공대지 공격 능력을 보완하는 것은 물론 대스텔스기 탐지, 요격과 같은 공대공 임무까지 수행하여 Su-57의 교전 능력을 극대화할 수 있을 것으로 보인다.

무인 전투기의 기술적 특징과 전망

무인 전투기의 준소모성 Attritable/Reusable 개념은 최근에 등장한 새로운 설계 개념이다. 1970년대 이후 전쟁에서 항공 전역은 일반적으로 3개월을 넘지 않았고, 제공권 확보도 일주일 이내에 결정되었다. 따라서 무인 전투기도 약 3개월의 작전 또는 비행 시간 500시간 수준의 수명을 전술적으로 요구받고 있다.

준소모성 무인 전투기는 이러한 수준의 재사용성으로 반복 운용이 가능하고, 고위험 임무에서의 일정 손실을 허용할 수 있게 하는 개념이다. 비용은 200만~2,000만US$ 수준으로 미사일보다 비싸지만 유인 전투기보다 저렴하여 적과 양적 경쟁에서 우위를 달성하는 방향으로 발전하고 있다.

또 하나의 중요한 특징은 모듈러 개념이다. 준소모성 무인 전투기는 플랫폼을 공통화하고, 임무에 따라 센서, 무장을 모듈화하여 교체하는 개념으로 발전하고 있다. 비행 플랫폼은 저비용을 목적으로 하기 때문에 능동 전자주사식 레이더, 전자 광학/적외선, 전자전 등의 센서, 임무 장비의 비용이 플랫폼보다 더 고가일 수 있다.

앞서 무인기 역사에서 살펴보았듯이 무인기를 포함한 무인 체계는 이미 전쟁의 양상을 바꾸고 있다. 그리고 각국의 무인 전투기 개발 사례에서 알 수 있듯이 항공 선진국들은 전투기와 함께 운영할 무인 전투기 개발에 박차를 가하고 있다.

미래 공중 전장은 이제 무인기 없이 상상이 곤란할 정도로 변화하고 있다. 인공지능 등 관련 기술의 발전에 따라 이러한 추세는 앞으로도 더욱 가속화될 것이기 때문에 우리 공군도 유무인 복합 체계를 신속히 구체화하여 시대에 앞서 나아가야 할 것이다.

03
탐지 추적 체계

AESA[7] 레이더

레이더가 표적의 위치를 탐지하기 위해서는 레이더 안테나에서 방사되는 전파 빔의 방향을 변화시켜야 한다. 이 방향 변화 방식에 따라 레이더는 기계식 레이더와 전자주사식 레이더로 구분된다.

기계식 레이더는 접시 모양 또는 평판 모양의 안테나가 기계적으로 움직이면서 표적을 탐지하는 방식의 레이더다. 반면 전자주사식 레이더는 안테나에 장착된 소자가 빔의 방향을 전자적으로 바꾸기 때문에 전자주사식이라고 한다.

전자주사식 레이더는 빔의 방향을 전자적으로 조향하기 때문에 안테나를 움직일 필요가 없다. 그래서 전자주사식 레이더는 항공기 기골이나 함정 선체에 붙박이식으로 고정하여 운용하는 것이 특징이다.

전자주사식 레이더에도 수동형과 능동형이 있다. 수동형 전자주사 레이더는 기계식 레이더와 같이 전파를 만드는 송신기와 수신기를 하나씩 갖고 있다. 하나의 고출력 송

---

[7] AESA(Active Electronically Scanned Array) : 능동 전자주사 배열

F-4J 기계식 레이더의 접시 모양 안테나

신기에서 만들어진 전파가 안테나에 위치한 각각의 위상[8] 변조기를 통해 위상이 바뀌어 빔의 방향이 조절되는 것이다.

수동형 전자주사 레이더와 기계식 레이더가 하나의 고출력 송신기와 수신기를 갖고 있지만 능동 전자주사 레이더는 다수의 송수신기를 갖는 것이 특징이다. 빔의 송신과 수신을 담당하는 작은 송수신 모듈이 안테나에 대량으로 배열되어 있다.

전자주사식 레이더 중에서 전투기 탑재 레이더로 주목을 받고 있는 것은 능동형 방식, 즉 AESA 레이더이다. 수동형 전자주사 레이더는 여러 장점을 갖고 있지만 하나의 송신기를 갖고 있어 송신기가 고장나면 전체 기능이 멈춘다는 단점이 있다. 반면 AESA 레이더는 수백 또는 수천 개의 송수신 모듈에 기능이 분산되어 있어 결함품의 숫자만

---

[8] 위상 : 주기적으로 반복되는 현상에 대해 어떤 시각 또는 어떤 장소에서의 변화의 국면을 가리키는 물리학 용어

큰 효율이 점진적으로 감소한다. 그리고 안테나를 구동시키는 기계 부품이 전자 부품으로 대체되어 전반적인 체계 신뢰도가 매우 높다.

　신뢰도보다 더욱 중요한 AESA 레이더의 장점은 신속한 빔 조향 능력이다. 기계식 레이더는 모터 등을 통해 안테나를 움직이므로 한 번 탐지된 표적 정보를 갱신하는 데 수 초 정도가 걸린다. 하지만 AESA 레이더는 전자적으로 빔을 조향하므로 1/1000초 정도면 빔의 방향을 바꿀 수 있다. 이러한 신속한 빔 방향 전환은 다수의 표적을 추적하면서 필요한 곳에 빔을 빠르게 조향하는 것을 가능하게 하여 조종사의 전장 상황 인식 능력을 크게 향상시킨다. 공중전에 있어서 상황 인식의 우위는 승리의 절대 요건이다.

　또한 AESA 레이더는 공중 표적은 물론 지상 표적에 대해서도 빔을 신속하게 번갈아 가면서 조향할 수 있다. 즉 AESA 레이더 한 대로 공중과 지상 표적을 거의 동시에 탐색, 추적하는 것이 가능한 것이다.

　안테나는 전파를 잘 반사하는 물체이다. 따라서 스텔스기의 레이더 안테나가 계속 움직이면서 전파를 반사시키면 스텔스 성능을 떨어뜨리게 된다. 안테나가 일정 방향으로 고정되어 움직이지 않는 AESA 레이더는 스텔스기에 꼭 필요한 레이더 방식이기도 하다.

　AESA 레이더가 장점만 있는 것은 아니다. 고가의 송수신 모듈을 대량으로 사용하기 때문에 가격이 비싸다는 단점도 있다. 하지만 앞서 서술한 많은 장점을 갖고 있어 AESA 레이더는 최신 전투기의 주요 레이더로 자리하게 될 것이다.

IRST[9]

　앞서 살펴보았듯이 레이더는 표적을 포착하기 위한 중요한 센서로 사용된다. 따라서 스텔스기는 레이더에 포착될 가능성을 줄이도록 설계되고 있다. 이러한 스텔스기를 탐

9　IRST(Infra-Red Search & Track) : 적외선 탐색 추적 장비

■ 그리포 기계식 레이더의 평판형 안테나

■ 볼 모양으로 F-101 전투기에 탑재된 초창기 IRST

— MiG-29 전투기의 IRST

— 첨단 러시아 스텔스 전투기 Su-57 기수에 장착된 IRST

지하기 위한 수단으로 다시 주목받고 있는 센서가 적외선 센서이다.

적외선 센서는 표적에서 방사되는 적외선을 감지하는 장비이다. 적외선은 빛이 없는 야간에도 표적을 볼 수 있기 때문에 야간용 전투 장비에 폭넓게 활용되어 왔다. 헬멧에 장착되어 야간 시야를 확보해주는 야시경은 이미 지상전의 필수 장비로 사용되고 있다. 전투기의 야간 비행을 지원해주는 전방 적외선 감시 장비, 적외선 탐색 추적 장비도 적외선 센서의 일종이다. 이 중에서 스텔스기 탐지에 크게 기여하는 센서가 적외선 탐색 추적 장비, 즉 IRST다.

IRST는 적외선 센서를 이용하여 전자 신호의 방출 없이 원거리에서 표적을 탐지, 추적하는 장비이다. 전방 적외선 감시 장비가 주로 지상의 표적 식별이나 항법 용도로 활용된다면 IRST는 주로 공중 표적 탐지에 활용된다.

IRST가 처음 항공기에 탑재된 것은 1960년대 미 공군의 방공 전투기 F-106A와 미 해군 F-4B부터였다. 당시 IRST는 성능이 기대만큼 우수하지 않았고, 오경보율도 높아 보편화되지는 않았다. 그러나 전자 기술의 발달에 따라 탐지 확률과 오경보율이 개선되어 1990년대부터는 미 해군의 F-14D 전투기에 탑재되기에 이르렀다. 한국 공군 F-15K의 AAS-42 IRST도 바로 F-14D에 탑재되었던 것과 동형의 IRST이다

IRST는 표적의 방향을 명확히 구분하지만 표적까지의 거리 정보를 얻는 데 한계가 있다. 이러한 한계를 극복하기 위하여 러시아는 IRST와 레이저 거리 측정 장치를 전투기에 함께 운용하는 방식을 전통적으로 사용해왔다.

IRST는 레이더와 같이 에너지를 스스로 방사하고 탐지하는 능동식이 아니라 일방적으로 외부 에너지를 감지하는 수동식 센서이다. 따라서 은밀하게 표적을 탐지하고자 할 때 유용하다. 그리고 레이더와 비교하여 IRST는 적외선 대역을 사용하기 때문에 적의 전자전에 상대적으로 강하다는 장점이 있다.

또한 스텔스기 탐지에 유리하다는 장점이 있다. 스텔스 기술의 발전에 따라 항공기에서 방사되는 전파를 통제하는 기법은 많이 발달했다. 하지만 항공기에서 발산되는 적외선을 통제하는 것은 쉽지 않다. 특히 전투기가 최대 추력을 사용할 때 발생하는 엔진

배기가스의 적외선과 마하 2 이상의 고속으로 비행할 때 기체의 공기역학적 가열로 발산되는 적외선은 감추기가 매우 어렵다.

하지만 IRST도 단점이 있다. 레이더는 전천후 탐지가 가능하지만 IRST는 다른 적외선 센서와 마찬가지로 기상 상태에 따라 성능이 크게 영향을 받는다. 이러한 단점에도 불구하고 IRST는 앞서 서술한 많은 장점을 갖고 있어 향후 첨단 전투기의 필수 센서가 될 것으로 보인다.

EO TGP[10]

1972년 5월 13일, 미국의 F-4 전투기 11대가 정밀 유도 폭탄 20발을 탑재하고 한 차례의 폭격으로 북베트남 탄호아 철교를 파괴한 사건이 있었다. 1965년부터 4년 동안 연 600대의 폭격기가 일반 폭탄으로 폭격하고도 파괴하지 못한 철교를 단 한 차례의 정밀 폭격으로 완전히 파괴한 것이다. 정밀 유도 폭탄은 다수의 폭격기가 융단폭격으로 하나의 표적을 공격하는 방식에서 정밀 유도 폭탄 한 발당 표적 한 개를 파괴하는 방식으로 폭격 양상을 바꾸게 되었다.

이러한 정밀 유도 폭탄이 표적을 파괴하기 위해서는 원거리에서 표적을 정확히 포착하고, 폭탄을 표적까지 유도해주는 유도 장비가 필수적이다. 이러한 역할을 수행하는 장비가 바로 전자광학 표적 추적 장비이다.

전자광학 표적 추적 장비는 항공기 초기 설계부터 요구도에 포함되어 항공기 내에 내장되는 경우도 있고, 항공기 외부에 포드pod 형태로 부착되기도 한다. 외부에 장착되는 전자 광학표적 추적 장비 포드로는 페이브 스파이크, 페이브 나이프, 페이브 텍 등이 과거에 운용되었고, 랜턴 LANTIRN : Low Altitude Navigation and Targeting Infra-Red for Night 포드가 널리 알려져

---

10 EO TGP(Electro-Optical Targeting Pod) : 전자 광학 표적 추적 장비

다수의 송수신 모듈이 배열된 AESA 레이더 안테나

레이저 유도 폭탄 유도에 사용된 구형 페이브 스파이크 표적 추적 장비

— F-15, F-16 탑재로 유명해진 랜턴 표적 추적 장비

— B-1 폭격기에 탑재된 각진 쐐기 형상의 스나이퍼 포드

있다.

F-16이나 F-15에 탑재되어 유명해진 랜턴은 AAQ-13 표적 추적 포드와 AAQ-14 항법 포드로 구성되며, 동체 아래 좌측에 항법, 우측에 표적 추적 포드를 탑저한다. 표적 추적 포드에는 야간에 표적을 포착하기 위한 전방 적외선 감시 장치 FLIR와 레이저 유도 폭탄 유도용 레이저 지시기, 항법 포드에는 초저공 침투를 위한 지형 추적 레이더, 전방 적외선 감시 장치가 각각 내장되어 있다.

1980년대에 랜턴 포드를 개발한 미국 록히드마틴 사는 후속 모델로 1990년대에 스나이퍼 포드를 개발했다. 스나이퍼 포드는 무게가 175kg으로 무게 257kg의 랜턴보다 상당히 경량화되었다. 또한 고감도의 3세대 적외선 센서가 탑재되어 표적 탐지 및 유도 능력이 한층 강화되었다. 가령 기존의 랜턴은 고도 7.6km까지가 운용 한계였던 데 반해 스나이퍼 포드는 12.2km 고도에서도 작전이 가능하여 유연한 공격 작전이 가능하게 되었다.

기존 전자광학 표적 추적 장비 포드의 외양은 전방에 둥근 센서가 부착된 형상이 주류를 이루었지만 스나이퍼는 독특하게도 앞부분이 각진 쐐기 형상으로 설계되었다. 스나이퍼의 각진 부분은 흠집이나 균열의 우려가 적고, 가시광선과 적외선을 잘 투과시키는 합성 사파이어로 제작된 것이 특징이다.

스나이퍼 포드는 미 공군에서 F-16, F-15, A-10은 물론 B-1 폭격기까지 탑재되고 있다. 뿐만 아니라 F-35 스텔스 전투기 기수 아래에도 내장되기 때문에 전투기의 대표적인 전자 광학 표적 추적 장비 포드로 활용되고 있다.

미 공군은 스나이퍼를 사용하지만 미 해군은 F/A-18 전투기에 스나이퍼와 유사한 ATFLIR[11] 포드를 탑재한다. 프랑스는 다모클레스, 이스라엘은 라이트닝 포드를 각각 운용하고 있다. 전자광학 표적 추적 장비는 정밀 유도 무장의 확산에 따라 활용도가 점점 높아져 앞으로는 전투기의 필수적인 임무 장비가 될 것으로 전망된다.

---

11   ATFLIR(Advanced Targeting Forward-Looking Infrared) : 첨단 표적 추적 전방 감시 적외선 장비

04
정밀 유도 무기

레이저 유도 폭탄(LGB)[12]

자유 낙하 방식의 일반 목적 폭탄은 풍속, 풍향 등에 영향을 받기 때문에 정밀 폭격에 한계가 있다. 유도 폭탄은 이러한 일반 목적 폭탄의 한계를 극복하기 위해 탄생했다.

유도 폭탄은 제2차 세계대전 기간 중 독일과 미국에 의해 소규모로 사용되었고, 6·25전쟁에서도 미국에 의해 사용된 바 있다. 그러나 실전에서 유도 폭탄의 가치가 입증된 것은 베트남전부터였다.

베트남전 당시 미국은 1965년부터 4년 동안 연 600대의 폭격기를 동원하여 폭격하고도 탄호아 철교를 파괴하지 못했다. 하지만 새로이 개발된 유도 폭탄의 단 한 차례 폭격으로 탄호아 철교를 완전히 파괴해버렸다. 이때 사용되었던 신형 정밀 유도 무기가 바로 레이저 유도 폭탄이다.

레이저 유도 폭탄에 대한 연구는 1965년 텍사스 인스트루먼트연구소에서 시작되었다. 완성된 레이저 유도 폭탄은 1968년부터 동남아시아에서 작전 운용되었고, 이후

---

12 LGB : Laser Guided Bomb, 레이저 유도 폭탄

▬ 실전에서 사용된 최초의 정밀 유도 폭탄 프리츠(Fritz) X

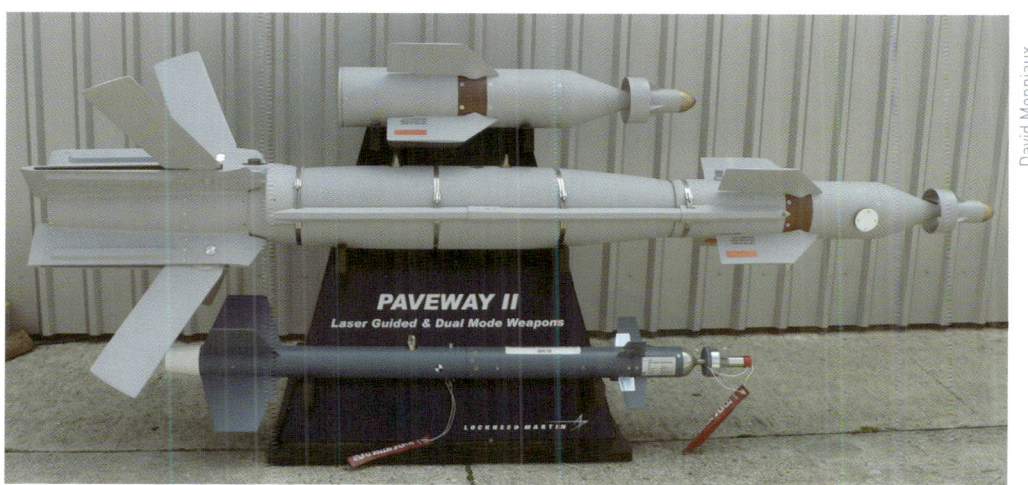

▬ 페이브웨이 II 레이저 유도 폭탄

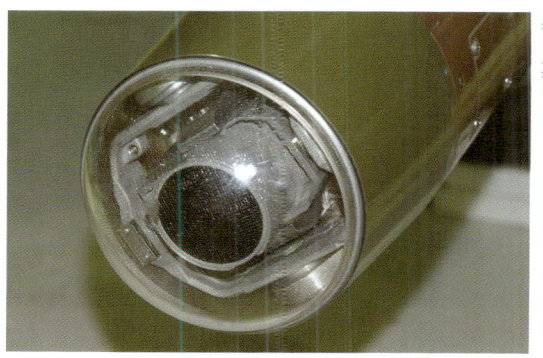

▬ 레이저 신호를 감지하는 페이브웨이 III 레이저 유도 폭탄의 탐색기

제1장 항공무기체계 **57**

6년 동안 레이저 유도 폭탄은 TV 유도 폭탄과 함께 총 2만 5,000여 발이 1만 8,000여 개의 표적을 파괴하는 데 사용되었다.

레이저 유도 폭탄은 일반 목적 폭탄에 레이저 유도 키트를 추가하여 완성된다. 이때 개조되는 레이저 유도 키트를 페이브웨이Paveway 키트라고 한다. 페이브웨이라는 명칭은 레이저 유도 폭탄 개발을 위한 프로그램명에서 유래한다.

레이저 유도를 위한 페이브웨이 키트는 레이저 탐색기, 컴퓨터, 일회용 배터리, 조종용 카나드 등이 포함된 유도 및 제어부와 비행 안정성을 위해 폭탄 후방에 장착된 핀으로 구성된다. 레이저 유도 폭탄이 표적에 유도되는 원리는 지상의 특수 부대나 항공기에서 표적에 레이저를 조사하면 폭탄 앞에 레이저 탐색기가 표적에서 반사된 레이저를 감지하고, 반사된 방향으로 조종용 카나드를 움직여 폭탄을 표적에 유도한다.

1960년대에 처음으로 실전에 투입된 페이브웨이 시리즈는 '페이브웨이I'이라 불린다. GBU-10, GBU-11, GBU-12 등의 폭탄이 페이브웨이I에 해당하는 폭탄이다. 1973년부터 미 공군에 실전 배치된 레이저 유도 폭탄은 '페이브웨이II' 시리즈다. 페이브웨이II는 항공기 탑재를 용이하게 하고, 사정거리를 증대시키기 위한 전개식 핀을 설치한 것이 특징이다.

'페이브웨이III' 시리즈는 최종 단계인 레이저 유도 이전에 중간 단계부터 디지털 자동 조종 장치를 사용하는 2단계 유도 방식과 대형 핀이 적용되었다. 이러한 개선 덕분에 항공기는 보다 원거리와 저고도에서도 레이저 유도 폭탄을 투하할 수 있게 되었다. 최근에 등장한 '페이브웨이IV' 정밀 유도 폭탄은 GPS 유도 방식을 추가하여 레이저 조사가 곤란한 악기상 상황이나 GPS 교란 상태에서도 양호한 유도 성능을 보이도록 개발된 것이 특징이다.

레이저 유도 방식을 사용한 유명한 폭탄으로는 벙커버스터로도 잘 알려진 벙커 파괴탄과 동굴 파괴탄이 있다. 걸프전과 아프간전에서 벙커와 동굴을 파괴하기 위해 각각 사용된 벙커 파괴탄GBU-28과 동굴 파괴탄GBU-37은 지하 동굴이나 벙커 또는 바위 등에 설치된 적의 주요 지휘 통제소나 설비를 파괴하기 위해 관통력을 향상시킨 특수한 유도 폭탄이다.

레이저 유도 폭탄은 최근 각광받고 있는 GPS 유도 방식과 비교하여 전천후성이 떨어진다는 단점이 있지만 탄착 오차와 이동 표적 공격 능력이 우수하기 때문에 향후에도 전투기 주요 정밀 유도 구기의 하나로 계속 사용될 것으로 보인다.

GPS[13] 유도 폭탄

GPS 정밀 유도 폭탄은 앞서 페이브웨이 계열 레이저 유도 폭탄과 마찬가지로 일반 목적 폭탄에 유도 장치와 날개 키트를 추가하여 재래식 폭탄을 스마트 폭탄으로 바꾸어주는 개념의 무장이다. GPS 정밀 유도 폭탄이 레이저 유도 폭탄과 외관상 크게 다른 점은 레이저 유도 폭탄에는 폭탄 앞부분에 레이저 감지 센서와 유도 장치가 부착된 반면 GPS 정밀 유도 폭탄은 폭탄 뒷부분에 GPS 안테나와 유도용 날개 키트가 부착된다는 점이다.

GPS 정밀 유도 폭탄 중에서 가장 널리 알려진 것은 JDAM[14] 폭탄이다. JDAM은 걸프전 이후 고정된 지상 표적이나 정박 중인 함정에 대해 전천후 정밀 공격이 가능하면서도 저렴한 무기 체계가 필요하여 개발된 폭탄이다. JDAM은 일반 목적 폭탄MK-82/83/84이나 관통 폭탄BLU-110/109 등에 키트 형태로 결합되어 사용되며, 코소보전에 최초로 사용되면서 실전에서의 유용성을 입증했다.

JDAM보다 작은 SDB[15] 폭탄도 대표적인 GPS 정밀 유도 폭탄 중 하나이다. SDB 폭탄은 5세대 스텔스 전투기와 같이 제한된 내부 무장 공간을 갖는 항공기에 폭탄의 크기를 줄여 최대한 많은 수의 폭탄을 탑재하려는 목적으로 개발되었다. SDB는 250lb

---

13 GPS : Global Positioning System, 위성 항법 장치
14 JDAM : Joint Direct Attack Munition, 합동 직격탄
15 SDB : Small Diameter Bomb, 소직경 폭탄

F/A-18D 전투기에 탑재된 JDAM 정밀 유도 폭탄

F-15E에 탑재된 GBU-39 SDB 정밀 유도 폭탄

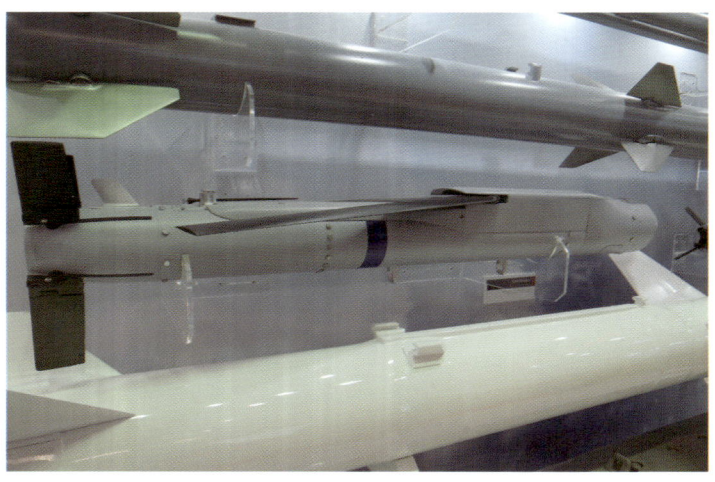

GPS, 레이저, 영상적외선 유도가 가능한 GBU-53 복합 유도 폭탄

정도로 소형화되었지만 기존의 500lb 폭탄보다 오히려 관통력이 커지고 부수적인 피해를 줄일 수 있게 되었다.

JDAM, SDB 등과 같은 GPS 정밀 유도 폭탄의 운용 개념은 먼저 임무 지원 장비를 이용해 전투기에 표적 정보를 입력하는 것으로부터 시작된다. 전투기의 임무 컴퓨터를 통해 폭탄에 GPS 타이밍, 표적 좌표, 신관 설정 자료가 전송되면 폭탄 투하에 필요한 기본적인 절차는 마치게 된다. 이후 GPS 정밀 유도 폭탄은 비행 중인 항공기로부터 위치, 속도 자료를 전송받아 지속적으로 자료를 초신화한다. 비행 중에 새로운 표적을 공격해야 할 경우 이륙 전에 설정한 표적을 변경하여 새로운 표적의 지정도 가능하다.

임무 지역에 도달하기 전 조종사는 폭탄의 GPS 시스템을 동조시키기 위해 수평 비행을 실시한다. 폭탄 투하 가능 영역에 도달하면 조종사는 폭탄을 투하하게 된다. 폭탄 투하 후 유도와 관련된 일체의 조작이 불필요하기 때문에 조종사는 곧바로 안전하게 전장을 이탈할 수 있다.

TV나 레이저 유도 방식의 유도 폭탄은 기상 악화 시 운용에 제약이 있다. 반면 GPS 정밀 유도 폭탄은 기상에 제약이 없어 전천후 주 야간 사용이 가능하다는 장점이 있다. 그러나 GPS 정밀 유도 폭탄은 정밀도가 다른 유도 방식에 비해 상대적으로 떨어진다는 것과 폭탄 투하 후에는 목표물 변경이 불가능하다는 단점도 있다.

최근에는 GPS 정밀 유도 폭탄의 이러한 단점을 보완하기 위해 레이저 유도 방식과 GPS 유도 방식을 통합하는 추세로 정밀 유도 폭탄이 개발되고 있다. 이러한 추세를 반영한 대표적인 것이 레이저 JDAM 폭탄, 복합 유도 폭탄이다. 레이저 JDAM은 레이저 유도 방식을 사용하기 때문에 고정된 표적에 대해 높은 정밀도로 공격이 가능하며, 특히 기존 JDAM이 곤란했던 이동 표적 공격 능력을 갖추고 있다. 복합 유도 폭탄은 GPS, 레이저 유도 방식뿐만 아니라 영상 적외선 유도 방식까지 추가되어 스커드 미사일 발사대와 같은 이동 표적과 긴급 표적 공격에 효과적인 수단이 되고 있다.

활공형 정밀 유도 키트

최근 전장에서 두각을 나타낸 JDAM, SDB 폭탄은 미래 항공전에서 정밀 유도 무기가 필수적인 무장이 될 것임을 암시해준다. 하지만 최신 정밀 유도 무기에도 단점이 있다. 정밀 유도 무기는 신형 전투기에서만 운용이 가능하고, 개량되지 않은 구형 전투기에는 운용이 불가능하다는 것이다.

전투기가 정밀 유도 무기를 원활히 운용하기 위해서는 무장 운용에 필요한 인터페이스MIL-STD-1760가 기본적으로 갖추어져 있어야 한다. 또한 비행 운용 프로그램도 해당 무장의 운용을 지원해주어야 한다. F-4, F-5, 미라지III와 같은 구형 전투기에 JDAM, SDB 무장을 통합하려면 상당한 개조와 이에 따른 비용을 감수해야만 한다. F-16과 같은 비교적 신형 전투기라도 성능 개량을 통해 항공 전자 부체계와 인터페이스를 업그레이드하지 않으면 신형 정밀 유도 무기 운용이 불가능하다.

활공형 정밀 유도 키트는 기존의 정밀 유도 무장과 달리 별다른 개조 없이도 구형 항공기에서 정밀 유도 무기 운용이 가능하도록 만들어 주는 키트이다. 유도 방식으로는 기존의 JDAM, SDB와 유사하게 위성 항법 장치와 관성 항법 장치를 결합한 방식이 사용된다. 다만 표적 자료 입력 방식은 기존 GPS 유도 무기와 차이가 있다.

기존의 정밀 유도 무기는 투하되기 전에 항공기의 무장 인터페이스MIL-STD-1760를 통해 표적 자료를 입력받는 데 반해 활공형 정밀 유도 키트는 조종사가 휴대하는 자료 입력 장치를 통해 무선으로 입력받는다. 조종사가 폭탄 유도에 필요한 표적 위치 좌표, 선회 지점 등을 무릎 위의 자료 입력 장치에 입력하면 무선으로 직접 활공형 정밀 유도 키트에 전달되어 투하 준비가 완료된다.

정밀 유도 키트 투하는 일반 폭탄과 동일한 투하 계통을 통해 투하되며, 투하 후 키트에 내장된 날개가 전개된다. 날개는 폭탄의 기동성과 활공 능력을 높이기 위해 설계되었기 때문에 고고도에서 투하될 경우 원거리의 표적까지 공격할 수 있다. 폭탄은 투하 후 유도 키트에 입력된 표적으로 비행하게 되지만 필요시 표적 자료의 변경도 가능

— 한국이 개발한 GPS 유도 방식의 KGGB 활공형 정밀 유도 키트

하다.

    대표적인 활공형 정밀 유도 키트로는 우리나라가 개발한 KGGB[16]가 있다. KGGB 정밀 유도 키트는 정밀 유도 무기 운용 능력이 제한된 한국 공군의 F-4E, F-5E/F 전투기에도 별다른 개조없이 운용이 가능하기 때문에 적은 비용으로 운용 효과를 극대화할 수 있는 훌륭한 수단이 되고 있다.

---

16   KGGB : Korean GPS Guided Bomb, 중거리 GPS 유도 키트

05
공대공 미사일

미국의 공대공 미사일

 1958년 9월 24일 금문도 상공, 타이완 공군 소속의 F-86F 세이버 전투기 편대는 중국 공군의 MiG-15 편대를 향해 GAR-8 미사일을 발사했다. 기총에 의한 공중전을 준비했던 MiG-15는 기총 사정거리 훨씬 밖에서 발사되는 타이완 공군의 공대공 미사일 공격에 미처 대응하지 못했다. 치열한 공중전이 전개된 결과, 타이완의 세이버 전투기는 전혀 격추되지 않았던 반면 중국의 MiG-15 전투기는 10대가 격추되었다. 이날의 공중전 사례는 공대공 미사일이 실전에 사용된 최초의 사례로 기록되고 있다.

 1958년에 타이완 공군이 사용했던 미국제 GAR-8 공대공 미사일은 훗날 AIM-9로 명칭이 변경되었고, 이 미사일의 별명인 사이드와인더는 단거리 공대공 미사일의 대명사가 되었다.

 사이드와인더 미사일은 적기로부터 발산되는 열을 추적하여 유도된다. 이러한 유도 방식을 적외선 유도 방식이라 한다. 단거리 공대공 미사일은 대부분 적외선 유도 방식을 사용하고 있다.

 미군은 베트남전에서 잠시 AIM-4 팰콘을 단거리 공대공 미사일로 사용한 것을 제외

- 베트남 전에서 단기간 사용되었던 AIM-4 팰콘 단거리 공대공 미사일

- 단거리 공대공 미사일의 대명사가 된 사이드와인더. 사진은 F-22 전투기 내부 무기고의 AIM-9M

― 사이드와인더 계열 최신 파생형 AIM-9X 미사일

― 반능동 레이더 유도 방식의 AIM-7 중거리 공대공 미사일

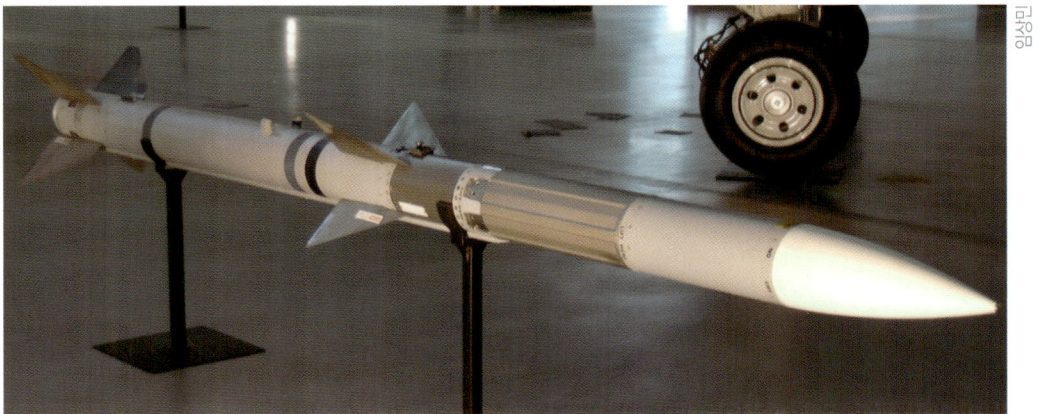

― 능동 레이더 유도 방식의 AIM-120A 암람 초기형

하고는 1950년대 이래로 사이드와인더 미사일을 단거리 공대공 미사일로 계속 사용하고 있다. 오래전부터 사용된 만큼 사이드와인더의 파생형은 다양하게 개발되었고, 마지막 파생형인 AIM-9X형이 개발되어 F-35A, F-15K를 비롯한 최신 전투기에 운용되고 있다.

기존의 사이드와인더는 표적을 하나의 열원으로 인식하는 반면 AIM-9X형은 표적을 영상으로 인식한다. 표적을 영상으로 처리하는 만큼 AIM-9X는 적의 적외선 방해책을 영상으로 구분하여 잘 속지 않는다. 적외선 감도도 향상되어 기존형보다 표적을 먼저 감지하여 먼 거리에서 발사할 수 있다. 게다가 날개의 조종면 외에도 로켓 모터의 추력 방향을 직접 제어할 수 있어 기동성도 더욱 향상되었다. 조종사의 헬멧 조준 장치와 결합하면 정면에서 크게 벗어난 적기까지도 공격할 수 있어 조종사에게 획기적인 전술적 이점을 제공하게 되었다.

미국 전투기는 단거리 공대공미사일로 사이드와인더 계열을 운용하지만 중거리 공대공 미사일로는 AIM-120 암람을 사용한다. 암람이 사용되기 전에는 AIM-7 스패로우가 중거리 공대공 미사일로 사용되었다. 스패로우 미사일은 미사일이 표적에 명중되기까지 발사 항공기가 레이더로 끝까지 유도를 해야 하는 반면 암람은 미사일을 발사하고 바로 이탈도 가능하다.

암람이 발사 후 망각Fire & Forget이 가능한 이유는 스패로우와 달리 미사일이 스스로 적기를 찾아 유도할 수 있는 레이더가 내장되어 있기 때문이다. 암람의 레이더는 직경이 작은 미사일에 탑재되어 있는 만큼 매우 소형이고 탐색 거리가 짧다. 따라서 암람을 효과적으로 운용하기 위해서는 미사일 발사 후 암람 레이더가 표적을 포착할 때까지 항공기가 유도를 지원해주는 것이 좋다.

암람의 최신 버전은 AIM-120D형이다. AIM-120D는 기존의 암람에 비해 추진 성능이 개선되어 사정거리가 증대되었고, 데이터링크와 GPS 등이 추가되어 항법/유도 성능도 향상되었다.

미국이 향후에 운용하게 될 공대공 미사일은 AIM-260 JATMJoint Advanced Tactical Missile이

다. AIM-260은 중국의 PL-15 미사일 등 신형 적성국 무장에 대응하기 위하여 미국 록히드 마틴이 2017년부터 개발하고 있는 신형 장거리 공대공 미사일이다.

AIM-260의 형상 및 제원이 아직 구체적으로 공개되지는 않았지만 F-35, F-22 등 스텔스 전투기 내부 무기고에 탑재가 가능해야 하기 때문에 대형화, 장사정화에는 한계가 있을 것으로 보인다. 탐색기로는 레이더 방식을 포함하여 두 가지 이상의 탐색기가 결합된 복합 방식의 적용이 유력하다. 또한 데이터링크, 듀얼펄스 신형 고체연료 로켓 모터 등 최신 기술이 적용될 것으로 예상된다. 길이는 내부 무기고 탑재 때문에 3.96m^{156in} 이내로 설계될 것이고, 램제트 추진과 같은 공기 흡입 시스템은 고려되지 않고 있다. 사거리는 150km^{80nm} 이상이 될 것으로 추정된다. AIM-260은 2021년부터 QF-16을 대상으로 실사격 시험을 실시하고 있고, 2022년에 개발을 마무리하여 2023년 이전에 전력화를 시작할 예정이다. AIM-260 개발에 따라 현용 중거리 무장인 AIM-120은 2026년에 생산이 중단될 예정이므로 우리 군도 이를 감안하여 획득 업무를 수행해야 할 것이다.

미국의 기업들은 미군의 공식적인 소요 없이 자체 투자로 신개념 공대공 미사일을 개발하기도 한다. 대표적으로 레이시온 사는 LREW$^{Long\ Range\ Engagement\ Weapon}$, 페리그린^{Peregrine} 미사일을 개발하고 있다. LREW는 장거리 성능을 달성하기 위해 공대공 미사일로는 이례적으로 2단 미사일로 구상되고 있다. 중거리 미사일인 페리그린은 AIM-260, AIM-9X와 비교하여 크기와 무게는 절반이지만 사거리는 더욱 길 것으로 예상되는 미사일이다. 레이시온은 페리그린이 길이 1.83m, 무게 68kg의 크기로, 복합 모드 탐색기와 파편형 탄두를 가진다고 공개하였다.

록히드마틴 사도 AIM-120 크기의 절반인 쿠다^{Cuda} 공대공 미사일을 2013년에 공개한 바 있다. 모형으로 공개된 쿠다는 크기가 작지만 AIM-120 수준의 사거리를 갖고, F-35 내부 무기고에 12발이 탑재되는 형태로 공개된 바 있다.

— 내부 무기고 탑재를 위해 날개를 재설계한 AIM-120C 암람 미사일

— 미국의 장거리 공대공 미사일 AIM-54 피닉스

러시아의 공대공 미사일

1990년 독일이 통일됨에 따라 서독 공군은 동독이 보유하고 있던 구 소련제 MiG-29 전투기와 AA-11[R-73] 미사일, 헬멧 조준기 등을 확보할 수 있었다. 독일은 구 소련 무기 체계를 입수한 후 면밀한 평가를 진행하였다. 평가 결과는 뜻밖이었다. 당시 미국제 전투기가 운용하던 AIM-9L 미사일보다 구 소련제 AA-11 미사일의 성능이 더 우수하다는 결과가 나온 것이다.

특히 미그기가 AA-11 단거리 공대공 미사일과 헬멧 조준기를 결합하여 운용할 경우 서방 측 전투기는 근접 공중전에서 더 이상 우위를 점하기 어려울 수도 있다는 결론이 도출되었다. 이러한 사실은 훗날 서방 측의 AIM-9X, IRIS-T 등 고성능 단거리 미사일과 헬멧 시현기 개발의 기폭제가 되었다.

앞서 AA-11의 성능 평가 사례에서도 보았듯이 러시아는 상당히 우수한 공대공 미사일을 개발해왔다. 1940년대 중반부터 항공 유도 무기 연구 개발을 전담하는 연구소를 설립하였기 때문에 개발 역사 또한 오래된 편이다.

미국의 공대공 미사일과 비교한 러시아 공대공 미사일의 특징은 종류가 상당히 다양하다는 것이다. 러시아는 하나의 공대공 미사일 기종에도 적외선 유도형과 레이더 유도형이 혼재되어 파생형까지 고려하면 대단히 복잡해진다.

과거 구 소련의 항공 전력은 방공군과 전술 공군으로 구분되어 있었다. 구 소련 방공군은 주로 폭격기를 요격하기 위한 공대공 미사일을 운용했다. 반면 구 소련 전술 공군은 전투기와 같은 전술 표적을 공격하기 위한 공대공 미사일을 주로 운용했다. 방공군이 운용했던 공대공 미사일로는 AA-1, AA-3, AA-5, AA-6, AA-9 등이 있고, 전술 공군이 운용했던 미사일로는 AA-2, AA-7, AA-8, AA-10, AA-11, AA-12 등이 있다. 이들 미사일 중에서 주요 위협에 해당하는 것은 AA-9, AA-10, AA-11, AA-12 등 네 종류이다.

AA-9[R-33] 미사일은 미국의 F-14 전투기가 운용했던 AIM-54 피닉스 미사일과 비교

▬ 1990년대에 서방 측을 놀라게 한 AA-11 단거리 공대공 미사일

▬ 레이더 유도형(좌), 적외선 유도형(우)이 함께 개발된 AA-10 공대공 미사일

— 미국의 암람 미사일과 비교되는 러시아 AA-12 중거리 미사일

— 러시아의 최신 장거리 공대공 미사일 AA-13

되는 러시아의 장거리 공대공 미사일이다. 러시아 공군에서는 주로 MiG-31 폭스하운드 전투기에 탑재되어 폭격기와 순항 미사일을 원거리에서 요격하기 위한 용도로 운용되고 있다.

AA-10[R-27] 미사일은 1970년대부터 개발이 시작된 중장거리 공대공 미사일로, Su-27 전투기 파생형과 MiG-29 파생형에서 주로 운용된다. AA-10의 파생형은 상당히 다양하여 같은 AA-10이라 하더라도 사거리와 유도 방식에 따라 R-27T, R-27R, R-27ET, R-27ER, R-27EM, R-27AE 등 다양한 파생형이 존재한다.

AA-11[R-73]은 러시아의 제4세대 단거리 적외선 유도 공대공 미사일로 앞서 언급한 독일 공군의 분석 결과로 서방 측에 유명해진 미사일이다. AA-11의 최신 버전은 기축선상에서 상당히 크게 벗어난 표적에 대해서도 공격 능력을 가지며, 사거리 측면에서도 서방측 미사일에 비해 긴 편에 속한다.

AA-12[R-77] 미사일은 미국의 암람 미사일과 비교되기 때문에 서방측은 암람스키라는 별명을 붙이기도 했다. AA-12의 외형상 특징은 기동성 향상을 목적으로 미사일 후부에 격자형의 핀을 장착하고 있다는 것이다. 유도 방식은 암람과 마찬가지로 능동 레이더/관성 항법 복합 유도 방식을 사용하고 있다.

향후 러시아 전투기에 탑재될 신형 중거리 미사일은 R-77M이다. 기존 R-77은 격자형 핀을 갖고 있었지만 R-77M은 일반적인 형상의 꼬리날개로 변경되었다. 또한 듀얼 펄스 고체 로켓 모터가 적용되었고, 길이가 기존 R-77[RVV-AE]의 개량형 R-77-1[RVV-SD]보다도 더 길어져 사거리가 크게 증가했을 것으로 추정된다. 늘어난 사거리에 대응하기 위해 신형 배터리와 데이터링크 또한 개선된 것으로 보인다.

단거리 공대공 미사일로는 향후 R-74M2[RVV-MD, Izeliye 760]를 주로 운용하게 될 것이다. 기존 R-74는 기존 AA-11[R-73]과 달리 이중 대역 적외선 탐색기를 적용하여 근적외선 섬광탄과 같은 기만체에 대응이 가능하고, 기존 아날로그 부품들이 디지털화되었다. R-74M2는 R-74에서 더욱 발전하여 표적 정보 갱신을 위한 데이터링크가 추가되었고, 로켓 연소 시간이 길어져 사거리가 증대되었다. 또한 Su-57이나 체크메이트 같은 러시아 스텔스 전투기 내부 무기고에서 운용이 가능하도록 단면적이 320mm × 320mm로 감소하였고, 기축선 160도 밖에 벗어난 후방 표적까지도 발사 후 락온 방식으로 유도까지 가능하다.

러시아 언론에 사거리 300km가 넘는 장거리 공대공 미사일로 소개된 R-37M[RVV-BD, Raketa Vozdukh Vozdukh-Bolshaya Dalnost]도 향후 러시아 전투기에서 운용될 것이다. 기존에 운용되던 AA-9[R-33] 노후화에 따라 후속 무장으로는 AA-13[R-37]이 개발된 바 있다. R-37M은 이 R-37의 성능 개량형으로, 항공 통제기, 공중 급유기와 같은 고가치 항공 자산을 원거리에서 공격할 목적으로 개발되었다. R-37M은 빠른 속도와 종말 단계용 능동 레이더 탐색기를 갖추고 있어 전투기까지도 위협이 될 수 있다.

영국의 공대공 미사일

영국은 상당히 오래 전부터 공대공 미사일을 개발해왔다. 1950년대에 이미 미국의 사이드와인더 미사일과 견줄 수 있는 파이어스트릭[Firestreak] 미사일을 개발했다. 파이어스트릭은 영국이 개발한 첫 적외선 유도 공대공 미사일로 라이트닝, 시 빅슨, 재블린과 같은 초창기 제트 전투기의 주력 공대공 무장으로 사용된 바 있다.

비록 성공적인 개발로 보기는 어렵지만 파이어플래시[Fireflash] 미사일도 1950년대에 생산된 영국의 공대공 미사일이다. 파이어플래시는 항공기가 조사하는 레이더 전파 빔을 타고 미사일이 표적까지 유도되는 빔 라이딩 방식을 사용하였다.

1960년대 영국 전투기는 레드탑[Redtop] 미사일을 운용하였다. 레드탑은 앞서 개발된 파이어스트릭 미사일의 탐색기 성능과 사정거리를 향상시킨 적외선 유도 방식의 미사일이다. 레드탑은 방공 임무를 담당하는 라이트닝 전투기의 주 무장으로 채택되어 1980년대까지 운용되었다.

1970년대에 개발된 영국의 중거리 공대공 미사일로는 스카이플래시[Skyflash]가 있다.

1. 영국의 첫 적외선 유도 방식 공대공 미사일 파이어스트릭
2. 라이트닝 전투기에 탑재된 레드탑 미사일
3. 영국 팬텀 전투기에서 운용된 스카이플래시 미사일
4. 영국의 아스람 단거리 공대공 미사일
5. KF-21 보라매 전투기에도 통합되는 미티어 장거리 공대공 미사일

스카이플래시는 미국의 중거리 공대공 미사일인 스패로우와 외형적으로 매우 유사한 것이 특징이다. 스카이플래시는 영국 팬텀과 토네이도 전투기에서도 운용되었고, 스웨덴의 비겐 전투기의 무장으로 결정되면서 수출에도 성공한 미사일이 되었다.

1980년대부터 1990년대까지 영국은 아스람 미사일을 개발했다. 아스람은 고기동 미사일 테일독^{Taildog} 등의 설계를 기반으로 발전시킨 미사일이다. 기존의 근접 공중전용 미사일과 비교하여 아스람은 기동 성능이 크게 향상되었고, 공기 저항이 적도록 미사일 미부에 소형 핀 네 개만을 갖추어 빠른 속도와 상대적으로 긴 사정거리를 갖춘 것이 특징이다.

영국의 최신 장거리 공대공 미사일은 미티어다. 미티어는 영국뿐만 아니라 독일, 프랑스, 이탈리아, 스페인, 스웨덴이 공동으로 개발했다. 일반적인 공대공 미사일은 로켓 모터로 잠시 가속된 후 추진력 없이 관성으로 비행한다. 따라서 사정거리 연장에는 한계가 있다. 미티어는 부스터 로켓으로 가속된 후 내장된 램제트 엔진이 지속적으로 추진력을 제공하여 기존의 중거리 미사일보다 먼 거리를 비행할 수 있는 것이 특징이다.

공중전은 적보다 먼저 보고 먼저 쏘는 것이 일반적으로 유리하다. 미티어는 긴 사거리를 갖고 있어 적보다 먼저 쏘는 것이 가능하다. 특히 미티어는 KF-21 보라매 전투기에도 통합이 예정되어 있어 향후 공중전에서의 활용이 더욱 기대되는 미사일이라 하겠다.

중국의 공대공 미사일

중국의 공대공 미사일은 'PL-숫자'로 표기된다. 미사일 명칭에서 PL은 중국어로 벼락을 의미하는 벽력霹靂, PiLi의 알파벳 문자를 줄인 것이다.

중국이 생산한 첫 공대공 미사일은 PL-1이다. PL-1은 구 소련 AA-1^{K-5}을 중국이 면허 생산한 것인데, 소련의 AA-1과 마찬가지로 부족한 성능 때문에 대량 생산되지 못했다.

— 대량 생산된 중국의 단거리 공대공 미사일 PL-5. 사진은 JF-17에 장착된 PL-5EII

— 이스라엘 파이슨-3을 중국이 면허 생산한 PL-8

제1장 항공무기체계 **77**

― PL-8 부품을 중국산으로 교체한 파생형 PL-9

― 최신 중국 전투기에 볼 수 있는 PL-10 단거리 공대공 미사일

중국이 공대공 미사일의 중요성을 절감하게 된 계기는 금문도 상공에서의 공중전 때문이었다. 1958년 9월 24일 금문도 상공에서 타이완 공군 소속의 F-86F 세이버 전투기 편대는 중국 공군의 MiG-17 편대를 향해 AIM-9B 미사일을 발사했다. 기총에 의한 공중전을 준비했던 MiG-17은 기총 사정거리 훨씬 밖에서 발사되는 타이완 공군의 공대공 미사일 공격에 당황할 수밖에 없었다. 당시 운좋게 미국의 불발된 AIM-9B 미사일을 확보한 중국은 공대공 미사일 개발에 박차를 가하였다. 하지만 중국의 과학 기술 수준은 공대공 미사일을 개발하기에 역부족이었다. 중국은 소련에 미국제 AIM-9B 미사일을 넘기며 군사적 협력 관계를 더욱 강화했다. 소련은 이때 확보한 미국제 AIM-9B를 복제하여 AA-2K-13 미사일을 만들게 된다. 이 AA-2를 중국이 도입하여 면허 생산한 것이 PL-2 공대공 미사일이다. PL-2는 중국이 대량 생산하여 배치한 첫 공대공 미사일이 된다.

이후 PL-2는 개량을 거치며 PL-3, PL-5, PL-6으로 파생된다. PL-3, PL-6은 대량 생산에 이르지 못했지만, AIM-9L/M과 형상이 유사한 PL-5가 대량 생산되었다. PL-5는 JF-17 전투기 등에서 현재도 운용되고 있다.

소련과 협력 관계가 중단되면서 중국은 1980년대에 프랑스, 이스라엘, 이탈리아 공대공 미사일에 눈을 돌린다. 먼저 프랑스의 R.550 매직 미사일을 면허 생산하여 PL-7로 명명하였다. PL-7은 소량 생산되어 제한적으로 운용되었다. 이스라엘의 파이슨3 미사일을 면허 생산한 것은 PL-8이다. 수출을 자유롭게 하기 위하여 PL-8 부품을 중국산으로 교체한 파생형이 PL-9다.

최신 중국 전투기에서 볼 수 있는 단거리 공대공 미사일은 PL-10이다. IRIS-T 미사일을 연상시키는 외형의 PL-10은 영상 적외선 탐색기, 추력 편향 제어 등 최신 기술을 적용하여 성능적으로 미국의 AIM-9X와 비교될 수 있다.

중국은 중장거리 공대공 미사일로 PL-4, PL-11, PL-12, PL-15를 개발했다. 이중에서 PL-4와 PL-11은 미국의 AIM-7 스패로우와 비교되는 중거리 미사일로 소량 생산에 그쳤다.

■ J-10B 전투기에 탑재된 PL-12 중거리 공대공 미사일

■ PL-12의 수출형인 SD-10 중거리 공대공 미사일

중국의 현용 주력 중거리 공대공 미사일은 PL-12이다. 미국의 암람과 비교되는 PL-12는 레이더 탐색기를 내장하고 있어 미사일 스스로 표적 포착과 유도가 가능하다. SD-10은 PL-12의 수출형 명칭으로, J-10, JF-17 전투기에서 운용된다.

서방 측이 주목하고 있는 중국의 최신 장거리 공대공 미사일은 PL-15다. J-20 스텔스 전투기 내부 무기고에도 탑재되는 PL-15는 사거리가 150km 이상이 될 것으로 예상되어 우리 공군에 향후 큰 위협이 될 것으로 보인다.

프랑스의 공대공 미사일

프랑스 공대공 미사일은 미국, 러시아 미사일 못지않게 많은 실전 경험을 갖고 있다. 중동전에서는 이스라엘의 미라지III 전투기에 탑재되어 아랍 국가 전투기를 다수 격추한 바 있고, 이란-이라크전에서는 이라크의 미라지 F1 전투기에 탑재되어 이란 전투기를 상대로 많은 전과를 올린 실적이 있다.

프랑스 공대공 미사일의 역사는 1950년대로 거슬러간다. 프랑스가 개발한 첫 공대공 미사일인 R510은 특이하게도 광학 유도 방식을 사용했고, R511은 반능동 레이더 유도 방식을 사용했다.

프랑스 공대공 미사일은 신형 전투기와 함께 등장하는 것이 특징이다. 1970년대에 들어 델타익 전투기인 미라지III 후계기로 미라지 F1이 개발되자 무장 역시 그에 걸맞게 새로이 개발되었다. 신형 무장은 기존의 R530 미사일을 토대로 개량하지만 최대 사거리와 표적 포착 능력을 기존 R530의 두 배로 높였다. 이러한 배경으로 개발된 미사일이 수퍼 R530F이다.

1970년대에는 중거리 무장인 530시리즈 외에 단거리 무장인 550 시리즈도 등장했다. R550 매직1은 미국의 사이드와인더와 비교되는 미사일이다. 미사일 전방의 소형 날개(카나드)가 두 쌍이 더 붙어 있어 사이드와인더 미사일과 쉽게 구분된다. 매직1 미사일

제1장 항공무기체계 **31**

R550 매직2는 미사일 전방의 소형 날개(카나드)가 두 쌍이 더 붙어 있어 사이드와인더 미사일과 쉽게 구분된다.

미사일 앞부분 탐색기 창이 둥근 형태로 되어 있는 미카 적외선 유도 방식 미사일

미사일 앞부분이 뾰족하게 되어 있는 미카 레이더 유도 방식 미사일

은 이란-이라크전에서 미그기에 탑재되어 많은 이란 전투기를 격추한 실적이 있다. 매직2는 탐색기를 개선하고, 사거리를 증대시킨 파생형이다.

최근 프랑스 공대공 미사일을 대표하는 것은 미카^{MICA} 미사일이다. 미카는 미국의 암람 미사일과 비교되는 미사일로 최신 전투기인 라팔과 미라지 2000 전투기에서 운용된다.

프랑스는 단거리 전용의 R550과 중거리 전용의 R530을 각각 개량하는 것이 아니라 미카라는 단일 미사일로 한꺼번에 대체하는 방법을 선택했다. 게다가 미사일 앞부분의 유도부만 교체하여 적외선 유도 방식과 능동 레이더 유도 방식을 선택할 수 있도록 개발했다.

단일 미사일로 단거리와 중거리, 적외선과 레이더 유도 방식을 모두 충족시킨다는 개념은 서방 측에서는 기존에 찾아볼 수 없는 개념이다. 프랑스가 신형 전투기 라팔과 함께 신개념으로 등장시킨 미카 미사일이 과연 현대 공중전에도 적합할지 귀추가 주목된다.

이스라엘의 공대공 미사일

수차례 전쟁을 겪은 이스라엘은 무장과 센서 등 핵심 무기 체계를 대부분 독자 개발하여 전력화하고 있다. 공중전에 결정적인 영향을 미치는 공대공 미사일도 예외는 아니어서 이스라엘은 1959년부터 자국이 개발한 공대공 미사일을 운용하고 있다.

이스라엘이 처음 개발한 공대공 미사일은 미국의 사이드와인더를 모방한 샤프릴 Shafrir 1 이다. 샤프릴1은 적외선 유도 방식을 사용하는 단거리 공대공 미사일로 성능이 우수하지 않았지만 후손 미사일인 샤프릴2 개발에 디딤돌 역할을 했다.

1970년대 초에 등장한 샤프릴2 공대공 미사일은 4차 중동전에서 이스라엘 공군기에 탑재되어 전과를 올린 바 있다. 이스라엘은 단거리 공대공 미사일 명칭에 더 이상 샤프릴을 사용하지 않고, 비단뱀을 의미하는 파이슨 python을 사용하기로 결정했다. 이러한 방침에 의해 샤프릴2의 후속 미사일로 등장한 것이 파이슨3 미사일이다.

1978년에 개발이 완료된 파이슨3 미사일은 적기의 후방뿐만 아니라 적기의 전방에서도 미사일 발사가 가능하도록 탐색기가 개선되었다. 파이슨3은 사이드와인더 AIM-9L형과 비교되며, AIM-9L보다 전반적인 성능이 우수하다. 파이슨3은 1982년 베카계곡 공중전으로 유명한 레바논 전쟁 때 이스라엘 공군의 주력 단거리 미사일로 사용되

이스라엘의 중거리 공대공 미사일 더비(왼쪽)와 단거리 공대공 미사일 파이슨-5(오른쪽)

어 아랍 공군기를 50여 대 격추한 실적을 갖고 있다.

이스라엘 미사일의 성능을 세계 최고 수준으로 평가받게 만든 첫 미사일은 파이슨4이다. 파이슨4는 1985년에 핀란드에서 MiG-29 전투기와 함께 AA-11 아처 공대공 미사일과 헬멧 조준기가 공개된 것을 계기로 거발이 시작되었다. 미국은 사이드와인더 미사일에 대한 우월감으로 아처 미사일을 무시하다가 독일 통일로 실체를 확인한 후 충격을 받았다. 사이드와인더의 미사일 성능 열세를 미국이 인정하고 개발이 시작된 것이 바로 수퍼 사이드와인더이다. 이스라엘은 미국과 달리 1980년대에 이미 신속하게 미사일 개발에 착수하여 1994년에 아처보다 우수한 파이슨4를 배치시킬 수 있었다.

파이슨4는 이스라엘이 개발한 헬멧 조준기와 연동이 가능하도록 개발되었다. 헬멧 조준기와 연동 시 파이슨4는 전투기 전방에 대해 각도 제한 없이 사격이 가능한 성능을 갖추고 있다. 파이슨4는 복잡할 정도로 많은 조종 면을 갖고 있어 기존의 공대공 미사일보다 기동성이 매우 우수한 것이 특징이다.

가장 최신형 미사일인 파이슨5는 파이슨4와 외형이 같다. 파이슨4의 기동성이 워낙 뛰어나기 때문에 파이슨5는 파이슨4의 공력 설계와 동체를 그대로 사용하고 있다.

파이슨5는 신관부터 앞쪽의 유도부를 재설계하여 유도 성능을 향상시켰다. 파이슨5는 개발된지 3년만인 2006년경에 크기가 작아 요격이 어려운 헤즈볼라의 아바빌 무인기를 실전에서 격추하여 성능을 입증한 바 있다.

이스라엘은 파이슨 시리즈로 대표되는 단거리 미사일 외에 더비Derby 중거리 미사일도 2001년에 등장시켰다. 암람 미사일과 유사한 더비는 암람보다 소형 경량이고, 능동 레이더 유도 방식을 사용하고 있다. 더비는 암람과 달리 중간에 표적 정보 갱신이 안된다는 단점이 있다. 하지만 파이슨4/5와 결합할 때 발사 범위가 최적으로 구성되기 때문에 실전으로 다져진 이스라엘의 경험이 그대로 반영된 무기 체계라 할 수 있겠다.

일본의 공대공 미사일

일본 공대공 미사일 명칭은 'AAM' 뒤에 일련 번호가 붙는 방식으로 표기된다. 미국 공대공 미사일이 'AIM' 뒤에 4, 9, 120 등 불규칙적으로 일련 번호가 붙는 데 반해 일본 미사일은 개발된 순서대로 일련 번호가 붙여지고 있다.

이러한 원칙에 따라 가장 먼저 등장한 일본의 공대공 미사일이 AAM-1이다. AAM-1은 사이드와인더 단거리 미사일의 가장 초기형인 AIM-9B의 일본 복제형이다. 1960년부터 8년간 개발된 AAM-1은 뒤떨어지는 성능으로 인해 소량이 생산되고 사업이 종료되었다. AAM-1의 후속으로 개발이 시작된 AAM-2 역시 부족한 성능 때문에 양산에 이르지 못하고 사업이 취소되고 말았다.

일본이 전력화가 가능한 수준으로 개발한 첫 공대공 미사일은 AAM-3이다. 1990년에 개발이 완료된 AAM-3은 미국의 AIM-9L형 사이드와인더와 비교되는 단거리 미사일이다. 적외선 유도 방식을 사용하는 AAM-3은 미사일 앞부분의 조종 날개가 독특한 모양으로 설계되어 사이드와인더와 쉽게 구분된다.

일본 공대공 미사일 중에서 가장 주목받는 미사일은 AAM-4다. AAM-4는 일본이 우수한 전자 기술을 집약하여 독자적으로 개발한 유일한 중거리 공대공 미사일이다. 개발은 1994년에 시작되어 1999년에 항공자위대에 배치되었다. 유도 방식은 능동 레이더 유도 방식과 관성/지령 유도 방식을 함께 사용한다.

AAM-4는 미국의 암람과 비교되는 미사일이다. 양 미사일 모두 중거리 미사일로 개발되었고 유도 방식도 유사하다. 다만 크기와 중량 면에서 AAM-4가 암람보다 훨씬 크고 무겁다. AAM-4의 크기는 AIM-7 스패로우 미사일에 가깝다.

일본 F-15J 전투기는 AAM-4뿐만 아니라 암람 운용도 가능하다. 다만 이들 미사일 운용에는 디지털 데이터버스가 필요하기 때문에 일본의 F-15 중에서 후기형인 100대 가량만 AAM-4 운용이 가능하다.

AAM-4의 명중 정밀도는 상당히 높은 것으로 알려졌다. 일본 특유의 전자 기술에 힘

AAM-1은 사이드와인더 초기형 AIM-9B의 일본 복제형이다.

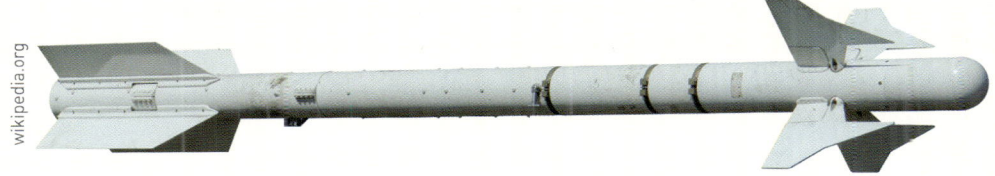

적외선 유도 방식의 AAM-3은 미사일 앞부분의 조종 날개 형상이 사이드와인더와 차이가 있다.

암람보다 크고 무거운 AAM-4B 중거리 공대공 미사일

제1장 항공무기체계 **37**

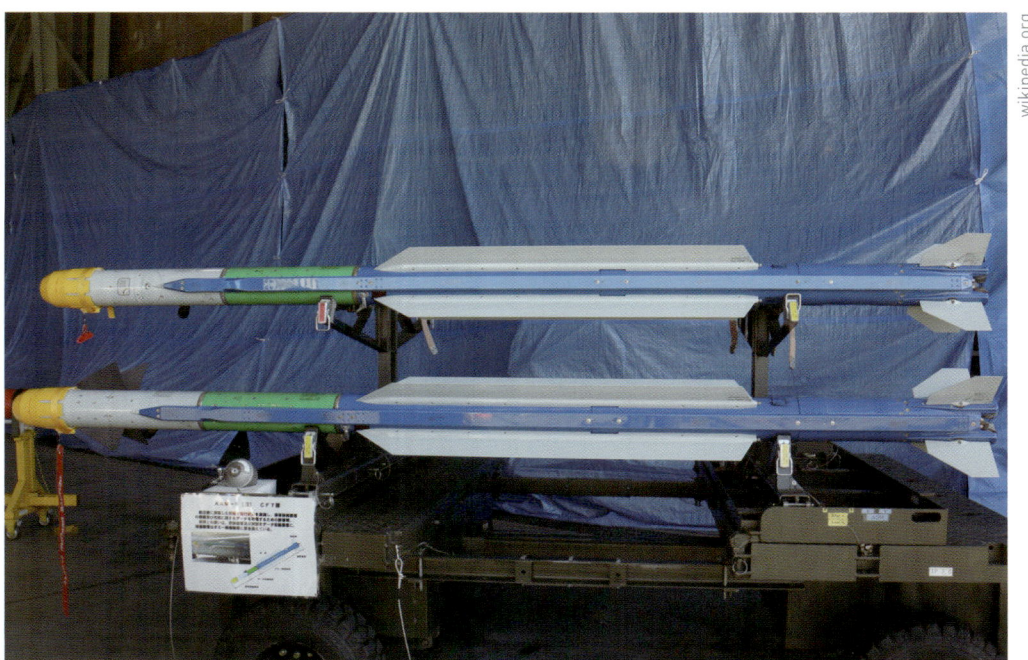
— 최신 단거리 미사일의 기술 추세를 대부분 반영하여 개발된 AAM-5.

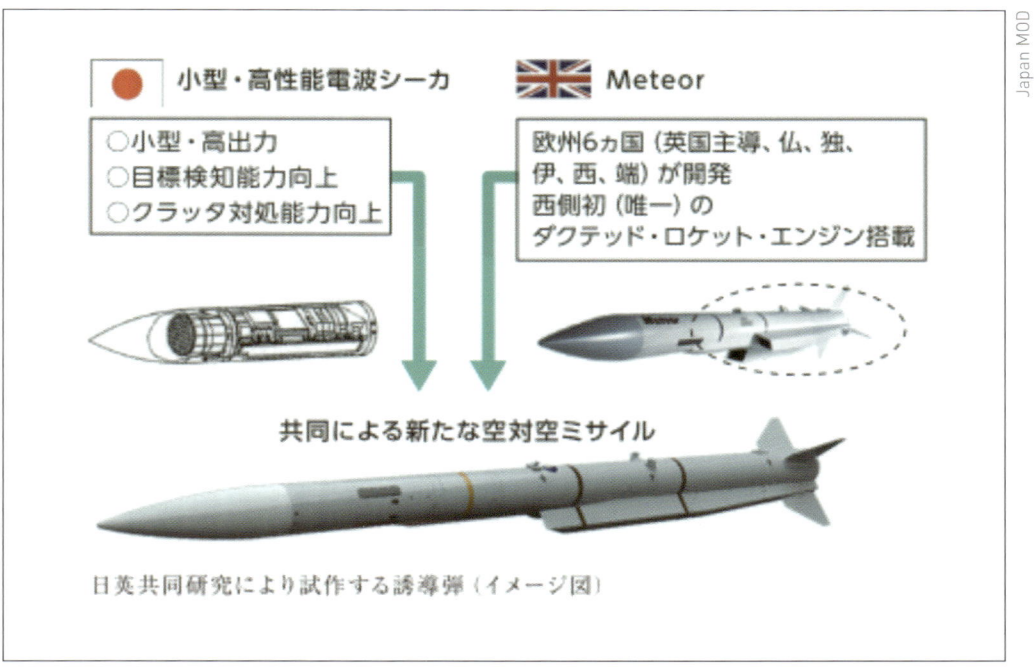
— 일본과 영국의 장거리 공대공 미사일 JNAAM 개발 개념

입어 전자전 능력도 높은 것으로 평가되고 있다. 이러한 특성은 소형의 저고도 포적, 특히 순항 미사일 탐지와 요격에 위력을 발휘할 것으로 예상된다.

암람보다 큰 AAM-4의 탄두는 전투기뿐만 아니라 순항 미사일 요격에 효과적이다. 순항 미사일에 대한 AAM-4의 요격 능력은 실사 시험에서 무인기 표적이 아닌 ASM-2 대함 미사일에 대한 요격 시험으로 성능이 검증된 바 있다. AAM-4는 고가의 획득 비용을 낮추기 위해 상용 부품을 적용하고, 사거리, 대전자전 능력 향상, 능동 전자주사 배열 레이더 탐색기 등 전반적인 성능을 향상시킨 개량형도 개발되었다. 개량형의 신형 탐색기 기술은 영국과 일본이 최신 공대공 미사일로 공동 개발 중인 JNAAM[Joint New Air-to-Air Missile] 사업에도 이어지고 있다.

최신 단거리 미사일인 AAM-5는 외형과 성능 면에서 유럽의 IRIS-T와 유사하다. AAM-3을 대체하기 위하여 개발된 AAM-5는 기축선 밖 요격 능력과 헬멧 조준기 연동, 영상 적외선 탐색기, 추력 편향 기술 등 최신 단거리 미사일의 추세를 대부분 반영하여 개발되고 있다.

앞에서 살펴본 미국, 러시아 등 주요국 공대공 미사일은 대부분 타국에 수출되어 공개되어 있고 일정 부분 성능 파악도 가능하다. 하지만 일본 공대공 미사일은 자국만 사용하고 있어 성능 파악과 대응이 까다로운 편이다. 향후 일본의 중장거리 공대공 무장은 JNAAM이 주력이 될 것이기 때문에 우리 군은 정보 역량을 집중하여 JNAAM 동향을 파악하고 대응을 준비해 나아가야 할 것이다

06
공대지 미사일

단거리 공대지 미사일

항공기에 탑재되는 단거리 공대지 미사일은 주로 지상군을 지원하기 위한 근접 지원용 무장으로 사용된다. 대표적인 단거리 공대지 미사일로는 미국의 AGM-65 매버릭, 영국의 브림스톤, 프랑스 AS.30, 러시아의 AS-7^{Kh-23}, AS-10^{Kh-25}, AS-14^{Kh-29} 등이 있다.

AGM-65 매버릭은 TV 유도 방식을 사용하는 미사일로 유명하다. 매버릭 초기형은 미사일 앞부분에 TV가 탑재되어 있어 조종사는 시현 장치의 TV 영상을 보며 표적을 정밀하게 조준하고 파괴할 수 있다.

매버릭 공대지 미사일이 개발되기 전에 미군은 베트남전에서 불펍 공대지 미사일을 근접 지원용 무장으로 운용했다. 불펍 미사일은 조종사가 육안으로 표적과 미사일을 함께 보면서 직접 유도하는 방식이다. 따라서 원거리에서 표적 획득이 어렵고, 조종사의 기량에 따라 오차가 크게 발생하는 단점이 있었다. 매버릭은 불펍의 이러한 단점을 보완하기 위해 개발되었다.

매버릭 미사일은 1972년에 초기형이 양산된 이후 영상 적외선 유도 방식, 레이저 유도 방식 등으로 파생되었다. 탄두의 파괴력과 사정거리도 향상되었고, 전차와 같은 지

― 베트남전에서 근접지원용 무장으로 운용되었던 AGM-12B(아래), AGM-12C(중앙) 불펍 미사일

― TV 유도 방식을 사용하는 미사일로 유명한 AGM-65 매버릭은 영상 적외선 유도 방식, 레이저 유도 방식 등으로도 파생되었다.

― 매버릭과 비교되는 러시아 AS-14(Kh-29) 다목적 공대지 미사일

상 표적 외에도 벙커, 함정과 같은 견고한 표적도 파괴할 수 있도록 성능이 개선되었다.

이라크전에서 매버릭은 건물 옥상의 이라크 저격수나 시가지의 특정 표적 공격 임무에 사용되기도 하였다. 이러한 임무에는 정밀한 공격 능력과 더불어 부차적인 피해를 최소화할 수 있는 무장이 필요하다. 비용이 저렴하여 미 공군이 이라크전에서 다량 사용했던 합동 직격탄JDAM[17]은 시가지 공격 임무용으로 정밀도가 상대적으로 부족했던 반면 파괴력은 과도하게 컸다.

이때 구형 무기였던 레이저 유도식 매버릭이 오히려 신형 GPS 유도 무기보다 주목을 받게 되었다. 매버릭 미사일은 합동 직격탄보다 탄두가 작아 부차적인 피해를 줄일 수 있었고, 레이저로 정밀한 공격까지 가능하여 시가지 공격 임무에 유용하게 활용되었던 것이다.

매버릭은 개발된 지 40년된 구형 무장이기 때문에 브림스톤, 합동 공대지 미사일 JAGM[18]과 같은 신형 단거리 미사일도 등장하고 있다. 크기나 외형 면에서 아파치 공격 헬리콥터에 탑재되는 헬파이어 미사일과 유사한 브림스톤 미사일은 고정익기를 위해 개발된 단거리 공대지 미사일이다.

브림스톤의 무게는 매버릭의 1/4 수준이지만 사정거리는 매버릭보다 약간 떨어지는 정도이다. 또한 자체 밀리미터파 레이더를 내장하고 있어 표적을 스스로 포착할 수 있고, 신형 탄두가 적용되어 대전차 관통 능력은 오히려 매버릭보다 우수해졌다.

브림스톤은 조종사가 일일이 표적을 지정해주지 않아도 미사일이 표적 지역을 자동으로 탐색하며 목표를 공격한다. 미사일이 작고 가벼워 전투기 한 대에 12발 이상 대량 탑재가 가능하고, 특정 지역의 이동 표적을 일시에 제압하는 데 유용한 무장이다.

미국의 AGM-179 합동 공대지 미사일은 향후 AGM-65 매버릭, AGM-114 헬파이어, BGM-71 토우 등의 단거리 공대지 미사일을 한꺼번에 대체하는 신형 공대지 미사일이다. 원래 미군은 광범위한 단거리 공대지 미사일을 대체하기 위해 AGM-169 합동

---

17 Joint Direct Attack Munition
18 Joint Air-to-Ground Missile

AGM-114 헬파이어는 공격 헬기 뿐만 아니라 무인기의 주요 공대지 무장으로도 사용된다.

AGM-179 JAGM은 향후 AGM-65 매버릭, AGM-114 헬파이어 등을 한꺼번에 대체하는 신형 공대지 미사일이다.

공용 미사일[19] 개발을 구상했었다. 소형이면서 사거리가 28km에 달하는 등 높은 요구도와 비용으로 결국 AGM-169 개발은 2007년에 취소되었다. AGM-179는 AGM-169 취소에 따라 대안으로 개발이 시작된 미사일이다. AGM-179는 사거리가 8km로 기존 헬파이어와 유사한 수준이지만 반능동 레이저 탐색기, 밀리미터파 레이더 탐색기가 결합된 이중 모드 탐색기를 갖추고 있다. 길이 1.8m, 중량 약 49kg으로 크기와 무게

---

19   Joint Common Missile

가 매우 작기 때문에 AGM-179는 향후 무인기 등의 주력 공대지 무장으로도 사용될 전망이다.

　소직경 폭탄이나 브림스톤, AGM-179와 같은 소형 공대지 무장은 공통적으로 무장의 정밀도는 높이고, 크기를 줄여 전술기에 대량 탑재가 가능하도록 만든다는 개념으로 개발되었다. 이와 같은 소형 고정밀 무장은 앞으로도 다양한 종류가 개발되어 향후 공대지 무장의 한 축을 이루게 될 것으로 전망된다.

중거리 공대지 미사일

　단거리 공대지 미사일이 근접 항공 지원용 무장으로 사용되는 데 반해 중거리 공대지 미사일은 적 대공 무기 사정거리 밖에서 벙커나 지휘 통제 시설, 활주로, 교량, 항만과 같은 표적을 파괴하는 데 사용된다. 대표적인 중거리 공대지 미사일로는 미국의 AGM-130, AGM-84E 슬램, 이스라엘의 AGM-142 팝아이, 러시아의 AS-13^{Kh-59}, 유럽의 스피어 등이 있다.

　미 공군의 AGM-130은 중거리 공대지 미사일 중에서 탄두가 가장 크다. AGM-130의 탄두가 가장 큰 이유는 처음부터 미사일로 개발된 것이 아니라 2,500lb급 대형 폭탄에 로켓 모터를 추가하는 개념으로 개발되었기 때문이다. 탄두가 큰 만큼 AGM-130은 중량이 약 3,000lb에 달해 중소형 전투기는 운용이 어려운 무장이기도 하다.

　AGM-130의 근간을 이루는 폭탄은 GBU-15 정밀 유도 폭탄이다. GBU-15는 폭탄 앞부분에 TV/영상 적외선 탐색기가 내장되어 있어 조종사는 폭탄 투하 후 조종석의 시현 장치를 통해 폭탄이 표적에 명중할 때까지 유도를 담당한다. AGM-130은 GBU-15에 로켓 모터를 부착해 사정거리만 연장한 개념이기 때문에 AGM-130 역시 조종사가 미사일을 종말 단계까지 통제해야 한다.

　미사일로부터 획득된 영상은 데이터링크를 통해 항공기로 전송된다. 따라서 항공기

— AGM-130은 2,500 파운드급 대형 폭탄에 로켓 모터를 추가하는 개념으로 개발되었다.

— 미국, 이스라엘뿐만 아니라 한국 공군에서도 운용되는 AGM-142 팝아이

제1장 항공무기체계 **95**

한국 공군 F-15K에서 운용되는 AGM-84H 장거리 공대지 미사일

AGM-84H 유도에 필요한 데이터링크 포드

스피어(SPEAR)는 유럽의 MBDA사가 개발한 중거리 공대지 미사일이다.

는 미사일이 보내오는 영상을 수신하기 위해 장비를 추가로 탑재해야 하는데 이때 사용하는 것이 데이터링크 포드이다.

데이터링크 포드는 미사일 유도 전용의 안테나를 포드 앞과 뒤에 총 두 개를 내장하고 있다. 안테나가 데이터링크 포드 뒤에도 탑재된 이유는 미사일을 발사한 항공기가 전장을 이탈하면서도 뒤에 위치한 미사일을 계속 유도할 수 있게 하기 위해서이다. 데이터링크를 사용하여 마지막까지 조종사가 유도하는 방식은 정밀 유도 무기 중에서 가장 작은 수준의 탄착 오차를 보이기 때문에 교각 파괴와 같이 정밀한 공격을 요하는 임무에 적합하다.

미 공군뿐만 아니라 한국 공군도 운용하고 있는 중거리 무장으로 AGM-142 팝아이가 있다. 팝아이는 원래 이스라엘에서 개발된 무장이지만 우수성을 인정받아 미 공군에서도 주요 무장으로 사용되고 있다. AGM-130과 비교하여 팝아이는 탄두가 다소 작은 편이지만 사정거리가 더 길다. 유도 방식은 양 미사일 모두 데이터링크를 통한 TV/영상 적외선 유도를 사용하고 있어 정밀도는 유사한 수준이다.

미 공군이 중거리 무장으로 AGM-142, AGM-130을 사용하는 반면 미 해군은 AGM-84E 슬램 미사일을 운용하고 있다. 슬램은 하푼 공대함 미사일을 베이스로 레이더 탐색기를 매버릭 미사일의 영상 적외선 탐색기로 변경하고, 영상 전송이 가능하도록 데이터링크를 추가한 무장이다. 슬램은 팝아이보다 탄두가 작지만 중량이 가벼워 하푼 미사일의 탑재가 가능한 전투기라면 슬램 미사일 역시 운용이 가능하다.

스피어-3은 유럽의 MBDA사가 개발한 신형 중거리 공대지 미사일이다. 스피어는 앞서 서술한 AGM-130, AGM-84E 등의 중거리 미사일과 달리 상대적으로 소형이다. 길이는 1.8m, 중량은 약 100kg에 불과해 항공기에 다량의 무장을 탑재할 수 있는 것이 장점이다. 유도 방식은 밀리미터파 레이더를 사용하고, 반능동식 레이저로 유도도 가능하다. 소형이지만 터보 제트 엔진이 내장되어 있어 140km 이상의 원거리 표적 공격에 사용된다. 스피어-3은 크기가 작아 성능 개량된 F-35에도 통합될 예정이다.

중거리 공대지 미사일은 원거리에서 발사하면서도 탄착 오차를 줄일 수 있도록 데이터링크에 의한 영상 유도 방식을 주로 사용하는 것이 특징이다. 또한 항공기가 적 위협 밖에서 무장 발사 후 이탈이 가능하기 때문에 생존성 측면에서 우수하고, 타 유도 무기에 비해 매우 정밀한 수준의 공격이 가능하여 미래 전장에 필수적인 항공무기체계라 할 수 있겠다.

장거리 공대지 미사일

1991년 걸프전은 해상의 함정에서 수많은 토마호크 순항 미사일이 날아오르며 시작됐다. 순항 미사일은 인명 손실 없이 원거리에서 발사가 가능하고, 유도 능력과 정확도가 뛰어나 걸프전과 같이 개전 초기 공격에 특히 유용하게 사용되는 무기 체계이다.

장거리 공대지 미사일은 공중 플랫폼에서 운용되는 순항 미사일이다. 장거리 공대지 미사일은 개전 초 적 방공망 제압뿐만 아니라 강력히 방호된 적의 종심 표적 등을 타격하는 데에도 사용된다. 대표적인 장거리 공대지 미사일로는 미국의 AGM-86, 슬램-ER, 합동 원거리 공격탄, 토마호크, 영국/프랑스의 스톰 쉐도우/스칼프 EG$^{Storm\ Shadow/SCALP-EG}$, 스웨덴/독일의 KEPD 350 타우러스, 러시아의 AS-15, AS-16, AS-19 등이 있다.

KEPD 350 타우러스는 한국 공군의 F-15K에도 운용되는 장거리 공대지 미사일이다. 독일과 스웨덴이 함께 개발한 타우러스는 지하 벙커와 같은 견고한 표적을 적 방공망 위협 밖에서 안전하게 공격할 수 있도록 개발되었다. 이를 위에 타우러스는 메피스토라는 관통 탄두/침투 탄두 시스템과 특수한 신관을 탑재하여 지하를 효과적으로 관통하고, 구조물의 특정 층까지 파괴가 가능하다.

AGM-158 JASSM[20]은 미 공군/해군이 함께 사용하고 있는 장거리 공대지 미사일이

---

20 Joint Air-to-Surface Standoff Missile

영국, 프랑스가 개발한 스톰 쉐도우, 스칼프 EG(Storm Shadow, SCALP-EG) 미사일

KEPD 350 타우러스는 지하벙커와 같은 견고한 표적을 적 방공망 위협 밖에서 안전하게 공격할 수 있다.

미국의 AGM-158 JASSM 미사일은 스텔스 성능을 갖춘 장거리 공대지 미사일이다.

다. 1995년부터 개발이 시작된 JASSM은 사거리가 약 370km에 달한다. 미군은 JASSM의 사거리를 증가시키기 위해 2002년부터 사거리 연장형 JASSM-ER 개발에 착수하였고, 2014년부터 B-1B, F-15E 등의 장거리 공격 무장으로 운용하고 있다.

장거리 공대지 미사일이 먼 거리를 비행하면서도 표적을 정확히 명중시킬 수 있는 이유는 복잡하지만 정교한 유도 방식을 사용하기 때문이다. 예를 들어 토마호크 미사일의 경우에는 영상 항법/지형 대조 항법과 관성 항법 유도 방식이 사용된다.

지형 대조 항법은 미사일이 비행 중 측정한 지형 정보와 사전에 입력된 디지털 지형 정보를 상호 비교하여 관성 항법 장치의 비행 오차를 수정하는 방식이다. 미사일이 표적 근처에 도달하게 되면 미사일 센서를 통해 얻은 영상과 사전에 저장된 영상을 비교하여 오차를 수정하는 영상 항법 유도가 이루어진다. 이를 통해 미사일은 표적의 보다 정밀한 지점까지 타격할 수 있게 된다.

장거리 공대지 미사일의 장점은 적의 방공망 밖에서 공격이 가능하여 아군의 인명 손실을 최소화할 수 있다는 것이다. 작은 크기와 저공 비행으로 인해 미사일의 손실 수준 또한 낮은 편이다. 그리고 장거리를 비행하면서도 정밀한 공격 능력을 보여 표적파괴율도 높은 편이다.

장거리 공대지 미사일이 없다면 종심 타격 임무를 수행하기 위해 공격편대군을 구성해야 한다. 공격편대군 구성에는 공격기 이외에도 공중 급유기, 전자전기, 대공 제압기, 호위 전투기 및 항공 통제기 등 다양한 지원 전력이 소요된다. 장거리 공대지 미사일을 사용하면 공격편대군 구성 없이 공격기 단독으로 종심 표적 공격이 가능하다.

예를 들어 1993년에 이루어진 이라크 핵 시설 공격은 토마호크 미사일 총 42발에 의해 수행되었다. 이러한 표적 타격에 공격편대군을 구성한다면 항공기 40대 이상이 소요되었을 것이다. 항공기 40대라면 항공모함 탑재기 수의 거의 절반에 해당한다.

장점이 많은 장거리 미사일이지만 단점도 있다. 장거리 공대지 미사일은 일반적인 레이저 정밀 유도 폭탄에 비해 20배 이상 비싸 소모성 무기로서는 고가의 무기 체계에 속한다. 따라서 일단 적 방공 체계가 제거된 후에는 중/단거리 공대지 미사일이나 정밀 유도 폭탄을 사용하는 것이 경제적이다.

장거리 공대지 미사일을 제대로 운용하기 위해서는 디지털 지형 정보, 영상 정보가 필요한데, 이들 지원 체계를 구축하고 유지하는 것에도 막대한 비용이 소요된다. 그리고 이동식 미사일 발사대와 같은 이동형 표적 공격에 부적합하고, 타 무기 체계에 비해 탄두 탑재 능력과 표적 관통 성능이 상대적으로 부족하다는 것도 장거리 공대지 미사일의 단점에 해당한다.

공대함 미사일

1982년 5월 4일, 영국군에 대항하기 위해 출격한 아르헨티나 해군의 슈페르 에땅다르Super Etendards 공격기 두 대는 파도에 스칠 듯이 초저고도를 비행하고 있었다. 영국 군함을 약 25mile 앞두고 공격기는 표적을 식별하기 위해 고도를 150m 정도 상승시켰다. 레이더를 통해 중형, 대형 크기의 해상 표적을 식별한 조종사는 표적 데이터를 입력하고, 탑재된 프랑스제 엑조세 대함 미사일을 발사했다. 약 2분이 지난 후 미사일은 표적에 명중했고, 결과는 공대함 미사일에 의한 최초 격침 사례로 전사에 기록되었다.

1982년 당시 아르헨티나 해군 엑조세 미사일에 표적이 된 함정은 영국 해군의 쉐필드Sheffield 구축함이었다. 쉐필드는 영국 항공모함 인빈서블의 15mile 외곽에서 대공 방어를 담당하고 있었다. 항공모함 인빈서블은 공격기가 상승했을 때 이를 레이더로 포착하고 구축함 쉐필드에 정보를 제공했으나, 해면 3m의 고도를 음속으로 돌진하는 엑조세 미사일을 쉐필드가 탐지하기에는 역부족이었다. 순식간의 상황에 속수무책이었던 쉐필드는 날아오는 두 발의 미사일 중 한 발에 선체 중앙부가 피격되고 말았다. 피격에 의한 충격과 화재로 쉐필드의 주요 장비는 기능을 멈추었고, 군함으로서 기능을 상실한 쉐필드는 피격 네 시간 만에 결국 침몰하고 말았다.

건조비가 약 5,000만US$에 달했던 신형 구축함이 단가 20만$(1982년 기준)에 불과했

— 라팔 전투기에 탑재된 AM39 엑조세 미사일

— F/A-18A에 탑재된 AGM-84 하푼(흰색) 공대함 미사일

— 스텔스 성능을 갖춘 JSM 공대함 미사일

던 엑조세 미사일 단 한 발에 격침된 사건은 군 관계자들에게 충격으로 다가왔고, 이후 각국은 해상 방공과 대함 미사일에 지대한 관심을 가지게 되었다.

공대함 미사일은 항공기에서 발사되는 대함 미사일을 말한다. 구조적인 면에서 공대함 미사일은 지표나 수중에서 발사되는 대함 미사일과 기본적으로 동일하다. 다만 지표와 수중에서 발사되는 대함 미사일은 발사 플랫폼의 속도가 느리기 때문에 미사일의 초기 가속을 위한 부스터가 필요하다. 또한 어뢰관과 발사기 공간이 협소하여 미사일의 날개가 접히는 구조로 설계되는 것이 특징이다. 반면 공대함 미사일은 항공기에서 발사되기 때문에 부스터가 필요 없고, 날개도 고정형이어서 구조와 중량 면에서 간소화된다는 차이점이 있다.

세계적으로 유명한 공대함 미사일로는 하푼, 엑조세, AGM-158C, 시 이글, 코모란, 시 스쿠아, 가브리엘, ASM-2, 러시아가 개발한 Kh-31, 모스키트, 야혼트/브라모스, 그리고 한국이 개발한 해성 등이 있다. 이 중에서 서방 측 미사일은 속도가 아음속인 반면 러시아 미사일은 속도가 초음속이다.

최근의 공대함 미사일은 초음속 성능과 더불어 스텔스 성능이 강조되고 있다. 노르웨이에서 개발한 JSM^{Joint Strike Missile, NSM(대함 미사일의 공대함형)} 공대함 미사일은 최대 속도가 아음속이지만 스텔스 성능을 갖추고 있어 함정의 대응이 곤란한 미사일이다. JSM은 F-35에도 통합되기 때문에 F-35의 스텔스 성능을 이용하면 적 함정에 대해 더욱 은밀한 공격이 가능해질 것이다.

대 레이더 미사일

1991년 걸프전의 서막은 다국적군의 대공 제압으로 시작됐다. 대공 제압SEAD[21]은 적

---

21 Suppression of Enemy Air Defenses : 대공 제압

의 방공 레이더, 대공포, 지대공 미사일과 같은 지상 방공망을 무력화시키는 임무로 아측 항공력의 피해를 최소화하기 위해 개전과 동시에 가장 먼저 이루어진다.

대공 제압은 제압하는 수단에 따라 전자적으로 적의 방공망을 방해하는 소프트킬과 물리적으로 파괴하는 하드킬로 구분될 수 있다. 대공 제압 임무에서 하드킬 수단으로 가장 많이 활용되는 것이 이번에 소개할 대 레이더 미사일이다.

대 레이더 미사일은 적 레이더의 전파를 역추적하여 레이더를 파괴하는 미사일이다. 기본적인 유도 원리가 적으로부터 방사되는 전파를 감지하는 것이기 때문에 대 레이더 미사일은 대 방사 미사일 Anti Radiation Missile이라고도 불리운다.

최초의 대 레이더 미사일은 베트남전에서 사용된 AGM-45 쉬라이크 미사일이다. AGM-45 쉬라이크는 비록 사정거리가 10여km에 불과하여 운용에 제약이 많았지만 1973년에 이스라엘군이 중동전에도 사용하여 많은 전과를 기록했다.

서방 측의 최신 대 레이더 미사일은 AGM-88 함 HARM[22] 미사일이다. 함 대 레이더 미사일은 최대 사거리가 80km에 달해 원거리에서 운용이 가능하고, 최대 속도 향상으로 대공 제압 효과를 증대시켰다.

함 미사일 외에도 세계적으로 유명한 대 레이더 미사일은 낙하산이 내장되어 표적 지역에 체공이 가능한 영국의 ALARM[23], 프랑스의 ARMAT, 러시아의 AS-11/-12/-17 미사일 등이 있다. Kh-31P로도 알려진 러시아의 AS-17은 마하 3의 속도로 순항이 가능하다.

지상의 방공 레이더 측은 대 레이더 미사일의 공격에 대응하기 위해 레이더 작동을 중지하는 전술을 사용한다. 레이더 작동이 중단되면 대 레이더 미사일은 표적을 잃어버리게 되어 유도가 중지된다. 방공 레이더와 대 레이더 미사일의 쫓고 쫓기는 경쟁은 베트남전부터 최근의 전쟁까지 계속되어 왔다. 하지만 앞으로는 레이더의 작동 중지만으로 대 레이더 미사일을 회피할 수는 없게 될 전망이다. 레이더가 작동을 멈추어도 전

---

22 High-speed Anti-Radiation Missile : 고속 대 방사 미사일
23 Air Launched Anti-Radiation Missile : 공중 발사 대 방사 미사일

베트남전에서 사용된 AGM-45
쉬라이크 대 레이더 미사일

서방 측의 대표적인 대 레이더
미사일 AGM-88 HARM

작동이 중지된 적 레이더까지 파괴할
수 있는 AGM-88E AARGM 대 레이
더 미사일

Kh-31P(우측 세번째 검은색 미사일)
은 마하 3의 초음속 비행이 가능한 공
대함 미사일이다.

제1장 항공무기체계 **105**

파 발신원의 위치를 기억하고, 표적을 능동적으로 탐지할 수 있는 이중 유도 방식의 대 레이더 미사일이 운용되고 있기 때문이다.

AGM-88E AARGM[24] 미사일은 이러한 이중 유도 방식을 사용하는 대표적인 대 레이더 미사일이다. AGM-88E는 GPS/관성 항법 장치를 내장하고 있어 미사일 발사 후 표적 레이더 위치와 미사일 위치를 정밀하게 기억할 수 있다. 또한 유도 종말 단계에서 밀리미터파 탐색기로 표적을 상세하게 식별할 수 있어 선별적인 정밀 타격 능력까지 갖추고 있다.

극초음속 공대지 미사일

(1) 추진 원리

극초음속은 마하수 5 이상의 속도를 의미한다. 마하 5 이상의 속도로 비행체를 가속하는 수단으로는 로켓이 주로 사용되어 왔다. 로켓은 추진 성능이 우수하지만 추진제와 산화제를 비행체에 함께 탑재해야 하기 때문에 비행체 공간과 항속 효율 측면에서 단점이 있었다. 이러한 로켓의 단점을 극복할 수 있는 기술로 최근 주목받고 있는 것이 극초음속 공기 흡입식 추진 시스템이다. 극초음속 공기 흡입식 추진 시스템은 로켓에 있던 산화제가 없다. 대기 중의 공기를 산화제로 이용하기 때문에 로켓보다 공간과 효율 측면에서 성능이 우수하다. 다만 공기를 흡입해야 하기 때문에 우주까지 비행은 불가능하다.

극초음속 공기 흡입식 추진 시스템으로 사용되는 대표적인 엔진 방식은 스크램제트 SCRamjet : Supersonic Combustion Ramjet 엔진이다. 스크램제트 엔진의 구성과 원리를 이해하기 위해서는 먼저 램제트Ramjet 엔진을 이해해야 한다. 터보엔진은 공기 흡입구로부터 유입된

---

[24] Advanced Anti-Radiation Guided Missile : 첨단 대 방사 유도 미사일

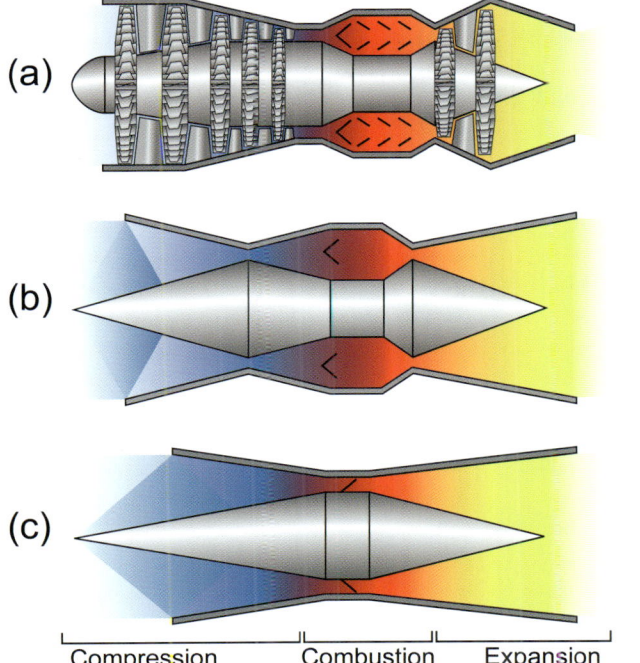

터보제트(a), 램제트(b), 스크램제트(c) 구조 비교. 램제트 엔진의 연소실(붉은색)은 면적이 넓어지면서 아음속으로 공기를 연소시키지만 스크램제트는 연소실에서 초음속으로 공기를 연소시킨다.

공기를 회전식 압축기를 사용하여 압축 후 연소시켜 터빈과 노즐을 통해 연소 가스를 분사한다. 램제트 엔진은 터보엔진의 회전식 압축기와 같은 압축기가 없다. 대신, 공기의 압축 성질과 고속으로 유입되는 공기가 흡입구 형상의 충격파로 인해 압축되는 램 압축 현상을 이용해 운동에너지를 압력에너지로 변화시킨다. 흡입구 형상과 면적 변화로 압력이 상승된 공기는 연소실에서 마하 1이 안되는 아음속 상태에서 연소되고, 노즐 목이 좁아졌다가 넓어지는 축소-확대 형상의 노즐을 통해 마하 1이 넘는 초음속으로 노즐을 빠져나오게 된다.

아음속 연소를 위한 램제트 엔진의 흡입구 형상과 충격파는 마하 5 이상의 극초음속에서 오히려 높은 압력 손실과 과도한 온도 상승을 가져와 에너지 손실이 커진다. 이러한 손실을 막고 효율을 증가시키기 위해서는 연소실 내에서도 초음속으로 공기를 연소시키는 것이 효율적이다. 이와 같이 엔진 전체의 유동을 초음속으로 계속 유지하면서

제1장 항공무기체계 **107**

공기를 연소시키는 방식의 엔진을 스크램제트 엔진이라 한다. 스크램제트 엔진은 초음속의 공기와 연료를 매우 짧은 시간에 혼합하면서 연소시켜야 하기 때문에 화염 안정화, 연소, 열관리 관련 고도의 기술을 필요로 한다.

램제트/스크램제트 엔진은 비행체 자체 속도로 흡입 공기를 압축하는 방식을 사용하기 때문에 마하 2~3의 속도까지는 다른 수단으로 가속해야만 한다. 따라서 로켓 또는 터빈 엔진을 추가하여 두 가지 이상의 모드로 작동되는 복합 사이클 방식의 엔진이 필수적이다.

극초음속 비행체를 구현하기 위한 추진 기술로는 앞서 살펴본 공기 흡입식 추진 시스템 외에 부스트 활공형 방식도 사용된다. 대륙간 탄도탄과 유사한 부스트 활공형 방식은 비행체가 상승 후 탄도 궤도로 하강하는 것이 아니라 탄두에서 비행체가 분리되어 표적까지 활공 비행을 하는 것이 특징이다. 부스트 활공형은 대형 발사체로 비행체를 가속시켜야 하기 때문에 주로 폭격기에서 운용될 것이며, 공기 흡입식 추진 시스템은 상대적으로 소형화가 가능하여 전투기용 극초음속 공대지 미사일의 주요 추진 방식으로 사용될 것이다.

(2) 개발 동향

미국은 중국과 러시아가 먼저 전력화한 극초음속 미사일에 대응하기 위해 극초음속 미사일 개발을 적극적으로 추진하고 있다. 미국이 진행한 다수의 극초음속 미사일 프로그램 중에서 공중 발사형으로 대표적인 극초음속 미사일은 HAWC[25], AGM-183 ARRW[26], HACM[27], HALO[28] 등을 예로 들 수 있다.

미 공군이 국방고등연구기획국과 협력하여 개발 중인 HAWC는 록히드마틴과 레이

---

[25] Hypersonic Air-Breathing Weapon Concept : 극초음속 공기 흡입식 무기 개념
[26] Air-Launched Rapid Response Weapon : 공중 발사 신속 대응 무기
[27] Hypersonic Attack Cruise Missile : 극초음속 공격 순항 미사일
[28] Hypersonic Air-Launched OASuW-2 capability : 극초음속 공중 발사 공세적 공대함 능력II

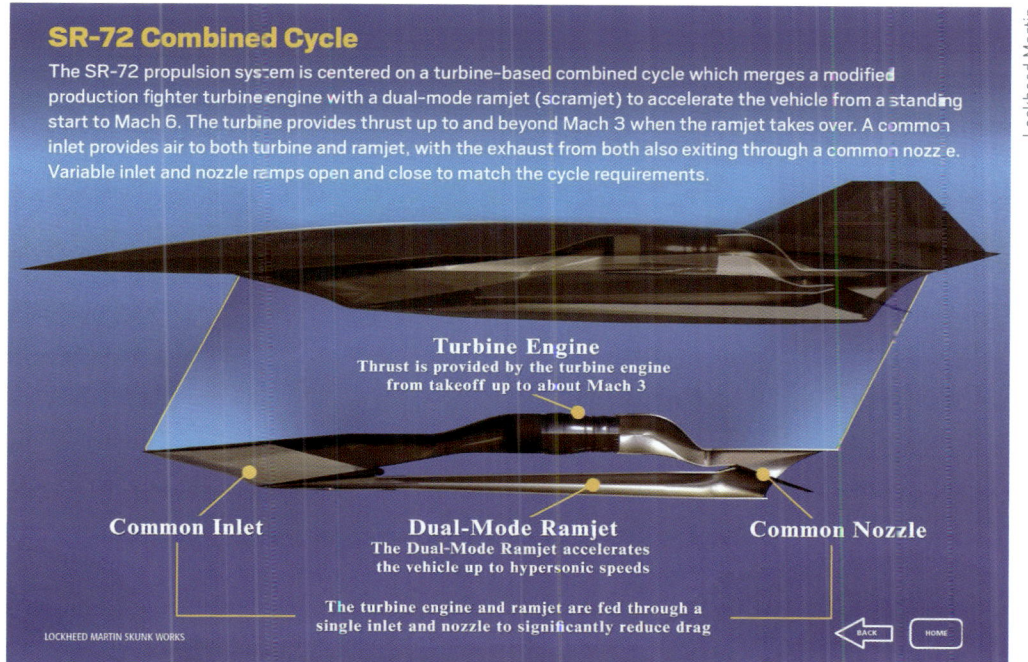

▬ 탑건2에 터빈엔진과 스크램제트 엔진이 결합된 복합 사이클 엔진의 SR-72가 등장하였다.

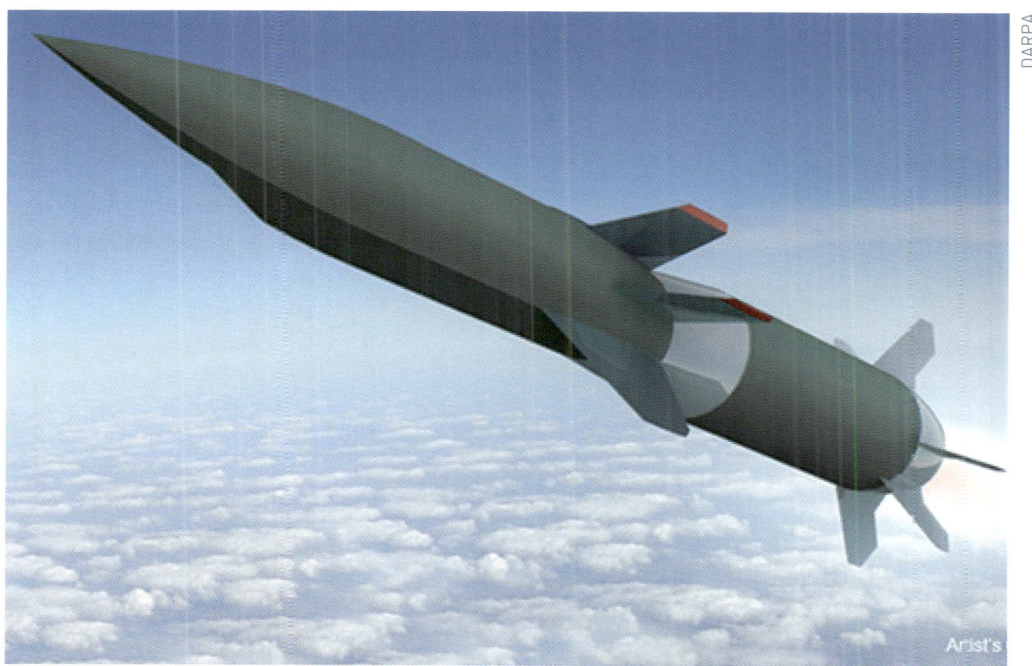

▬ 록히드마틴사의 극초음속 미사일 HAWC 개념도

시온/노스롭그루먼이 경쟁 중이다. 미 공군은 HAWC 프로그램의 연구 결과를 토대로 2027년까지 HACM 미사일을 개발할 계획이다.

AGM-183 ARRW는 2020년대 초 전력화를 목표로 록히드마틴이 2018년부터 개발 중인 극초음속 미사일이다. AGM-183은 부스트 활공형 미사일이며, 크기가 대형이기 때문에 F-15 또는 B-52 등 폭격기에서 주로 운용될 것으로 보인다.

HALO는 기존의 AGM-158C 장거리 대함 미사일의 후속으로 미 해군이 2028년까지 전력화를 목표로 개발 중인 극초음속 대함 미사일이다. 운용 기종으로는 F/A-18E/F를 고려하고 있으며, 대형이기 때문에 F-35C 내부 무기고 운용은 어려울 것으로 보인다.

러시아는 공중 발사 극초음속 미사일로 Kh-47M2 킨잘Kinzhal을 전력화시켰다. 지상 발사 탄도 미사일을 개조한 킨잘은 대형 요격기인 MiG-31에 탑재되어 대 함 또는 대 지상 공격에 사용된다. 해상 발사형인 3M22 지르콘Zircon 극초음속 미사일은 향후 차세대 스텔스 폭격기 PAK-DA 등에서 운용하기 위해 공중 발사형으로 개조할 수 있을 것이다.

중국은 공중 발사 극초음속 미사일로 H-6N 폭격기에 대 함 탄도 미사일을 탑재하고 있다. DF-21D 대 함 탄도 미사일을 개량했을 것으로 추정되는 이 미사일은 탄두에 DF-17 극초음속 비행체를 탑재할 가능성이 있다.

영국과 프랑스도 극초음속 미사일을 개발하고 있다. 하푼과 엑조세 미사일을 대체하기 위해 2011년부터 극초음속 대함 미사일을 공동 개발하고 있다. 페르세우스Perseus로 명명된 이 미사일은 스텔스 성능까지 갖추게 될 것이며, 2030년경 전력화가 예상된다.

극초음속 비행체는 마하 5 이상의 빠른 속도 때문에 긴급 표적 대응에 효과적이고, 기존 방공 체계로 대응하기가 쉽지 않아 전장의 게임체인저가 될 것으로 주목되고 있다. 앞서 살펴본 바와 같이 중국, 러시아 등 주변국은 항공기에 탑재하는 극초음속 미사일을 이미 운용하거나 개발하고 있다. 극초음속 미사일은 점진적으로 소형화되고 있어

▬ B-52 폭격기에 탑재된 AGM-183A ARRW 극초음속 미사일

▬ 미 해군은 2028년까지 HALO 극초음속 공대함 미사일을 배치할 계획이다.

지상 발사 탄도 미사일을 개조한 킨잘은 대형 요격기인 MiG-31에 탑재되어 대함 또는 대지상 공격에 사용된다.

H-6N에 탑재된 극초음속 공대함 탄도 미사일

향후 전투기의 주요 무장의 하나로 발전하게 될 것이기 때문에 우리 공군도 보다 관심을 기울여 전력화에 적극적으로 노력해야 할 것이다.

07
수직 이착륙 전투기

영국의 해리어 전투기

긴 활주로 없이 수직으로 이착륙을 하겠다는 인류의 꿈은 헬리콥터와 같은 회전익기를 탄생시켰다. 하지만 회전익기는 속도와 비행 성능 측면에서 한계가 많았다. 이를 극복하기 위해 시작된 수직 이착륙기의 개발 역사는 1940년대로 거슬러 올라간다. 제2차 세계대전 당시 독일은 각종 기상천외한 항공기 개념을 개발한 것으로 유명한데, 수직 이착륙기 또한 여러 가지 방식을 고안한 바 있다.

전쟁이 끝나자 독일은 실제 비행이 가능한 수직 이착륙기 개발을 본격적으로 추진했고, 영국도 경쟁적으로 수직 이착륙기 개발에 착수했다. 영국의 최초 수직 이착륙 실험기는 1953년에 만들어졌지만 겨우 수직 이착륙이 가능한 수준이었다. 이후 1958년에 수직 이착륙과 수평 비행이 가능한 실험기 개발에도 성공했지만 무장 탑재 여력이 없었고, 구조 또한 실용적이지 못했다.

수직 이착륙 전용의 리프트 엔진을 탑재하지 않고도 수직으로 이착륙한다는 개념은 1960년에 탄생한 P.1127로 구체화됐다. P.1127의 성능은 상당히 실용적인 것이어서 영국은 양산을 결정하고, 이름을 해리어로 명명했다.

— P.1127 시제기는 주익 근처 동체에 회전식 노즐을 두 개씩 설치하여 수직 및 수평 비행이 가능했다.

— 수직 이착륙을 위해 동체의 노즐을 아래로 향하고 있는 EAV-8B 해리어II+ 전투기

- 주날개 끝에 경사각을 변경시킬 수 있는 엔진과 조종석 뒤에 수직 이착륙 전용 엔진을 탑재한 VJ101C

해리어의 첫 양산형인 GR Mk.1은 1967년에 탄생했고, 영국 공군에서 운용했다. 이후 엔진 추력을 증가시킨 해리어 GR Mk.3가 등장했다. 이 해리어를 미 해병대가 상륙 지원기로 채택한 것이 AV-8A다.

해리어 GR Mk.3/AV-8A는 수직 이착륙 성능을 제외하면 전투기로서의 탑재량과 항속 성능에 부족한 면이 많았다. 이를 보완하기 위해 미국과 영국은 대폭적인 성능 개량을 구상했지만 결국 예산 문제로 취소하고, 주익 교체와 복합재 사용량을 증가시킨 AV-8B 해리어II를 개발했다.

해리어는 영국 공군뿐만 아니라 영국 해군에서도 필요했다. 좁은 경항공모함 갑판에서 이착륙하기 위해 영국 해군은 FRS Mk.1 시해리어Sea Harrier를 추가로 개발했고, 인빈시블급 항공모함에서 운용했다.

해리어의 명성은 1982년에 발생한 포클랜드 전쟁을 통해 세계적으로 유명해졌다. 포클랜드 전쟁에서 최대 속도 마하 0.9의 해리어는 한 대도 손실되지 않으면서, 마하 2급의 미라지III 등 아르헨티나 전투기를 22대 격추하는 놀라운 전과를 거둔 것이다.

이러한 성과는 비록 해리어 전투기의 우수성만으로 빚어낸 결과는 아니었지만 해리어의 유용성을 입증하는 결정적인 계기가 됐다. 이후 해리어는 걸프전에도 참전해 미 해병대의 상륙 작전 지원기로 맹활약한 바 있다.

독일의 VJ 101과 VAK 191 전투기

독일은 초음속 수직 이착륙기 개발에 상당한 열의와 투자를 집중했던 국가다. 1955년에 NATO에 가입하면서 새로이 개편된 서독 공군은 전술기의 핵심을 모두 수직 이착륙기로 구성한다는 원대한 구상을 꿈꿨었다. 긴 활주로는 적의 공격에 취약하기 때문에 활주로 없이 야전에서 분산 운용이 가능한 수직 이착륙기는 당시에 장점이 충분히 있어 보였다. 이를 구체화하기 위해 독일은 전투기, 공격기, 수송기 등 세 가지 핵심 군용기를 모두 수직 이착륙기로 개발한다는 계획을 1960년대에 추진했다.

독일이 가장 먼저 개발한 기종은 VJ 101이었다. VJ 101에서 VJ는 수직 이착륙 전투기Vertikal Jäger를 의미했다.

VJ101의 요구도는 1956년에 완성됐고, 본격적인 개발은 1959년부터 시작됐다. VJ101은 처음부터 독일 공군의 최신예기 F-104G를 대체하고자 개발되었기 때문에 작전 운용 성능이 상당히 높았다. VJ 101에 요구된 작전 반경은 54~270nm, 최대 상승 고도 7만 2,200ft, 최대 속도 마하 2.5였다. 당시 F-104G가 고도 5만ft까지 도달하는 데 약 140초가 소요된 반면 VJ 101은 6만 5,600ft까지 90초 이내에 도달할 것이 요구되었다. 마하 2.5 속도에 이 정도 상승 성능이라면 1960년대 기술 수준으로 최상급에 속하는 것이었다.

VJ 101의 수직 이착륙 방식은 조종석 뒤에 직렬식으로 수직 전용 엔진을 두 개 탑재하고, 후기 연소기가 달린 엔진을 두 개씩 회전형으로 날개 끝에 탑재하는 방식이었다.

VJ 101C X1 시제기의 첫 공중 정지 비행은 1963년 4월 10일에 이루어졌다. 놀라운 것은 1964년에 시제기가 후기 연소기 없이 마하 1.08로 음속을 돌파한 것이었다. 수직으로 이륙하여 초음속 비행에 최초로 성공한 역사적인 순간이었다. 후기 연소기가 부착

— VAK191B 공기 흡입구 바로 뒤에는 수직과 수평으로 각도 조절이 가능한 노즐이 보인다.

된 X2 시제기는 원활한 초음속 비행이 가능하여 마하 1.14까지 기록했지만 결국 양산에 이르지는 못했다.

VJ 101이 전투기 대체가 목적이었다면 VAK 191은 피아트 G.91 공격기 대체가 목적이었다. VAK 191에는 저고도로 침투하여 핵폭탄 한 발을 적지에 투하하고 귀환한다는 핵 공격 단일 임무 수행이 요구되었다.

VAK 191은 영국 해리어와 유사한 방식의 추력 편향식 엔진을 사용했다. 하지만 대형 엔진을 사용하여 항력이 증가된 해리어와 달리 독일은 소형 엔진을 사용하여 고속 성능을 추구했다. 부족한 수직 추력은 기체 전후방에 탑재된 수직 전용 엔진 두 개가 보완했다. 이러한 엔진 구성을 통해 VAK 191은 해리어와 달리 마하 1.2-1.4 수준의 초음속 성능을 목표로 했다.

VAK 191에는 당시로서 최첨단이었던 전자식 비행 제어 기술까지 적용하려 했지만 기술적 성숙도가 낮아 결국 양산에 이르지 못했고, 이후 독일은 수직 이착륙기 개발의 꿈을 접었다.

프랑스의 미라지IIIV 전투기

1960년대에는 미국뿐만 아니라 유럽의 NATO도 초음속 수직 이착륙기를 필요로 했다. 델터익 전투기 미라지 시리즈로 유명한 프랑스 닷소 사는 나토에 제안하기 위한 미라지IIIV 수직 이착륙기 개발을 시작했다.

미라지IIIV의 엔진 수는 무려 아홉 개이다. 수직 전용의 소형 엔진 여덟 개를 중앙에 배열했고, 수평 비행용 엔진을 한 개 탑재하도록 설계되었다.

1966년, 여덟 개의 수직 엔진 덕분에 미라지IIIV는 수직으로 떠올라 수평 비행으로

— 동체 중앙에 수직 이착륙 전용 엔진을 탑재한 미라지IIIV 델터익 전투기

전환에 성공했다. 그리고 수평 비행에서도 마하 2.04의 최대 속도를 기록했다. 하지만 초음속 비행은 활주로에서 이륙하여 나온 결과이고, 한 번의 비행에서 수직 이착륙과 초음속 비행을 동시에 수행한 적은 없었다.

닷소 사는 자체 자금을 투자해 미라지IIIV 개발을 지속했지만 비행 시험 중 사고로 조종사가 사망하자 1966년에 개발 계획을 전면 취소했다. 미라지IIIV 취소 이후 약 40년 동안 다시는 마하 2급의 초음속 수직 이착륙 전투기가 등장하지 못했다. 수직 이착륙과 마하 2급의 초음속 비행은 그만큼 쉽게 어울리지 못하는 성능이었던 것이다.

러시아의 Yak-38과 Yak-141 전투기

러시아는 미국, 유럽과 더불어 초음속 수직 이착륙기 개발에 많은 노력을 기울인 국가 중 하나였다. 1967년 7월 도모데도보에어쇼에서 이미 러시아는 고정익기로 수직 상승 및 공중 정지, 수평으로의 전환 비행을 관중 앞에서 선보인 바 있었다. 당시 에어쇼에 사용됐던 Yak-36 '프리핸드' 기종은 실제 작전에 투입할 수 없는 기술 시범기 수준의 항공기였으나, 안정적인 수직 이착륙이 가능하여 러시아의 기술력을 입증했다.

Yak-36 '프리핸드'에서 실증된 수직 이착륙 기술은 실제 임무 수행이 가능한 Yak-38 '포저' 개발로 이어졌다. 1975년부터 양산 단계에 들어간 Yak-38은 1976년부터 소련 해군의 키에프, 민스크 등 항공모함의 함재기로 운용을 시작했으며, 함대 방공 문제가 절실한 소련 해군에 함대 방공 전투기, 대함 공격기, 정찰기 등 다양한 목적으로 활용되었다.

Yak-38의 성공 이후 러시아가 준비했던 기종은 Yak-141이었다. 세계 최초의 실용 초음속 수직 이착륙 전투기를 목표로 개발됐던 Yak-141은 1991년 파리에어쇼에 공개되어 세계적인 주목을 받기도 했다. 야코블레프 설계국의 홍보 자료는 Yak-141에 대해 공중 요격, 근접 공중전 및 대지 공격 임무를 수행할 수 있는 다목적 초음속 전투기로

안정적인 수직 이착륙 성능을 보여주었던 Yak-36 기술시범기

러시아의 유일한 실용 수직 이착륙 전투기 Yak-38

개발이 취소되었지만 초음속 수즈 이착륙 전투기 Yak-141의 노즐 기술은 F-35B에 적용되었다.

설명하고 있었다.

Yak-141은 초음속 성능이 요구되었기 때문에 엔진에 후기 연소기가 장착되었다. 후기 연소기는 Yak-141의 가속 성능과 기동 성능에 큰 기여를 했지만 착륙 시 활주로나 항공모함 갑판 표면을 가열시켜 손상을 입힐 우려가 있었다.

1989년 3월에 초도 비행을 실시한 Yak-141은 기존 Yak-38에 비해 개선된 성능을 입증했다. 특히 최대 속도는 마하 1.7을 기록하여 최초의 실용 초음속 수직 이착륙기가 탄생되는 듯 했다. 하지만 냉전 종식으로 러시아는 국방 예산을 감축했고, Yak-141을 비롯한 많은 개발 프로그램이 취소되고 말았다.

Yak-141은 연구 개발에 성공하였음에도 불구하고 예산 문제로 양산에 이르지 못한 항공기였다. 비록 양산에 실패했지만 Yak-141에 적용됐던 회전 노즐 swivelling nozzle 기술은 미국의 F-35B에 그대로 적용되어 최초 초음속 수직 이착륙기의 탄생에 밑거름이 되었다.

미국의 XF-109와 F-35B 전투기

영화 '트루 라이즈'에서 비밀요원 아놀드 슈왈츠제네거가 타고 등장한 '해리어' 전투기는 수직 이착륙기의 대명사이다. 하지만 제트기인데도 불구하고 해리어의 최대 속도는 소리의 속도보다 낮다.

제트기의 최대 속도가 음속을 넘어가자 항공 선진국들은 수직 이착륙 성능과 초음속 성능을 결합하고자 경쟁적으로 개발을 시작했다. 가장 먼저 개발을 시도한 국가는 미국이었다. 미국은 이미 1953년부터 자체적으로 수직 이착륙 실험기를 개발한 경험이 있는 벨 사를 주목하고 1955년부터 자금을 투자했다.

미 공군과 미 해군이 함께 자금을 투자한 이 전투기는 미 공군이 XF-109로 명명했고, 미 해군은 XF3L로 명명했다. XF-109는 수직으로 이착륙이 가능하면서도 수평 비

▬ 마하 2.3의 초음속 성능을 추구했던 XF-109 개념도

▬ 수직 이착륙 전용 리프트 엔진이 조종석 뒤에 설계된 F-35B 구조도

행에서 마하 2.3의 초음속을 낼 수 있도록 구상되었다. 초음속 달성을 위해 XF-109는 무려 여덟 개의 엔진을 탑재하도록 설계됐다. 수평 비행 전용 엔진 두 개 외에 수직 전용 엔진 두 개를 조종석 뒤에 넣고, 날개 끝에 경사각을 변화시킬 수 있는 수평/수직 겸용 엔진을 네 개 탑재했다.

엔진 여덟 개의 XF-109 전투기는 결국 1961년에 개발이 취소되었다. 기술적으로 무리한 면도 있었지만 F-5 전투기에도 탑재된 J85 엔진의 개발 지연이 반복되자 미 해군이 결국 1960년에 자금 투자를 취소한 것이다. 이어 미 공군도 1961년에 계획을 취소하면서 초음속 수직 이착륙기 XF-109 개발은 중단되고 말았다.

프랑스의 미라지IIIV와 미국의 XF-109, 러시아의 Yak-141 취소 이후 지금까지 여전히 마하 2급의 초음속 수직 이착륙 전투기는 등장하지 못하고 있다. 하지만 마하 2급은 아니더라도 수직 이착륙과 초음속 성능을 결합한 실용 전투기가 등장했다. F-35B가 바로 그것이다.

F-35B는 기본형인 F-35A를 토대로 단거리 이륙 및 수직 착륙이 가능하도록 만든 파생형이다. F-35A와 비교하여 크기는 유사하지만 리프트 팬 등 수직 이착륙을 위한 장비가 추가되어 그만큼 기동성, 전투 행동 반경, 무장 탑재량 등 성능이 감소했다. F-35B와 F-35A의 차이점을 보다 구체적으로 살펴보면, F-35A는 최대 9G의 기동이 가능한 반면 F-35B는 7G까지 기동이 가능하다. 또한 F-35A의 전투 행동 반경은 590nm(1,090km)으로 알려져 있지만 F-35B는 450nm(830km)으로 약 24% 감소했다. 무장 탑재량도 F-35A에 비해 약 17% 감소했다. F-35A는 내부에는 2,000lbs급 정밀 유도 폭탄 탑재가 가능하지만 F-35B는 내부 공간이 좁아져 1,000lbs급 정밀 유도 폭탄 탑재가 가능하다. 그리고 F-35A가 25mm 기관포를 내장한 반면 F-35B는 기관포를 내장하지 않아 필요시 외부에 25mm 건포드를 장착한다.

앞서 살펴본 바와 같이 F-35B는 F-35A와 비교하여 성능이 떨어지고 가격도 고가인 것으로 알려져 있다. 하지만 긴 활주로를 필요로 하지 않아 육상 운용을 위해 싱가포르 공군도 도입한 바 있고, 경항모와 같이 짧은 갑판에서도 운용 가능한 유일한 초음속 스텔스 전투기이기 때문에 F-35B 고유의 가치는 앞으로도 상당 기간 유지될 것으로 보인다.

08

마하 3급 전술기

SR-71 블랙버드 정찰기

역사상 가장 빠른 제트기로 기록되는 SR-71 '블랙 버드'는 총알보다도 빠른 속도인 마하 3으로 순항 비행이 가능하다. 냉전 시절, 공산권 국가에 대한 전략 정찰 임무를 수행하기 위해 비밀리에 개발된 블랙버드의 최고 속도 기록은 아직도 깨어지지 않는 전설로 남아 있다.

이러한 SR-71 블랙버드의 개발은 1950년대로 거슬러 올라간다. 당시 미국은 소련 영공에 대한 정찰을 목적으로 고고도 정찰기 U-2를 개발했다. 1954년에 등장한 U-2는 당시 소련의 요격기가 상승할 수 있는 고도보다도 더 높은 8만 5,000ft 고도까지 상승이 가능하여 소련 영공을 안전하게 정찰할 수 있었다.

하지만 고도의 우위는 얼마가지 않았다. 지대공 미사일의 성능이 급격히 발전하고 있었기 때문에 CIA는 1958년이면 더 이상 U-2를 사용할 수 없게 될 것이라 예측했던 것이다. CIA는 U-2를 대체할 차기 비밀 정찰기 개발을 계획한다. OXCART라 명명된 이 비밀 프로젝트는 록히드 사를 주계약으로 결정하고, 1959년부터 비밀 자금을 투자하기 시작했다.

역사상 가장 빠른 제트기로 기록되는 SR-71 '블랙 버드'는 총알보다도 빠른 속도인 마하 3으로 순항이 가능하다.

KC-135Q 공중급유기에 접근하는 SR-71

— SR-71용 엔진으로는 기존 터보제트 엔진 구조를 이용하여 추력을 극대화시킨 프랫 & 휘트니의 J58 터보 램제트 엔진(추력 31,500lbs)이 쌍발로 탑재된다.

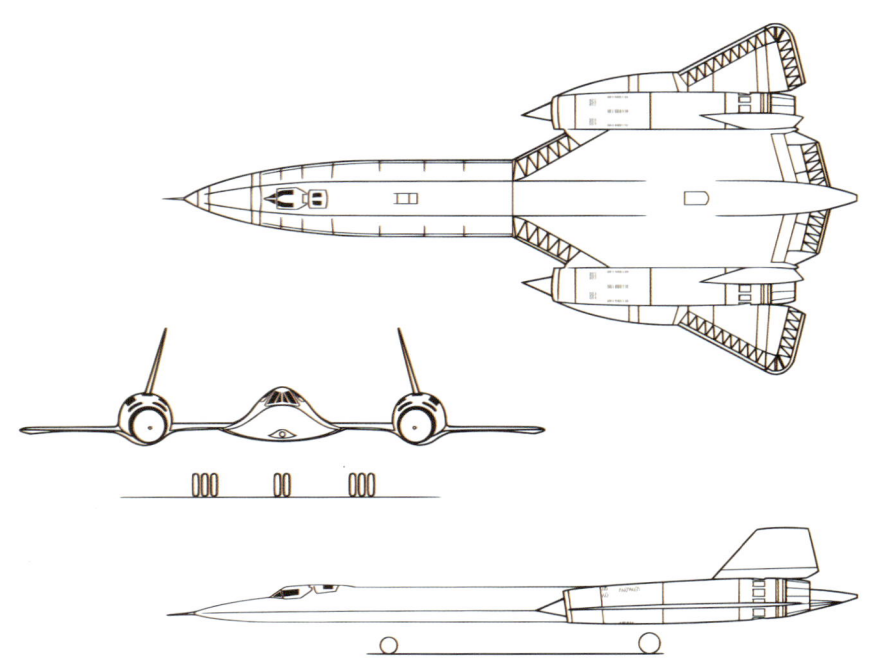

— SR-71 정찰기 삼면도

128 항공무기의 이해

OXCART 프로젝트로 탄생한 SR-71의 요구도는 순항 속도 마하 3.29에 운용 고도 9만ft라는 극단적인 것이었다. 마하 3 이상의 고속 비행에서는 대기와의 마찰열 때문에 기체 표면 온도가 260도 이상으로 상승한다. 일반적인 항공기 소재는 이러한 온도에서 견딜 수 없기 때문에 SR-71은 구조 중량의 대부분을 열에 강한 티타늄으로 제작하기로 결정한다.

마하 3에서 작동할 수 있는 특수 엔진의 개발도 새로이 추진됐다. SR-71용 엔진으로는 기존 터보 제트 엔진 구조를 이용하여 추력을 극대화한 프랫 & 휘트니의 J58 터보 램제트 엔진(추력 31,500lbs)을 쌍발로 탑재하기로 결정했다.

1970년대 들어 SR-71은 속도와 고도 면에서 수많은 신기록을 수립했다. 정찰기로서 SR-71은 8만ft 이상의 상공에서 시간당 10만mile²의 지구 표면을 정찰할 수 있었다. 정찰 장비로는 기수 등 4개소의 센서 베이Sensor Bay에 광학 정찰 장비, 전자 정보 수집 장비, 적외선 정찰 장비 등을 탑재해 임무에 맞게 사용했다. 광학 정찰 장비의 성능은 8만ft 상공에서 골프공을 촬영할 정도였다.

총 31대가 생산된 SR-71은 미 공군, 해군 및 NASA에서 운용됐다. 사고로 인해 총 12대를 잃었고, 1990년 1월 25일에 운영 및 유지비의 과다 소요 및 정찰 위성의 발달로 26년간의 정찰 임무를 마치고 퇴역했다. 일시적으로 1995년부터 1997년까지 두 대가 작전에 복귀하기도 했지만 1998년에 SR-71 프로그램은 완전 종료됐다.

SR-71은 비록 퇴역했지만 26년간의 운용 기간 중 세계에서 가장 빠르고 높은 고도에서 비행한 유인 항공기였다. SR-71보다 더 빠른 항공기로는 X-15 실험기가 있다. 그러나 X-15는 로켓 엔진을 사용하기 때문에 공기 흡입 엔진을 사용하는 블랙버드의 최고 속도 기록은 아직까지도 깨어지지 않는 전설로 남아 있다.

YF-12 블랙버드

탄생한 지 60년이 지난 YF-12 블랙버드는 아직까지도 '세계 최고'라는 수식어가 유지될 정도로 경이적인 성능을 가졌던 전투기이다. 세계 최대 속도 전투기, 세계 최고 고도 전투기, 세계 최대 중량 전투기, 세계 최대 탐지 거리 레이더 탑재 전투기, 세계 최장 거리 공대공 미사일 탑재 전투기 등 YF-12가 세운 신기록은 지금까지도 항공계의 전설로 남아 있다.

YF-12의 탄생은 미국 CIA의 A-12[SR-71] 비밀 스파이 항공기 개발에서부터 시작된다. 1960년대에 미 공군은 마하 2급의 F-106 요격기의 후계기로 마하 3급 전투기가 필요했고, 록히드는 A-12 정찰기의 전투기형을 미 공군에 제안한다. A-12는 이미 CIA의 비밀 자금이 이미 투입되었기 때문에 개발에 성공한다면 미 공군은 저렴하게 마하 3급의 전투기를 획득할 수 있게 되는 것이다. 이 제안은 A-12 사업에 미 공군을 전면에 내세워 주체를 감추고 싶어했던 CIA의 입장과도 맞아떨어졌다. 미 공군과 CIA의 결정에 따라 A-12의 전투기형, 즉 YF-12 블랙버드의 개발은 1960년 8월에 승인된다.

이미 마하 3급의 A-12를 개조해 탄생하게 되는 YF-12에는 세계 최고의 눈과 발톱이 추가되었다. YF-12의 눈으로는 탐지 거리가 500mile이 넘는 AN/ASG-18 펄스도플러 레이더가 채택되었다. AN/ASG-18는 레이돔 직경만 1m가 넘어 전투기용 레이더로는 현재까지도 최대 크기에 해당한다. 원래 XF-108 전투기용으로 개발되던 이 시스템에는 적외선 탐지 추적 센서까지 통합되어 전자전 상황에서도 적기 탐지가 가능하도록 하였다.

AN/ASG-18 레이더와 결합되는 무장은 AIM-47A[GAR-9] 팰콘 장거리 미사일이다. 1958년에 AN/ASG-18과 병행하여 개발이 시작된 이 미사일은 마하 6 속도에 210km 이상 사거리를 갖는 대형 미사일이었다. 공대공 미사일 추진 방식으로는 특이하게도 액체 연료를 사용했던 AIM-47은 중간 유도에 반능동 레이더 유도 방식을, 종말 유도에는 적외선 유도 방식을 사용했다. 탄두는 당시 방공 개념을 반영하여 250kt 위력의 핵

— YF-12는 세계 최대 속도 전투기, 세계 최고 고도 전투기, 세계 최대 중량 전투기, 세계 최대 탐지거리 레이더 탑재 전투기, 세계 최장거리 공대공 미사일 탑재 전투기 등의 기록을 보유했던 전설적인 전투기다.

— ASG-18 레이더를 수용하기 위해 개조된 YF-12 기수 형상은 SR-71과 YF-12를 구분할 수 있는 주요 외형상 특징이다.

제1장 항공무기체계 **131**

▬ AIM-47A(GAR-9) 팰콘은 마하 6 속도에 210km 이상 사거리를 갖는 장거리 공대공 미사일이었다.

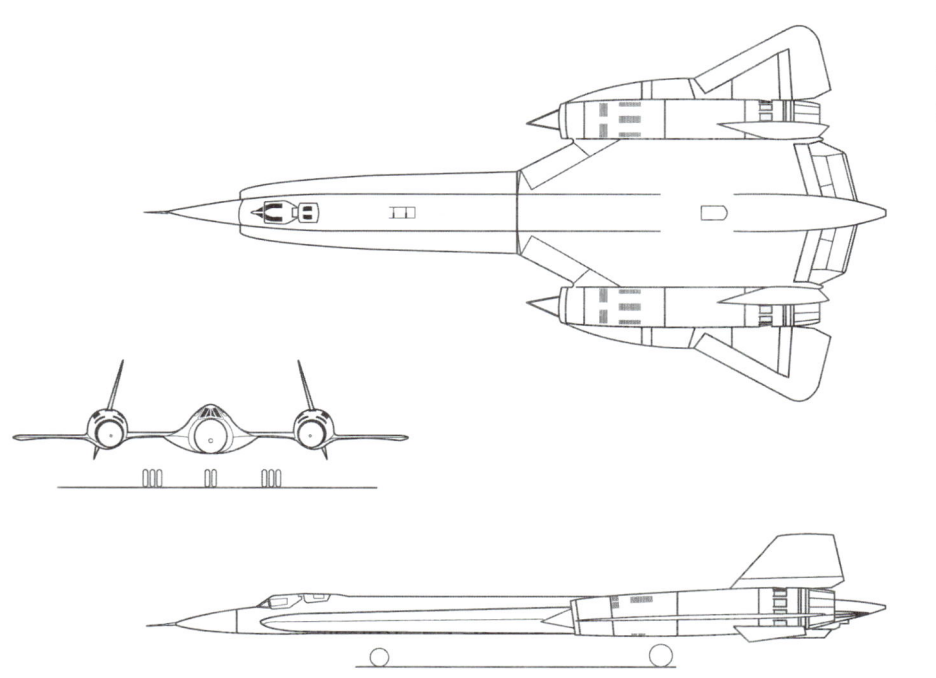
▬ YF-12 전투기 삼면도

탄두 탑재도 가능했다.

1963년 8월 7일에 첫 비행을 성공한 YF-12A는 1964년에 표적기에 대한 장거리 요격 실험까지 성공리에 마쳤다. 성능에 만족한 미 공군은 1965년에 93대의 양산형 F-12B를 록히드에 주문했다. 하지만 공군의 구매 의지에도 불구하고 맥나마라 당시 국방부 장관은 예산 부족을 이유로 1966년에 YF-12 프로그램을 전면 취소시켰다.

대량 생산되었다면 러시아의 MiG-25를 능가하는 가공할 요격기가 되었을 YF-12는 결국 드라이든 비행연구센터로 이관되어 1979년까지 실험기로 사용된 후 퇴역했다. YF-12 사례는 성능도 만족스러웠고, 소요군도 사용을 원하는 경우였지만 비용의 효율성만을 강조하던 맥나마라 장관의 의지 때문에 취소된 경우이다. 맥나마라 장관의 무리한 의지는 이후 미 공군과 해군의 주력 전투기를 F-111 단일 기종으로 통합한다는 TFX 계획도 탄생시켰지만 이 계획도 실패로 끝나면서 논란에 휩싸였다.

XB-70 발키리 폭격기

1964년 9월 21일 아침, 미 공군 팜데일 공군 기지에서는 역사상 인류가 만든 가장 강력한 항공기가 떠올랐다. 길이 60m, 무게 250t, 마하 3의 속도로 순항하며 20t의 수소폭탄을 투하할 수 있도록 설계된 발키리 폭격기가 탄생한 것이다.

발키리Valkyrie는 북유럽 신화 속에 등장하는 전쟁의 신이다. 거인족에 대항하기 위해 전사의 영혼을 모으는 발키리는 소련이라는 거인의 위협에 대항하고자 했던 미국의 의지를 표현하는 명칭이기도 했다. 비록 양산에 이르지는 못했지만 XB-70 발키리는 인류가 만든 항공기 중에서 가장 빠른 속도로 오래 비행하면서 인류를 파멸로 이끌 만큼 무장을 탑재했던 '가장 강력한 항공기'로 역사에 기록되고 있다.

XB-70 개발이 논의되던 1950년대는 구 소련의 핵 전력에 대항하기 위해 미국이 전략공군사령부를 창설하고, 대륙 간 핵 공격 능력을 갖추기 위해 B-36, B-47, B-52 등 전략 폭격기를 순차적으로 취역시키던 때이다. 미국 전략 폭격기를 요격하기 위해 구소련은 초음속 전투기인 MiG-19와 MiG-21을 배치했고, 이에 대한 대응으로 미국은 초음속 폭격기인 B-58 허슬러 폭격기를 배치했다. 하지만 B-58은 항속 거리가 짧아 B-52 장거리 폭격기를 대체할 수 없었다. B-52의 후계기로는 장거리 항속이 가능한 핵 추진 항공기 WS-12부터 마하 3급의 WS-110까지 다양한 선택지가 고려되었다.

XB-70 폭격기는 이 WS-110 프로그램에서 채택된 노스 아메리칸의 폭격기 제식 명칭이다. 1964년에 처음 비행한 시제기는 1966년에 고도 2만 2,550m와 시속 3,250km라는 세계 신기록을 수립했다.

고고도를 마하 3의 속도로 순항하기 위해 XB-70에는 고속 비행 시 날개가 아래로 꺾이는 설계가 적용되었다. 이는 초음속 비행 시 발생하는 충격파로 인해 주날개 아래 공기의 압력이 상승되는 압축 효과를 비행에 활용하기 위해 적용한 설계 방식이다.

착륙할 때 기수를 아래로 꺾을 수 있도록 한 설계 방식도 콩코드 초음속 여객기보다 XB-70에 먼저 적용된 방식이다. 유로파이터, 라팔 전투기와 같이 기수의 카나드(선미익)와 삼각형 주익을 결합한 방식도 발키리 설계가 시작된 1950년대에는 그리 흔한 것이 아니었다.

놀라운 성능을 보였던 XB-70의 비극은 1966년 6월 8일 아침에 시작되었다. 홍보 사진 촬영을 위해 이륙한 XB-70과 F-104N 전투기가 공중에서 충돌하여 추락한 것이다. 갑작스러운 추락으로 대규모 개발 사업이었던 XB-70의 반대 여론이 커졌고, 1969년 2월 4일의 비행을 끝으로 결국 XB-70 폭격기 양산 계획이 취소되었다.

XB-70은 고고도에서 마하 3급의 속도로 적지를 침투하기 위해 1950년대 미국의 모든 항공기술 역량을 집대성한 결과물이었다. 그 결과 XB-70은 매우 고성능의 무기로 탄생했지만 운용 개념은 성능을 따라가지 못했다. 1950년대 말부터 이미 다양한 미사일이 등장하고 있었고, 1960년대에 불어닥친 미사일 만능주의는 XB-70의 고고도 침투 개념을 무력화하기에 충분했다. 이에 따라 미국은 저고도 고속 침투 전술을 구사하는 B-1 폭격기를 다시 개발하기도 했다. XB-70의 성능은 1980년대에 이르러서도 격

— 길이 60m, 무게 250t. 마하 3의 속도로 순항하며 20t의 수소폭탄을 투하할 수 있도록 설계된 XB-70 발키리 폭격기는 인류가 만든 역사상 가장 강력한 항공기이다.

— 초음속 비행시 발생하는 충격파로 주날개 아래 공기 압력이 상승되는 압축 효과를 비행에 활용하기 위해 XB-70은 주날개 끝이 아래로 꺾어지는 설계가 적용되었다.

— 놀라운 성능을 보였던 XB-70의 비극은 1966년 6월 8일 아침, 홍보 사진 촬영을 위해 XB-70과 F-104N의 편대 비행 중 충돌 사고로 시작되었다.

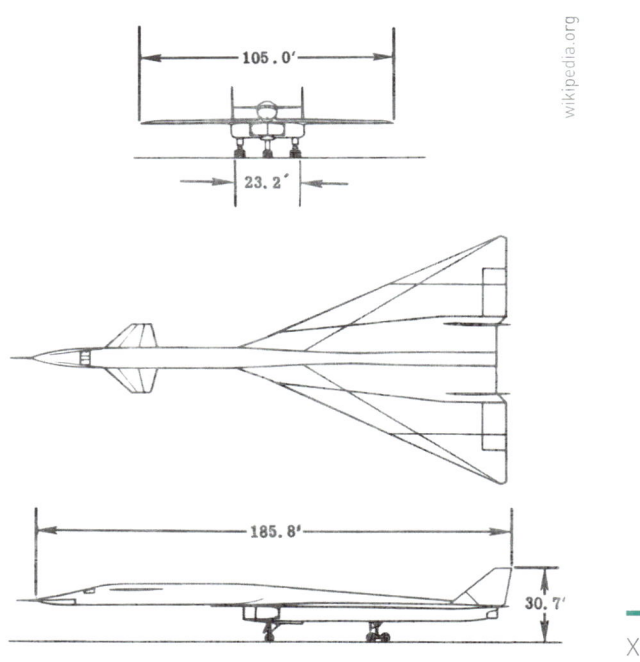

XB-70 폭격기 삼면도

추하기 어려운 우수한 것이었지만 결과적으로 실패했다. 이는 무기 체계 개발에 있어서 장비의 성능보다 운용 개념 연구와 미래 전장 환경 분석이 얼마나 중요한 것인지를 보여주는 좋은 사례가 된다.

XF-108 레이피어 전투기

냉전 시대에 미국은 핵무기 투발 수단으로 가장 먼저 고려했던 것이 전략 폭격기였으며, 이는 소련도 마찬가지여서 미국은 소련 폭격기가 요격되더라도 자국 영토에는 피해가 없도록 원거리에서 폭격기를 요격할 수 있는 장거리 요격기를 필요로 했다. 이러한 배경하에 1958년 미 공군은 작전운용서 GOR-114에 LRI-X 프로그램을 명시하고 신형 장거리 요격기 개발을 추진했다.

LRI-X 프로그램 초기에는 미사일과 유사한 형상의 리퍼블릭 XF-103이 미 공군에 제안되기도 했지만 개발 상의 문제로 채택되지 못했다. 기존의 F-89, F-101 전투기를 대형화하는 안이 뒤이어 등장했지만 마하 3급의 전투기는 기존 기체의 개조로 달성할 수 없는 영역이었다.

LRI-X 프로그램의 설계안으로 채택된 기종은 노스 아메리칸의 XF-108 전투기였다. XF-108의 특징은 마하 3의 속도를 가능하게 만드는 J93 엔진과 GAR-X 핵탄두 공대공 미사일, AN/ASG-18 레이더 화력 통제 장치로 요약된다.

AN/ASG-18 펄스도플러 레이더는 YF-12 블랙버드 전투기에도 채택되었던 레이더다. AN/ASG-18의 강력한 성능 덕분에 XF-108은 요격뿐만 아니라 유사시 지상의 방공 레이더를 일부 보완하는 역할도 고려되었다.

XF-108의 주요 무장이었던 GAR-X 공대공 미사일은 YF-12에 고려되었던 GAR-9[AIM-47A]로 구체화되었고, 공대공 핵탄두 탑재도 가능했다.

최대추력 13t의 J93 엔진을 쌍발로 탑재한 XF-108은 고도 24km에서 시속 3,187km,

— 마하 3급의 요격기로 개발이 시작되었던 노스 아메리칸의 XF-108 전투기 개념도

— XF-108은 길이 27m에 공허 중량 22t, 최대 이륙 중량 46t에 이르는 대형 기체였다.

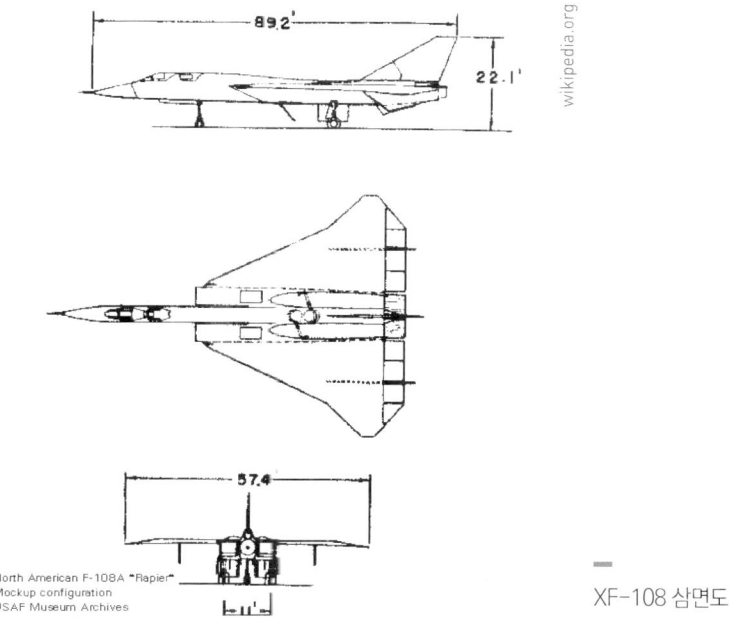

XF-108 삼면도

 마하 3 이상의 속도로 요격 임무를 수행하고, 줌업 상승으로 최대 30km까지 상승한다는 성능이 요구되었다. 아울러 외부 연료 탱크 탑재 없이 1,852km 이상의 작전 반경이 요구되어 기체는 대형으로 설계될 수밖에 없었다. 1959년에 제작된 XF-108 실물 크기 모형은 길이는 27m에 이르는 대형 기체였고, 공허 중량 22t, 최대 이륙 중량이 46t으로 예상되었다. 무장은 동체 내부에 GAR-X 미사일 세 발을 표준으로 탑재하도록 설계됐다.
 마하 3급의 고속 장거리 요격기로 야심차게 개발이 추진되던 XF-108은 1959년 9월에 결국 예산 문제로 취소되고야 말았다. 비록 XF-108 기종은 취소됐지만 XF-108 탑재를 위해 개발되던 AN/ASG-18 레이더와 GAR-X 미사일은 예산의 압박에도 살아남아 훗날 A-5 공격기, F-111 전투기, F-14 전투기 탄생에 기술적 밑거름이 되었다.

09
미국 5세대 전투기

ATF 사업과 YF-23 전투기

1970년대에 F-15, F-16이라는 걸출한 전투기를 탄생시킨 바 있는 미 공군은 1980년대 들어 러시아가 램^{Ram}-K, 램^{Ram}-L이라는 고성능 전투기를 개발하고 있다는 첩보를 입수했다. 훗날 Su-27과 MiG-29로 밝혀진 이 신형 전투기에 대항하여 미래에도 압도적인 공중전을 펼치기 위해 미 공군은 각종 첨단 기술을 대거 적용한 5세대 전투기 ATF$^{Advanced\ Tactical\ Fighter}$ 개념을 연구했다. ATF 연구에서 제시된 미래형 전투기 개념은 스텔스, 초음속 순항, 고기동성으로 요약된다. 미 공군은 각종 첨단 기술이 적용된 ATF 개념을 실증할 수 있도록 각 항공기 제작사에 제안요청서를 1981년에 제시하고, ATF 사업을 본격적으로 추진했다.

ATF 사업의 요구도는 한 개 제작사로는 감당하기 힘들 정도로 높은 수준이었기 때문에 각 제작사는 팀을 구성해 경쟁에 참여했다. ATF 개발의 핵심 기술인 스텔스는 1970년대부터 이미 록히드와 노스롭이 경험을 축적한 바 있었다. 따라서 팀은 자연스럽게 록히드와 노스롭을 주축으로 구성되었다. 록히드는 보잉, 제너럴 다이나믹스와 팀을 구성했고, 노스롭은 맥도넬 더글라스와 한 팀을 이루어 경쟁했다.

— B-2 폭격기의 스텔스 개념을 적용한 YF-23은 경쟁 기종인 YF-22에 비해 우수한 스텔스 성능을 보유할 수 있었다.

— 레이더 반사 단면적과 항력을 낮추기 위해 전체적으로 미려한 곡선을 적용한 YF-23은 마치 스타워즈 영화에 나올 법한 형상이 되었다.

제1장 항공무기체계 **141**

- YF-23은 미익을 'V'자 형태로 설계하여 반사되는 전파를 억제했고, 노즐 아랫면도 길게 연장하여 적외선을 억제할 수 있었다.

- 미 공군 ATF 사업에서 경쟁한 YF-22과 YF-23

록히드 팀은 다소 보수적인 설계로 YF-22를 제작했고, 노스롭 팀은 선진적인 설계를 대거 적용하여 YF-23 블랙위도우II를 제작했다. 21세기 제공권을 획득을 두고 미국 최고 항공기술력의 자존심을 건 항공산업계의 불꽃 튀는 경쟁이 시작된 것이다.

YF-23은 YF-22보다 스텔스 성능에 중점을 두고 설계된 것이 특징이다. 미익을 'V' 자 형태로 설계하여 수평 미익과 수직 미익으로 인해 반사되는 전파를 억제했고, 후부 동체를 B-2 스텔스 폭격기와 유사하게 톱니 모양으로 설계했다. 그리고 레이더 반사 단면적과 항력을 낮추기 위해 전체적으로 미려한 곡선을 적용하여 YF-23은 마치 스타워즈 영화에 나올법한 형상이 되었다.

공기 흡입구는 주날개 밑에 있지만 특이하게도 엔진은 동체 위에 위치했다. 노즐 아랫면도 길게 연장하여 미익과 함께 노즐에서 방사되는 적외선을 억제할 수 있었다. 전반적으로 B-2 폭격기의 스텔스 개념을 적용한 YF-23은 경쟁 기종인 YF-22에 비해 우수한 스텔스 성능을 보유할 수 있었다.

YF-23은 스텔스뿐만 아니라 초음속 순항 측면에서도 YF-22를 능가했다. YF-22가 후기 연소기를 사용하지 않고 마하 1.58로 순항 비행이 가능했던 반면 YF-23은 마하 1.8의 순항 비행이 가능했다. 동일한 F119 엔진을 사용하더라도 항력이 적게 설계된 YF-23이 YF-22보다 우수한 항속 성능과 속도를 보였던 것이다.

F-22의 랩터의 승리

1991년 4월 23일, 최고의 전투기를 위한 경쟁에서 YF-22가 최종적인 승자가 됐다. 저속 기동성을 제외하면 모든 성능에서 YF-22보다 우수했던 YF-23이 결국 탈락된 것이다.

미 공군은 우수한 성능보다는 합리적인 프로그램을 원했다. 비록 성능이 다소 떨어지더라도 보수적인 설계에 보잉이라는 안정적인 파트너까지 확보한 록히드 팀에게 미 공군은 후한 점수를 주었던 것이다. 선진적인 개념과 기술이 대거 적용된 YF-23은 높은 성능만큼 프로그램 비용을 증가시킬 요인이 많아 사업적으로 위험이 더 컸다.

YF-23에 비해 부족한 부분이 있었지만 이미 F-22 랩터의 성능은 최정상급 수준이었다.

F-22를 대표하는 특징은 역시 스텔스성이다. 라팔이나 유로파이터 등의 전투기가 '제한적인' 스텔스 성능을 갖고 있는 반면 F-22는 상대적으로 '완전한' 스텔스 성능을 갖고 있는 것이 특징이다.

이러한 스텔스 성능을 토대로 미국이 F-22를 통해 구현하고 있는 미래 공중전 개념은 '먼저 보고, 먼저 쏘고, 먼저 격추'하는 것이다. 이를 위해 F-22는 특유의 스텔스 성능과 고성능 레이더를 통해 먼저 적기를 발견한 후 유리한 위치에서 공대공 미사일을 먼저 발사하고, 먼저 적기를 격추하는 개념으로 운용된다.

F-22의 레이더 반사 단면적은 날아다니는 새보다 훨씬 작은 수준으로 비유되고 있다. 적의 레이더파를 거의 돌려보내지 않는 고도의 스텔스 기술 덕분에 F-22는 적에게 발각되지 않고 상당한 접근이 가능하다.

F-22가 탑재한 AN/APG-77 레이더는 위협 상황에 따라 전파 방사를 통제하여 이러한 스텔스 성능을 더욱 배가시키고 있다. 기존 전투기가 운용하는 기계식 안테나 레이더와 달리 APG-77 능동 전자주사 배열 레이더에는 2,000여 개의 송수신 모듈이 배열되어 장거리에서도 표적을 탐지할 수 있다.

F-22는 스텔스 성능과 레이더 성능뿐만 아니라 기동성도 매우 뛰어나다. 추력 3만 5,000lb의 강력한 F119 엔진을 쌍발로 탑재하는 F-22는 가속 능력 면에서 최고 수준의 성능을 보이고 있다. 특히 엔진의 후기 연소기 사용 없이 마하 1.5 이상으로 순항 비행이 가능한 성능은 F-22를 기존 전투기와 차별화시키는 중요한 요소이다. 그리고 F-22에는 엔진의 추력방향을 조절하는 추력 편향 제어 기술이 적용되어 근접 공중전에서도 높은 기동성을 보이고 있다.

앞서 서술한 스텔스 성능과 초음속 순항 능력은 F-22가 기본 무장을 동체 내부에 탑

▬ F-22는 특유의 스텔스 성능과 고성능 레이더를 통해 먼저 적기를 발견한 후 유리한 위치에서 공대공 미사일을 먼저 발사하고, 먼저 적기를 격추하는 개념으로 운용된다.

▬ AIM-9X 미사일을 발사하고 있는 F-22

─ AIM-120C 미사일을 발사하고 있는 F-22

─ 보잉은 JSF 사업에서 혁신적인 아이디어를 대거 적용한 X-32 설계안을 미 공군에 제시했다.

재하기 때문에 가능하다. F-22의 내부 무기고는 AIM-9X 단거리 공대공 미사일 한 발씩을 수납할 수 있는 전방 무기고 두 개와 각종 주무장을 수납하는 중앙 무기고로 구분된다. 중앙 무기고에는 공대공 임무 시 AIM-120C 중거리 미사일을 여섯 발 수납하지만 공대지 임두 시 1,000lb 폭탄 두 발 탑재도 가능하다.

원래 750대를 생산할 계획이었던 F-22는 냉전 종식과 미국의 안보 환경 변화에 따라 생산 계획이 변경되어 양산 대수가 180여 대로 감소되었다.

JSF 사업과 X-32 스텔스 전투기

우리 공군도 운용하고 있는 F-35 전투기는 JSF^{Joint Strike Fighter} 사업의 결과물이다. 보잉 X-32 스텔스 전투기는 치열했던 JSF 사업 경쟁에서 록히드마틴의 X-35^{F-35}에 패한 기종이다.

록히드마틴과 보잉의 경쟁은 보수와 진보의 경쟁이라 할 수 있었다. 록히드마틴은 기존 F-22 전투기에서 검증된 개념을 최대한 적용하여 보수적인 설계안을 제시했다. 반면 보잉은 혁신적인 아이디어를 대거 적용하여 진보적인 설계안을 미 공군에 제시했다.

보수와 진보를 가르는 핵심적인 설계 차이는 수직 이착륙을 가능하도록 만드는 추진 계통이었다. 록히드마틴은 주 엔진으로부터 동력을 전달받아 수직 추력을 발생시키는 리프트 팬을 조종석 뒤에 설치했다. 리모트 팬이라 불리우는 이 설계 방식은 수평 비행에 불필요한 리프트 팬이 공간을 차지하고 있는 만큼 중량, 공간, 성능 면에서 손실이 발생할 수밖에 없었다. 하지만 기술적 위험이 적다는 장점이 있었다.

반면 보잉은 주 엔진 하나로 수평과 수직 비행에 필요한 양력을 얻는 다이렉트 리프트 방식으로 X-32를 설계했다. 다이렉트 리프트 방식은 리프트 팬과 같이 부가적인 장비 없이 주 엔진의 배기를 직접 이용하므로 리모트 팬 방식에 비해 비행 성능이 좋았다. 하지만 엔진의 배기 방향을 바꾸는 기술과 연소 가스의 공기 흡입구 재흡입을 통제하

— F-22의 내부 무기고는 AIM-9X 단거리 공대공 미사일 한 발씩을 수납할 수 있는 전방 무기고 두 개와 각종 주무장을 수납하는 중앙 무기고로 구분된다.

— X-32는 동체 중앙에 엔진이 있어 외형이 뚱뚱했고, 기수 아래에 대형 공기 흡입구를 갖고 있어 마치 턱빠진 개구리를 연상시키는 형상을 지니게 되었다.

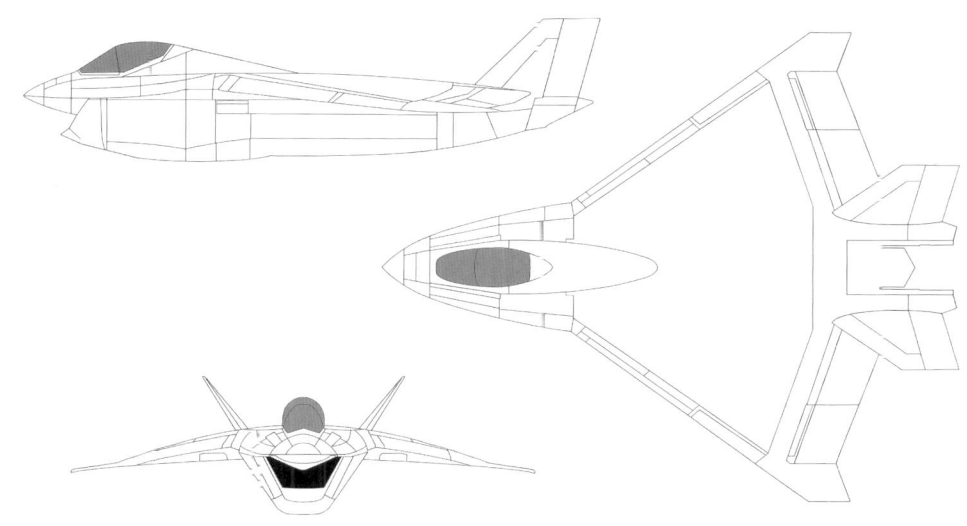

— 보잉 X-32 삼면도

는 방식이 복잡해 기술적인 위험도가 높았다. 게다가 엔진의 추력을 만족시키기 위해 기수 하부에 대형 공기 흡입구를 필요로 했고, 수평 미익이 없는 도전적인 형상을 초기에 고려했기 때문에 전통적인 전투기 이미지와 차이가 있었다.

그러나 이러한 진보적인 설계 덕분에 X-32는 파생형 간의 공통성이 80~90%에 이르러 비용이 저렴할 것으로 예상됐다. X-32는 대형의 삼각익 덕분에 연료 탑재량도 많아 경쟁 기종이었던 X-35[F-35]보다 항속 성능이 우수했고, 최대 속도도 더 뛰어났다.

보잉의 X-32는 경쟁 기종보다 우수한 성능을 보였지만 독특한 설계 방식 때문이 동체 중앙에 엔진이 있어 외형이 뚱뚱했다. 게다가 대형 공기 흡입구를 기수 아래에 갖고 있어 마치 턱 빠진 개구리를 연상시키는 형상을 지니게 되었다.

기술적으로 위험도가 높았던 X-32는 변화하는 군 요구도를 충족시키기 위해 수평 미익이 최종적으로 추가되는 등 설계 변경이 자주 발생했다. 최초 비행은 X-32가 빨랐

제1장 항공무기체계 **149**

지만 개발 지연으로 록히드마틴의 X-35보다 평가가 늦어졌고, 수직 이착륙형의 기술적 문제 해결도 쉽지 않았다. 결국 최종 평가에서 보잉은 록히드마틴에 패했고, 21세기 하늘의 승자는 F-35로 결정났다.

록히드마틴보다 위험이 큰 기술을 적용한 것이 X-32 실패의 직접적인 원인이라면 X-32의 독특한 외형은 실패의 간접적인 원인으로 보인다. '실실 웃는 전투기', '스마일 펠리컨', '미운 오리새끼', '턱빠진 웃는 개구리', 클린턴 대통령의 모니카 르윈스키를 빗댄 '모니카' 등은 독특한 외형 때문에 얻게 된 X-32의 별명이다. 이러한 별명에서 X-32에 대한 군의 이미지가 어떠하였을지 예상된다.

F-35 라이트닝II 전투기

2001년 10월, 록히드마틴의 X-35, 즉 F-35는 JSF 사업의 최종 승자가 되었다.

F-35는 미 공군뿐만 아니라 미 해군, 미 해병대, 영국 공군, 영국 해군 등의 군용기 요구 조건에 부합하도록 각 파생형 간 기체 구조의 공통성을 80% 정도까지 끌어올려 생산 공정과 단가를 최소화할 수 있었다. 구조를 공통화하면서도 각 군의 다양한 임무 조건을 맞추기 위해 다목적 능력은 필수적이었고, 각 군의 소요를 통해 생산량을 극대화하여 가격 경쟁력을 높인 것이 F-35 전투기의 강점이 됐다.

F-35는 세 가지 기본 형태로 제작된다. 먼저, 미 공군의 F-35A형은 통상적인 이착륙 방식 다목적형으로 F-16C/D와 A-10A를 대체하고, 제공 전투기인 F-22A를 보완한다. 미 해군이 사용할 F-35C형은 항공모함 탑재형으로 역시 다목적 공격형이며, F-14D와 F/A-18C/D를 대체하고 F/A-18E/F를 보완할 목적으로 개발됐다. 기술적으로 가장 복잡한 F-35B형은 단거리이륙/수직 착륙이 가능한 공격기형으로 미 해병대의 AV-8B와 F/A-18C/D와 영국의 해리어 GR7을 대체하기 위해 개발됐다.

F-35의 가장 큰 특징이라면 스텔스 성능과 수직 이착륙 성능이다. 적의 레이더에 탐

▬ 2001년 10월, JSF 사업의 최종 승자가 된 록히드마틴의 X-35

▬ 적의 레이더에 탐지되는 것을 피하기 위하여 F-35는 무장과 연료를 동체 내부에 탑재한다.

▬ 조종석 뒤에 수직 전용 리프트엔진을 장착한 F-35B

▬ 수퍼호넷과 편대 비행 중인 항공모함 탑재형 F-35C

지되는 것을 피하기 위하여 F-35는 무장과 연료를 동체 내부에 수납한다. 특별히 설계된 동체와 레이더 흡수 도료를 통해 F-35 정면의 레이더 반사 단면적은 매우 작은 수준인 것으로 알려졌다.

수직 이착륙은 주 엔진에 의해 구동되는 양력 팬Lift fan이 동체 중앙에 설치되어 있어 단거리 이륙 및 수직 착륙 시 사용된다. 엔진은 F-16이 F-15 엔진을 단발로 사용하듯이 F-22가 사용하는 엔진의 파생형인 F135 엔진을 단발로 탑재한다.

표준 무장으로는 AIM-120 암람 중거리 공대공 미사일 두 발과 JDAM 폭탄 두 발을 동체 내부에 탑재한다. 부족한 무장은 저위협 임무 시 날개 아래 네 곳에 추가로 탑재하여 무장 능력의 증가가 가능하다. 고정 무장으로는 F-35A형에 25mm 기관포가 장착되고, F-35B형과 F-35C형은 포드 형식으로 필요에 따라 기관포가 탑재된다.

기동성은 F-16정도 수준이지만 항공 전자 장비 성능은 F-22급에 해당한다. AN/APG-81 능동 전자주사 레이더는 F-22의 APG-77 기술을 토대로 개발되었다.

사상 최대의 군용기 개발 프로젝트답게 F-35 개발에는 영국, 노르웨이, 네덜란드, 덴마크, 캐나다, 이탈리아, 이스라엘, 싱가포르 등이 직간접적으로 참여하였다.

F-35의 미래

단기적으로 미국은 F-35 블록4 성능 개량을 추진하고 있다. 블록4의 주된 성능 개량 분야는 연산 능력이 향상된 코어 프로세서와 임무 컴퓨터, 파노라마형 조종석 디스플레이와 메모리 유닛이 해당된다.

장기적으로 F-35에는 신형 엔진 장착이 고려되고 있다. 미 공군은 작전 효율성고 운영 유지비 절감을 위하여 기존 터보 팬 엔진의 성능을 크게 향상시킨 적응형 엔진 개발 사업Adaptive Engine Transition Program을 추진했다. 이 사업을 통해 개발되는 적응형 사이클 엔진은 F-35와 6세대 전투기의 주 엔진으로 사용되고 향후 F-22와 F-15/F-16 등 기존 전

■ 향후 F-35에는 적응형 엔진(Adaptive Cycle Engine)이 탑재될 계획이다. 사진은 시험중인 P&W의 XA-101 엔진

투기의 성능 개량에도 적용될 전망이다.

　F-35 대상 적응형 사이클 엔진 후보로는 GE의 XA-100, P&W의 XA-101 엔진이 있다. 이들 적응형 엔진이 탑재된 F-35는 기존 F135 엔진 대비 연료 효율 향상으로 작전 반경이 증가하고, 추력이 증대되어 가속 능력 등 기동성도 크게 향상될 것으로 보인다.

10
러시아 5세대 전투기

MiG 1.44 실험 전투기

러시아 전투기는 과거 소련 시절부터 미그 설계국과 수호이 설계국을 중심으로 발전해왔다. 4세대 전투기인 MiG-29와 Su-27을 완성한 후 미그와 수호이 설계국은 5세대 전투기 개발을 목표로 실험 전투기 설계에 착수했다. 이러한 노력의 결과물로 탄생한 것이 미그 MiG 1.44와 수호이 Su-47 실험 전투기이다.

2002년 4월, 러시아는 차세대 전투기 개발을 이끌 제작사로 미그가 아닌 수호이를 선정하여 공식 발표했다. 공식 발표에 따라 차세대 전투기 개발은 수호이가 주도하지만 미그도 함께 전투기 개발 과정에 참여하였다. 결과적으로 러시아의 차세대 전투기는 미그와 수호이의 MiG 1.44, Su-47 실험 전투기로 실증한 신기술을 토대로 탄생하게 된 것이다. 따라서 러시아의 5세대 전투기 Su-57을 이해하기 위해서는 먼저 MiG 1.44와 Su-47 전투기를 살펴보아야 한다.

MiG 1.44는 쌍발 단좌 형식의 대형 다목적 전투기이다. 주익은 중익 배치이고, 쌍수직 미익에 선미익, 즉 카나드를 채용하고 있다. 주익 형태는 델타익에 가까우며, 동체 하부의 안정익 Vent-al Fin 도 갖추고 있다.

공기 흡입구는 유로파이터 전투기를 연상시키듯 동체 하부에 위치한다. 흡입구 덕트의 형상은 'S'자형을 이루고 있기 때문에 정면에서는 엔진의 팬블레이드가 보이지 않는다. 이러한 설계 방식은 레이더파를 대량으로 반사하는 팬블레이드를 숨길 수 있어 적 레이더에 포착되는 면적인 레이더 단면적을 줄여 스텔스 성능에 도움을 준다.

MiG 1.44의 스텔스 설계는 비단 공기 흡입구에만 적용된 것이 아니다. MiG 1.44는 동체 내에 무기고를 갖추고 있어 기체 외부 무장 장착에 의한 레이더파 반사를 줄일 수 있었다. 또한 기체 각 부위에 복합재와 레이더 흡수재를 다량으로 적용하여 스텔스 성능을 높였다. 이러한 설계로 인해 MiG 1.44의 전체적인 스텔스 성능은 경쟁 기종인 Su-47 베르크트보다 우수한 수준일 것으로 예상되었다.

엔진은 Su-47과 마찬가지로 AL-41F 추력 편향 엔진을 탑재할 계획이었지만 개발이 완료되지 않아 Su-27 플랭커 전투기 계열에서 운용되어 성능이 검증된 AL-31 엔진을 탑재했다. AL-41F 엔진은 노즐이 상하 15도로 움직이고, 초음속 순항이 가능하도록 최대 18t급의 추력을 가질 계획이었다.

초음속 순항 능력은 단지 속도가 빠르다는 것만을 의미하지는 않는다. 순항 속도가 빠르기 때문에 적 위협에 노출되는 시간을 줄일 수 있어 전술적으로 생존성이 높아지며, 무장의 사정거리를 증가시킬 수 있다. 뿐만 아니라 스텔스성 관점에서 적외선을 대량으로 방사하는 후기 연소기 사용을 줄일 수 있어 적의 적외선 센서에 포착될 가능성도 줄일 수 있다.

언론에 공개된 자료에 따르면 MiG 1.44의 레이더는 N014가 사용될 계획이었다. N014는 합성 개구 레이더 모드를 갖추고 있어 향상된 공대지 교전이 가능하고, 20개의 목표물의 동시 추적, 그중 6개 표적에 대한 동시 교전 능력을 갖출 계획이었다. 무장 능력은 실험 전투기 시제기임에도 불구하고 동체 내부 무기고에 R-73[AA-11]과 R-77[AA-12]을 혼용하여 높은 수준의 공대공 전투 능력을 갖출 계획이었다. MiG 1.44의 공개 행사는 모스크바 근교 주콥스키 비행장에서 1999년 1월 12일에 실시되었다. 최초 비행은 1999년 3월에 이루어졌다. MiG 1.44는 비록 기술 실증을 목적으로 한 실험 전투기이지

▬ MiG 1.44 개념도

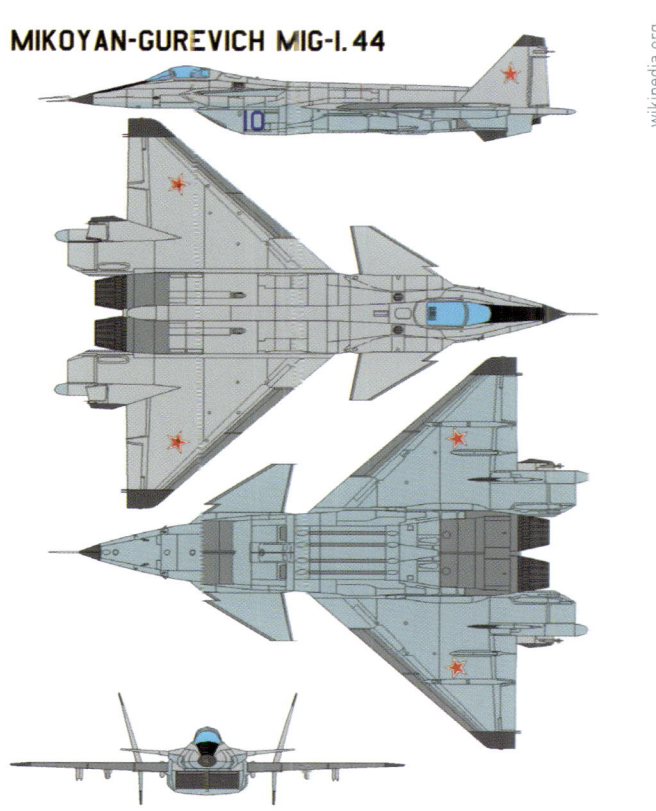

▬ MiG 1.44 사면도

— 모스크바에어쇼 2015에 전시된 MiG 1.44

— 러시아 MiG 1.44와 유사한 형상을 지닌 중국 5세대 전투기 J-20

만 러시아의 5세대 전투기가 어떠한 성능을 갖추고 탄생하게 될지를 알려주는 이정표와 같은 전투기라고 의미를 둘 수 있겠다.

Su-47 실험 전투기

Su-47 베르크트Berkut 전투기는 F-22 랩터로 대표되는 5세대 미국 전투기들의 독주를 견제하고자 러시아의 수호이 설계국이 야심차게 설계한 실험 전투기이다.

1997년 9월에 처녀 비행을 마친 Su-47은 개발 초기에 실험기 명칭인 S-37로 불려 왔지만, 2002년에 명칭이 변경되어 Su-47로 최종 결정되었다. 실험 전투기인 Su-47은 미국의 'X' 시리즈와 같은 단지 연구용은 아니고, 기내에 고정 무장과 무장 탑재 능력을 갖춘 실전 모델이다. 단지 실험을 목적으로 하지 않고 러시아 당국이 본격적인 대량 생산을 지시한다면 곧바로 생산과 배치가 가능하도록 연구했던 것이다.

미국의 F-22가 ATF 계획으로 1980년대부터 추진되었듯이 러시아의 차기 전투기 계획은 1980년대부터 I-90 프로그램으로 시작되었다. I-90 프로그램은 2000년부터 보다 진보적인 개념의 PAK FA^{Perspektivny Aviatsionny Kompleks Frontovoy Aviatsii: 미래형 다목적 전투기} 프로그램으로 변경되었다. PAK FA의 주계약자는 2002년에 수호이로 결정되었기 때문에 Su-47에 적용된 설계 사상은 Su-57에도 이어진다. 단, Su-47의 특징인 전진익은 폐지되었다.

Su-47의 기동성은 매우 뛰어난 편인데, 이것은 Su-27의 업그레이드 프로그램에 사용된 항공역학적 기술이 Su-47에도 적용되고 있기 때문이다. Su-47의 캐노피와 랜딩 기어, 수직 미익 등 일부 구성품은 Su-27의 것을 채용하고 있고, 전반적으로 Su-37보다 발전된 형태를 보이고 있다.

아음속에서의 기동성은 매우 뛰어나다고 알려져 있는데, 이것은 전진익 특유의 불안정성에 기인한다. 재래식 형태의 전투기들과는 달리 카나드, 주익, 수평 미익 등 세 개의

▬ 기동성을 위해 전진익으로 설계된 5세대 전투기 Su-47

▬ 모스크바에어쇼 2019에 전시된 Su-47

— Su-35UB와 편대 이륙하는 Su-47

— 편대 비행 중인 Su-47(왼쪽), Su-27SKM(위), Su-30MKK(아래)

날개가 모두 양력을 발생시키는 공력 설계와 전자식 비행 제어의 결합으로 Su-47은 높은 받음각 성능과 우수한 선회율 특성을 보였다.

Su-47의 외관상 가장 큰 특징은 전진익이다. 전진익은 같은 면적의 후퇴익에 비해 높은 양항비, 선회율, 고받음각에서의 안정성, 단거리 이착륙 성능 등이 유리하다. 그리고 낮은 실속속도와 우수한 스핀 특성, 후퇴익에서 주로 발생되는 익단 실속이 없기 때문에 기동성 측면에서 여러 가지 장점을 갖는다. 하지만 비행 제어와 소재 측면에서 다루기 어려운 날개 형상이므로 아직은 연구 개발 단계에 머무르고 있다.

동체는 주로 티타늄과 알루미늄 합금으로 구성되며, 복합재는 13% 정도로 대량 사용된 편이 아니다. 하지만 다른 기종들과 달리 주익의 복합재 비율은 90%에 달한다. 이것은 앞서 언급한 전진익의 공력적 특성 때문이며, 복합재의 섬유 방향을 교차시켜 강도를 유지하고 있다.

5세대 전투기답게 Su-47은 본격적인 스텔스 개념이 적용되었다. 무장의 내부 탑재와 더불어 전진익 고유의 스텔스성이 Su-47의 스텔스 성능을 높이고 있다. 그리고 공기 흡입구의 팬블레이드가 정면에 노출되지 않게 하고, 레이더 흡수 도료 외피에 도포하는 등 다양한 스텔스 기술이 적용되었다.

Su-47 전투기는 러시아가 1980년대부터 시도한 I-90 차세대 전투기 프로그램의 결과물이다. I-90 프로그램은 PAK FA 프로그램으로 변경되었기 때문에 결국 Su-47은 양산에 이르지 못했다. Su-47은 MiG 1.44와 더불어 러시아 전투기가 5세대로 발전하는 과정에서 연구된 과도기적인 전투기들이라고 의미를 둘 수 있겠다.

Su-57 펠런(Felon) 전투기

Su-57은 러시아가 미국의 F-22, F-35에 대응하고자 추진했던 I-21 PAK FA 사업의 결과물로 탄생한 전투기이다. PAK FA 사업은 I-90에 이어 1998년에 시작된 TTZ[Tactical]

Technical Assessment에서 비롯되었으며, 신형 전투기가 300대 필요하다는 러시아 공군의 2001년 발표에 따라 2004년 12월에 계획이 확정되었다.

2010년 1월, 시제기 T-50의 첫 비행에 성공한 Su-57은 스텔스 성능을 고려하여 동체 내에 무기고를 설치하였고, 초음속 순항 성능을 갖추었다. Su-57의 스텔스 성능에 대한 요구도는 그리 높지 않으나, 최대 속도를 포함한 기동성에 대한 요구도는 상대적으로 높은 편이다.

형상 측면에서 Su-57은 대형화된 LERX Leading Edge Root Extension: 앞전 뿌리 연장 날개를 적용했고, 엔진 간격을 벌리고 일체화된 날개-동체 설계 방식을 적용하여 넓은 내부 공간을 확보했다. LERX는 슬랫과 유사하게 각도를 조절하는 방식을 사용했다. 수직 미익은 일부가 아니라 전체가 움직이는 방식을 채택했고, 기존 전투기보다 소형화했다. 일반적인 스텔스기와 마찬가지로 주익, 미익의 앞전, 뒷전 등의 후퇴각을 통일했다.

엔진은 타입 30을 장착하려 했지만 개발 일정을 고려하여 AL-41F1 엔진을 초도 양산형에 먼저 적용했다. AL-41F1 엔진은 최대 추력은 약 3만 3,000lb급이고, 타입 30 엔진은 약 4만lb로 F-22의 엔진보다 추력이 높다. 엔진 노즐에는 기동성 향상을 위해 3D 추력 편향 장치가 설계되어 있다.

센서로는 기수에 능동 전자주사 배열 레이더를 탑재하고, 적외선 탐색 추적 장비도 함께 운용한다. 그리고 LERX에 컨포멀 형식의 L-밴드 대역의 능동 전자주사 배열 레이더를 추가했다. 기수 측면에 능동 전자주사 배열 레이더를 탑재한 전투기는 Su-57이 세계 최초이다. 원래 F-22 전투기도 기수 측면에 레이더를 탑재할 수 있는 예비 공간을 설계에 반영했지만 비용을 고려하여 실제 탑재되지는 않았다. Su-57은 적에게 시계 외 공대공 미사일을 발사한 후 기수 측면의 레이더를 통해 기수를 적의 반대 방향을 향하면서도 발사한 미사일의 데이터링크 최신화가 가능하다. 이러한 설계 덕분에 Su-57은 미사일의 사거리를 상대적으로 증대시키면서도 항공기의 생존성을 증가시킬 수 있어 효율적인 전술 F-pole 구사가 가능하다.

생존 장비 측면에서 Su-57은 지향성적외선방해장비를 세계 최초로 탑재한 전투기이

▬ 러시아 5세대 전투기 Su-57

▬ 엔진 사이로 내부 무기고가 보인다.

▬ 조종석 뒤에 흰 원은 지향성 적외선 방해 장비 위치이다.

▬ Su-57의 수직 미익은 전체가 가동되는 방식이다.

다. 지향성적외선방해장비는 접근하는 적외선 유도 미사일에 대하여 적외선 레이저를 조사하여 미사일 탐색기를 기만하는 역할을 한다. 미사일의 접근을 사전에 탐지하기 위하여 기체 전방위의 적외선을 감지하여 상황 인식 및 미사일 경보가 가능한 101KS-V 적외선 센서도 탑재하고 있다.

Su-57의 내부 무기고는 단거리 공대공 미사일 전용의 무기고가 주익 안쪽 하부에 총 두 곳이 있고, 동체 중앙 하부에 주 무기고가 위치한다. 주 무기고에는 각종 공대공 무장과 공대지, 공대함 무장이 탑재된다.

2020년대에 배치된 전투기인 만큼 Su-57은 유무인 복합 체계 운용도 가능할 것으로 보인다. 연동되는 무인기는 S-70 오크호트닉이 유력하다.

Su-57은 공식적으로 2020년 12월에 처음 전력화되었다. 2020년대 말까지 러시아는 76대의 Su-57을 획득할 계획이었지만 실제 계획대로 양산이 이루어질지는 불투명하다. 러시아는 비용 대 효과 측면을 고려하여 Su-57과 더불어 Su-27 계열 전투기를 상당 기간 병행하여 운용할 것으로 예상된다.

LTS 체크메이트

체크메이트는 수호이가 개발 중인 신형 5세대 전투기이다. 전투기는 성능과 최대 이륙 중량을 고려하여 하이급과 로우급으로 구분한다. 미국은 하이급 전투기로 F-15, F-22를 개발한 후 로우급인 F-16, F-35 전투기를 각각 개발했다. 러시아도 하이급으로는 Su-27 계열을 운용하고, 로우급으로 MiG-29를 운용했다. 향후 러시아는 5세대 하이급 전투기로 Su-57을 운용할 계획이지만 로우급은 구체화되어 있지 않다. 체크메이트가 성공적으로 개발된다면 러시아의 로우급 빈자리를 메울 수 있을 것으로 예상된다.

체크메이트는 2021년 7월, 러시아 모스크바에어쇼에서 실물 크기 모형이 처음으

두바이에어쇼 2021에 전시된 체크메이트

기수 아래에 공기 흡입구가 위치한 체크메이트

스텔스 성능을 위해 V-테일로 설계된 체크메이트

로 대중에게 공개되었다. 개발 사업은 러시아의 소요 없이 아랍에미리트와 공동으로 2017년부터 시작된 것으로 추정된다.

　체크메이트의 형상은 전형적인 스텔스 전투기 형상이다. 레이더 탐지를 줄이기 위해 수직 미익과 수평 미익은 V-테일 형식으로 통합되었고, 기체와 주익, 미익의 외형선도 정렬되었다. 공기 흡입구는 미국의 X-32와 유사하게 기수 아래에 위치한다. 무장은 역시 동체 내에 탑재된다. 엔진은 Su-57에 장착되는 타입 30 엔진이 단발로 탑재될 것으로 보인다.

　체크메이트는 러시아의 소요 없이 수출을 목적으로 수호이가 자체 자금 및 외국 자본으로 개발을 시작했기 때문에 미래는 불투명하다. 다만 개발에 성공할 경우 Su-57보다 비용 대 효과가 우수할 것이기 때문에 일부 수출 시장에서 KF-21 등 신형 기종과 경쟁할 가능성이 있다.

제2장

주요국 항공무기

01
미국 전투기

서방 세계의 베스트셀러 제트 전투기 F-4 팬텀II

F-4 팬텀II 전투기는 서방 세계에서 가장 많이 생산된 제트 전투기이다. 1950년대부터 5,000대 이상 생산된 팬텀II는 그만큼 다양한 형태로 파생되어 아직도 여러 국가에서 운용되고 있다. F-16 전투기가 4,600대가 넘는 생산량으로 F-4 팬텀II의 뒤를 잇고 있지만 팬텀II의 생산량 기록을 넘기기는 쉽지 않을 것으로 예상된다. 이처럼 팬텀II 전투기가 사상 최대 생산량을 기록한 것은 여러 가지 이유가 있겠으나, 개발 당시 최고 수준의 다목적 전투기로 개발된 것이 중요한 원인으로 분석된다.

팬텀II 전투기의 범용성은 단일 기종으로 미 해군의 F-3 데몬, F-6 스카이레이, F-8 크루세이더, 미 해병대의 F-6, F-8 전투기를 모두 대체했다는 사실에서 드러난다. F-8 전투기의 일부가 F-14로 직접 전환되기는 했지만 한 가지 기종으로 미 해군, 해병대 전투기를 모두 통일한 것은 전무후무한 기록으로 남아 있다.

더욱 놀라운 것은 미 공군도 팬텀II를 주력 전투기로 채택했다는 점이다. 미 공군은 F-100 수퍼 세이버, F-105 썬더치프를 F-4로 교체했을 뿐만 아니라 F-101, F-106까지 보완해 방공 임무도 일부 F-4가 담당하게 했다.

— 성능 개량으로 암람 미사일을 운용했던 F-4F

— 1961년에 처음 배치된 F4H-1 팬텀II

— 베트남전에서 500파운드 폭탄을 투하하고 있는 F-4B

— 걸프전에서 AGM-88 대 레이더 미사일을 운용한 F-4G

훗날 미 공군과 미 해군이 팬텀II 한 기종을 대체하기 위해 F-15, F-16과 F-14, F/A-18 등 네 가지 전투기를 개발한 것을 보면 팬텀II 전투기가 미군에 차지한 위상을 실감할 수 있다.

마하 2급의 함대 방공용 전천후 전투기로 개발된 팬텀II는 공중전뿐만 아니라 폭격 임무에도 적합하다. 최대 이륙 중량이 27t에 달하는 팬텀II는 최대 8t이 넘는 각종 폭탄과 미사일 탑재가 가능하다.

팬텀II는 장기간에 걸쳐 미국뿐만 아니라 다양한 국가에서 운용되면서 실전에서도 많은 성과를 거뒀다. 베트남전에서 미 해군과 미 공군의 주력기로 운용된 팬텀II는 북베트남 공군기를 143대 격추했다. 팬텀II는 기동성이 우수한 MiG-17, MiG-21을 상대로 불리한 교전규칙 하에서 교전했지만 전반적으로 우세한 성과를 거뒀다.

베트남전에서 처음으로 실전에 투입된 팬텀II는 중동전에서도 사용됐다. 1967년 6일 전쟁 이후 시작된 소모전에 투입된 팬텀II는 지상 공격과 공중전에서 눈부신 활약을 보였다. 소모전에서 팬텀II의 전과는 분명치 않지만 이스라엘 공군은 100대의 아랍기를 격추하고 공중전 손실은 네 대를 기록했다.

1973년 4차 중동전에서 이스라엘은 334대의 아랍 공군기를 격추하고 다섯 대를 손실했다. 당시 이스라엘 공군 전투기의 70% 이상이 팬텀II였기 때문에 전과의 상당 부분도 팬텀II에 의한 것으로 추정된다.

이스라엘 측 발표에 의하면 이스라엘 공군 팬텀II는 수차례에 걸친 중동전을 겪으면서 총 277대를 격추하고 세 대가 피격되어 베트남전보다 격추율이 크게 향상된 것으로 분석된다.

역전 노장인 팬텀II 전투기는 다양한 파생형과 지속된 개량을 통해 많은 서방 측 공군이 운용했지만 점차 도태하여 현재는 한국 공군을 비롯해 그리스, 이란, 터키 등 4개국 공군에서 운용되고 있다. 노후 기종이기 때문에 2020년대에는 팬텀II 전 항공기의 도태가 예상되지만 전투기 역사에서 팬텀II가 차지하는 위상은 앞으로도 변하지 않을 것으로 보인다.

자유의 투사 F-5A/B 프리덤 파이터

1950년대 중반, 노스롭은 정비 소요가 적고, 낮은 가격에 공급할 수 있는 경량 전투기 개념을 발전시키기 위해 N-156 기종을 연구했다. 노스롭은 미 공군 소요에 맞게 N-156을 두 가지로 구분해 복좌형 고등 훈련기$^{N-156T}$와 단좌 전투기$^{N-156F}$로 연구했다.

전투기형 N-156F는 미국의 동맹국에 대한 군사원조프로그램$^{Military\ Assistance\ Program}$의 대상 기종으로 적합했다. 1958년 2월 25일, 노스롭은 미 공군으로부터 일단 시제기 세 대의 주문을 받아내는 데 성공한다. 1962년에 들어서자 케네디 정부는 우방국들에 대한 수출용 전투기의 필요성을 고려해 F-5A를 수출용 전투기로 최종 선정하고, 양산을 시작했다.

F-5A는 1972년까지 총 636대$^{YF-5A\ 시제기\ 포함}$가 생산됐다. 복좌형인 F-5B도 200대가 생산됐다. F-5B는 기수에 기총이 제거됐지만 나머지 무장 능력은 단좌형과 같았다. 기수에 정찰용 카메라 네 기를 탑재한 정찰형 RF-5A도 86대가 생산됐다. 미국 이외의 국가에서는 캐나다가 240대, 스페인이 70대를 면허 생산했다.

F-5A/B는 미국의 대외 군사 원조를 위해 제작되었기 때문에 미 공군은 우방국 조종사 훈련을 위해 소수를 보유했다. 그러나 베트남전이 격화되면서 미 공군은 실전에서의 경전투기 가치를 평가할 필요성을 느꼈다. 이에 따라 미 본토 애리조나주 윌리엄즈 기지에서 임시로 제4503전투비행대대가 창설되어 F-5A 12대가 배치됐다. 이 비행대는 1965년 10월부터 베트남의 비엔호아 기지로 파견되어 실전에 참여했다.

미 공군이 운용한 F-5A/B형은 몇 가지 미 공군의 요구 사항이 반영되어 F-5C/D로 명명됐다. F-5C/D는 부족한 항속 거리를 보완하기 위해 공중 급유용 프로브와 추가 장갑, 신형 조준기 등이 추가됐다. F-5C/D를 운용하는 제4503비행대대는 일명 '스코시 타이거$^{Skoshi\ Tiger}$'로 유명해졌고, F-5C/D도 스코시 타이거로 불렸다.

반년간에 걸친 실전 평가에서 스코시 타이거는 약 3,500회를 출격했다. 평가 결과는 성공적이어서 대지 공격 능력은 오히려 F-104보다 뛰어나다는 평가를 받았다.

― 네덜란드 공군 NF-5B

― 노르웨이 공군 F-5A

- 노르웨이 공군 F-5A

- 필리핀 공군 F-5A

F-5C/D는 기동성이 뛰어나다는 장점도 있었지만 미 공군은 F-5의 근접 항공 지원 능력에 주목했다. 500lb 또는 750lb 폭탄 네 발을 탑재할 수 있어 공격 능력도 F-100이나 F-104 전투기에 뒤지지 않았고, 전쟁 중 대공 화기에 두 대만 손실돼 생존성도 우수한 것으로 평가받았다. 장거리 폭격 능력까지 시험해보기 위해 잠시 다낭 기지로 전개해 북폭 작전에도 참여했다. 하지만 이러한 장거리 임무에는 적합하지 않은 것으로 판명됐다.

평가를 마친 후에 F-5C/D는 베트남에 그대로 남았고, 1967년 5월에는 미 공군 소유의 F-5A가 모두 베트남 공군에 공여됐다. 그리고 1972년에는 이란, 타이완, 한국 등에서 F-5A를 더 차출해 베트남 공군의 F-5A/B는 126대까지 증강됐다.

베트남전에서 F-5A/B의 활약은 경량 소형 전투기로서 기대했던 이상의 것이었다. 하지만 항속 성능과 무장량의 한계가 있었고, 레이더가 없어 전천후 작전 능력이 결여된 것이 단점으로 지적됐다. 이러한 단점은 F-5E/F 타이거 II 개발에 반영되어 성능을 더욱 향상시키게 된다.

우수한 경전투기 F-5E/F 타이거II

1960년대부터 구 소련은 마하 2급의 MiG-21을 공산권 국가에 공급했다. 미국은 우방국이 공산권 국가에 대응할 수 있도록 수출용 전투기 F-5A를 공급했지만 MiG-21과 비교해 성능이 부족했다. 미국은 보다 성능이 향상된 수출용 전투기 사업으로 IFA^{International Fighter Aircraft}를 추진했고, 대상 기종으로는 F-5A-21을 선정했다. 훗날 F-5A-21은 F-5E 타이거 II로 명칭이 변경됐다.

F-5E는 F-5A와 비교해 외형이 크게 변하지 않았지만 내부적으로는 많은 변화가 있었다. 우선 엔진이 기존형에 비해 추력이 크게 증가된 J85-GE-21로 변경됐다. F-5A-21 명칭의 숫자 21은 엔진 명칭이 기종명에 추가된 것이다.

F-5A는 레이더가 없었지만 F-5E에는 AN/APQ-153 레이더가 탑재됐다. 엔진과 레이더뿐만 아니라 동체가 길어지면서 연료도 더 탑재할 수 있었고, 날개 뿌리에는 기동성능 향상을 위해 앞전을 연장시킨 LEX^{Leading Edge Extension}가 설치됐다. 이러한 개량을 통해 F-5E는 F-5A에 비해 공중전 능력을 전반적으로 크게 향상시킬 수 있었다.

단좌형 F-5E 시제기는 1972년에, 복좌형 F-5F는 1974년에 각각 날아올랐다. F-5A의 복좌형 F-5B는 기총이 제거된 반면 F-5F 복좌형기에는 M39 기총 1문이 장착된다. 뿐만 아니라 F-5F는 AN/APQ-157 레이더도 탑재하기 때문에 단좌형에 준하는 전투 능력을 갖는다. 기수에 레이더와 기총 대신에 카메라 패키지를 장착한 RF-5E 타이거 아이 정찰기도 RF-5A와 유사한 방식으로 등장했다.

노스롭은 F-5E 792대, F-5F 140대, RF-5E 열두 대를 생산했다. 미국 외의 현지 생산도 활발하게 이루어져 말레이시아 61대, 스위스 91대, 타이완이 308대를 생산했다. 한국도 '제공호'라는 이름으로 타이거II를 면허 생산했다. F-5E는 미국이 동맹국 원조를 위해 개발했지만 미국 내에서도 적성 항공기 훈련용으로 소수가 운용되었다.

여러 국가에서 장기간 운용된 만큼 F-5는 다양한 파생형이 존재한다. 싱가포르는 항공전자와 무장을 최신화한 F-5S(단좌형), F-5T(복좌형)를 운용했다. F-5S/T는 사정거리가 긴 AIM-120 암람 미사일을 운용하기 위해 레이더를 그리포-F로 업그레이드했다. 조종석에는 각종 정보를 디지털로 표시하기 위한 다기능 디스플레이도 설치됐다. 무장으로는 단거리 공중전 능력을 높이기 위한 이스라엘제 파이선 공대공 미사일을 운용했다.

칠레와 브라질도 싱가포르와 유사한 사양으로 개량했다. 칠레의 업그레이드형은 F-5 타이거III 플러스로 불리우며, 레이더는 이스라엘제 EL/M-2032를 탑재했다. 브라질의 업그레이드형은 F-5M^{Modernized}으로 명명됐고, 더비 중거리 미사일을 운용할 수 있다. F-5M은 2006년에 브라질에서 벌어진 공중전 훈련에서 미라지 2000N 두 대를 가상 격추하는 실적을 기록했다. 당시 교전은 F-5M이 에리아이 조기 경보 통제기의 정보를 데이터링크로 넘겨받아 더비 미사일을 중거리에서 발사하는 방식으로 이뤄졌다. 브라

― 스위스 공군 F-5E

― 싱가폴 공군 F-5S

— 칠레 공군 F-5E 타이거 III

— 브라질 공군 F-5M

질의 F-5M은 싱가포르와 마찬가지로 그리포 레이더, 조종석 업그레이드가 적용됐다. F-5M은 헬멧 조준기와 파이선 V 미사일을 결합해 운용하기 때문에 단거리 공중전 능력이 매우 높은 것이 특징이다.

F-5E/F 계열 전투기는 1970년대부터 생산되었기 때문에 점진적인 도태가 진행되고 있지만, 타이거III 플러스, F-5M 등 수명 연장이나 성능 개량이 적용된 기체는 앞으로도 상당 기간 일선에 남아 있게 될 것으로 보인다.

영화 탑건의 주인공 F-14 톰캣 전투기

영화 '탑건'에서 주인공이 탄 전투기로 일반 대중에게 널리 알려진 F-14는 미 해군이 함대 방공을 목적으로 개발한 전투기다. 미 공군의 F-15와 비교해 개발 시기는 F-14가 약간 빨랐지만 양 기종 모두 중동전과 베트남전의 경험을 반영해 설계됐다.

F-14와 F-15는 모두 세계 최강의 전투기를 목표로 개발됐다. 다만 F-14는 항공모함 운용이라는 제약 조건이 있어 가변익을 채택한 것이 양 기종의 가장 큰 차이점이다. F-14는 함대를 공격해오는 적을 확실히 파괴하기 위해 장거리 전투 초계 능력과 장거리 무장 운용 능력, 고속 성능과 더불어 항공모함 착함을 위한 저속 성능을 동시에 만족시킬 필요성이 있어 가변익을 채용했다.

가변익과 더불어 F-14의 주요한 특징은 장거리 공격 능력이다. 이를 위해 F-14는 고성능을 자랑하는 장거리 레이더와 장거리 공대공 미사일을 탑재한다. F-14 초기형이 탑재한 AN/AWG-9 레이더는 탐지 거리 200km 이상, 24개 목표에 대한 동시 식별 능력을 가졌다. F-14는 이 고성능 레이더를 활용해 AIM-54 피닉스 장거리 미사일 여섯 발을 각각 목표에 동시에 발사하고 유도할 수 있었다.

엔진은 F-111용으로 개발된 구형 TF30 터보팬 엔진이 사용됐다. 이는 개발 기간 축을 위한 것으로 개발 후 신형 엔진을 적용하려 했지만 성능 개량 계획은 브류디어

F-14A형은 모두 TF30 엔진을 탑재했다. 하지만 후기형에 와서는 추력이 30% 향상된 F110 엔진을 장착해 본래 추구했던 성능을 발휘할 수 있었다.

1990년대에 들어서는 엔진뿐만 아니라 레이더 등 항공 전자 장비가 개량된 F-14D 수퍼 톰캣이 등장했다. 수퍼 톰캣은 디지털화된 AN/APG-71 레이더를 탑재했고, 조종석, 데이터링크, 전자전 장비도 신형으로 교체되었다.

순수하게 방공 임무를 수행하기 위해 개발된 F-14였지만 전장 환경 변화에 따라 후기형은 지상 공격 능력을 갖추게 됐다. F-14 공격형은 AAQ-14 랜턴 포드와 함께 각종 정밀 유도 폭탄을 탑재해 대지 공격 임무에도 우수한 성능을 발휘했다.

1974년 9월 베트남전에 처음으로 투입된 F-14는 함대 방공 임무를 훌륭히 수행했으며, 1986년 F-4 팬텀II를 완전히 대체했다.

F-14 두 대는 1981년 8월 19일에 발생한 리비아 공군기와의 교전에서 수십 초만에 Su-22 두 대를 격추해 높은 공중전 능력을 과시했다. 리비아 공군과는 1989년 1월 4일에 또 다시 교전을 벌여 F-14 두 대가 리비아 공군의 MiG-23 두 대를 모두 격추하기도 했다.

이후 보스니아 전쟁에 투입된 F-14D는 레이저 유도 폭탄을 투하해 전폭기로서의 성능을 입증했고, 코소보전에서는 공중 공격 전과 중 30% 이상을 담당하는 놀라운 성과를 보이기도 했다.

32년간에 걸쳐 오랜 임무를 수행한 F-14는 결국 2006년 10월 미 해군에서 모두 퇴역했다. F-14가 수행하던 장거리 방공 임무는 F/A-18E/F 수퍼호넷이 승계하고 있다.

F-14는 원제작국인 미국에서 이미 퇴역했지만 이란 공군은 아직 F-14를 운용하고 있다. 이란은 1970년대에 F-14A 80대를 미국으로부터 도입했다. 미국의 부품 수출 중단으로 이란은 F-14 운용에 많은 어려움을 겪고 있는 것으로 알려졌지만 독자적으로 지대공 미사일을 개조하여 탑재하는 등 아직도 소수를 운용하고 있다.

— 미 해군 미라마 기지 탑건 스쿨의 F-14A

— 특이한 테일마킹으로 유명한 졸리 로저스 VF-84 소속 F-14A

▬ 성능 개량된 F-14D

▬ 이란 공군 F-14A

F-15 이글 전투기

F-15는 1970년대에 등장한 이후 지금까지도 세계 최강의 전투기 중 하나로 군림하고 있는 다목적 전투기다. F-15는 MiG-23, MiG-25, Su-15 등 구 소련의 제3세대 전투기를 제압하기 위해 당대 최고의 기술을 결집해 개발됐으며, 등장하자마자 기네스북의 각종 기록을 갱신하는 등 성능의 우수성을 입증했다.

F-15는 시제기인 YF-15A가 1972년 7월 27일에 첫 비행을 실시한 이래 F-15A/B형을 거쳐 F-15C/D형이 미 공군의 주력 전투기로 활약했다. 보조 연료 탱크 서 개를 탑재하면 미국 대륙 횡단이 가능할 정도로 장거리 항속 능력을 지닌 F-15는 우수한 항속 거리와 무장 탑재 능력을 활용해 지상 공격 능력을 강화한 F-15E 스트라이크 이글로 파생됐다. 1986년에 가발된 F-15E 스트라이크 이글은 공기 흡입구 측면에 일체형 컨포멀 연료 탱크와 세 개의 보조 연료 탱크, Mk84급 폭탄 등 최대 11t의 무장을 장착할 수 있도록 성능이 향상됐다.

스트라이크 이글은 제공형 기체인 F-15D와 외형이 유사하지만 기체 구조에 티타늄 합금을 대량으로 사용하여 구조를 강화하는 등 대폭적인 설계 변경이 이루어졌다. 또한 야간/전천후 정밀 지상 공격 능력을 지니도록 레이더 사격 통제 장치, 공격, 항법, 통신 시스템을 강화하거나 신형으로 교체했고, 무장 시스템 조작을 위한 후방석을 추가했다.

한국 공군에 배치된 F-15K 슬램 이글은 이 F-15E 스트라이크 이글의 개량형이다. 기본적인 성능은 F-15E와 유사하지만 싱가포르 공군의 F-15SG형이나 F-15SA, F-15QA 등과 더불어 스트라이크 이글 계열 중에서 비교적 신형 기종으로 분류된다.

F-15K와 기존 F-15E 스트라이크 이글을 비교하면 기체 외형보다 내부에 탑재된 임무 장비에서 차이가 난다. 먼저 레이더 측면에서 기존 F-15E는 AN/APG-70을 탑재하지만 F-15K는 AN/APG-63v1 레이더를 탑재한다. AN/APG-63v1은 제공형인 F-15C와 F-15E형의 레이더에 비해 신뢰도와 처리 성능, 전자전 보호, 공대지 성능이

- 초도 비행 중인 F-15A 시제기

- 미 공군 F-15C 이글

- 미 공군 F-15E 스트라이크 이글

- 한국 공군 F-15K 슬램이글

크게 개선됐다. F-15K의 생존을 책임지는 통합 전자전 장비도 기존형보다 최신형이 탑재됐다.

F-15K 슬램 이글은 기존 장비의 개량형뿐만 아니라 기존 스트라이크 이글에는 없는 한국 공군의 고유 장비도 탑재한다. 대표적인 것이 AN/AAS-42 적외선 탐색 추적기이다. 적기에서 방사되는 적외선을 감지하는 적외선 탐색 추적기는 레이더 사용이 곤란한 상황에서도 적기의 방향을 조종사에게 정확히 알려줄 수 있다.

우수한 무장 능력을 갖는 기존 스트라이크 이글의 장점은 F-15K에서도 이어진다. AGM-84H SLAM-ER 장거리 미사일과 AGM-84L 하푼 공대함 미사일 운용 능력은 특별히 F-15K를 위해 추가된 무장이다. AIM-9X 단거리 공대공 미사일은 조종사가 시선을 돌리는 것만으로도 적기를 조준할 수 있는 헬멧 장착 조준 장치와 결합해 F-15K의 근접 공중전 능력을 획기적으로 향상시키고 있다.

향후 등장할 F-15는 F-15EX형이다. F-15EX형은 AN/APG-82 전자주사식 레이더, 디지털 전자식 비행 제어 적용 외에도 22발의 AIM-120 암람 미사일 탑재가 가능하다. F-15 이글은 변화하는 전장 환경에 부합하도록 끊임없는 개량을 거듭하며 40여 년이 지난 지금까지도 세계 최고급의 전투 성능을 자랑하고 있다. 이는 새로운 개량을 수용할 수 있도록 설계된 F-15의 우수성을 반증한다. 1970년대부터 하늘의 왕자로 군림해 온 F-15 이글 전투기는 앞으로도 끊임없는 진화를 거쳐 향후에도 공군력의 핵심 기종으로 운용될 전망이다.

F-16 전투기

1970년대에 미 공군이 전력화한 F-15 전투기는 고성능 제공 전투기로 성능 면에서 만족스러웠지만 이에 따른 비용 상승은 피할 수 없었다. 미 공군은 이러한 고민을 해결하기 위해 고가의 고성능 전투기와 저가의 경량 전투기를 함께 배치해 비용 대 효과를

F-16과 호넷의 탄생으로 이어지는 YF-16(아래)과 YF-17(위)

타이완 공군 F-16A

― 미 주방위 공군 F-16C

― UAE 공군 F-16E block 60

극대화한다는 하이 로 믹스 정책을 구상했다.

저가의 경량 전투기는 1972년에 LWF^Light Weight Fighter 사업으로 구체화됐다. 미 공군은 경량 전투기에 대한 요구 사항으로 최대 속도는 마하 2 이내, 대형 레이더나 장거리 미사일은 필요치 않지만 뛰어난 기동성을 가질 것을 제시했다. 이러한 요구 사항에 맞춰 당시 제너럴 다이나믹스 사는 YF-16, 노스롭 사는 YF-17 기종을 미 공군에 제시했다. 경량 전투기의 가능성에 주목한 미 공군은 이를 발전시켜 공중전 전투기 사업을 1974년에 시작했고, 1975년에 YF-16이 미 공군에 의해 대상 기종으로 선정됐다.

공중전 전투기 사업을 시작할 당시 F-16의 양산 계획은 기존의 F-4, F-104 전투기 대체용으로 불과 650대 수준에 불과했다. 그러나 가격대비 우수한 다목적 성능을 인정받아 미 공군은 1977년에 발주 대수를 1,338대로 늘렸고, NATO 등에 수출이 시작되면서 F-16의 총 생산대수는 4,600여 대를 넘어서고 있다.

40여 년에 걸쳐 생산된 만큼 F-16은 다양한 파생형이 존재한다. F-16의 파생형은 블록^Block 단위로 구분되는 것이 특징이다. 처음 미 공군에 납품된 블록1 항공기부터 블록20까지의 F-16은 F-16A/B형으로 구분된다. 그리고 블록25부터 블록50 계열까지는 F-16C/D형으로 구분되고 있다. 아랍에미리트를 위해 개발된 블록60 계열은 특별히 F-16E/F로 명명됐다.

한국 공군은 이 중에서 블록32 계열과 블록52 계열의 F-16C/D형을 운용하고 있다. 블록52 계열 F-16은 한국 공군의 주력 기종으로 KF-16으로 명명됐다. 블록32 계열은 미국으로부터 직도입한 사업명을 이용해 KF-16과 구분하고자 PB F-16으로 부르고 있다.

F-16이 한국 공군을 비롯해 서방 세계의 대표적인 전투기로 자리잡게 된 요인은 소형 경량 전투기면서도 신기술을 적극 활용한 점이다. 개발 초기에는 단거리 공대공 무장만 탑재했기 때문에 F-16의 공중전 성능은 부족한 편이었다. 하지만 신기술을 지속적으로 받아들여 F-16E/F형에 이르러서는 공중전 성능은 물론 장거리 침투 공격까지 가능한 중형 전투기로 변모했다.

기존에 생산된 F-16도 끊임없는 성능 개량으로 신기술이 적용되고 있다. 초기형을 도입한 유럽 국가는 F-16A/B형을 블록40/50 계열에 준하는 F-16AM/BM으로 성능 개량을 마쳤다. 미 공군은 이미 지속적으로 다단계 성능 개량 사업을 진행했고, 최근에는 블록40/50 계열 F-16에 대해 공통 사양 개량 사업을 추진해 F-16CJ/CG로 개량했다. 각종 항공 전자 장비를 새로 교체하는 공통 사양 개량 사업을 마친 미 공군의 최신형 F-16은 Link 16 데이터링크는 물론 헬멧 조준기, AIM-9X 단거리 공대공 미사일, 합동 직격탄 등 첨단 무장을 운용하게 되어 미래 전장에도 손색없는 전투 능력을 갖게 될 것이다. 한국 공군의 F-16 역시 이러한 개량 추세에 발맞추어 첨단 능동 전자주사식 레이더를 탑재하는 등 성능 개량 사업을 추진하고 있다.

팬텀 이후 최대 베스트셀러 전투기로 불리우는 F-16은 미 공군뿐만 아니라 한국 공군 등 많은 운용국이 성능 개량을 계획하고 있어 서방 세계의 주력 전투기 위상은 상당 기간 유지될 것으로 보인다.

F/A-18 호넷 전투기

F/A-18 호넷은 미 해군의 대표적인 다목적 전투기다. 다목적 전투기로 개발된 만큼 F/A-18은 기존의 미 해군 F-4 전폭기, A-7 공격기를 대체했다.

과거 미 해군은 고성능 방공 전투기로 F-14 톰캣을 보유했었지만 고가로 인해 원하는 대수를 조달할 수 없었다. 미 해군은 F-4와 A-7의 후계기를 보다 저렴한 단일 기종을 개발한다는 계획을 수립했다. 미 의회는 이 계획을 미 공군이 추진하는 경량급 전투기 사업과 연계할 것을 요구했다. 이에 따라 미 해군은 해군용 공중전 전투기 프로그램에 착수했고, F-16 함재형과 YF-17을 토대로 한 F/A-18을 경쟁에 참여시켰다. 미 해군은 맥도넬 더글러스와 노스롭이 공동으로 제안한 F/A-18을 1975년에 최종 선정해 주력 전투 폭격기로 운용하게 되었다.

― 미 해군 F/A-18A 호넷

― 열 발의 암람 미사일을 탑재한 F/A-18C

▬ 미 해군 F/A-18C

▬ 음속 돌파 비행 중인 F/A-18C

F/A-18은 시제기가 처음 등장했을 때 미 해군의 만족도가 그리 높지 않았다. A-7을 대체하기에는 항속 거리와 탑재량이 부족했기 때문이다. 하지만 부족한 성능은 설계 개선을 통해 해결됐고, 양산된 F/A-18에 대한 조종사들의 만족도는 높게 되었다.

F/A-18은 처음부터 공대공 전투와 공대지 공격 임무를 단일 기종으로 수행하는 다목적 전투기로 탄생했다. 베트남전의 교훈을 반영하여 최대 속도보다는 천음속에서의 가속 성능, 선회율이 우수하도록 설계됐다. 특히 높은 받음각에서도 실속에 빠지지 않은 엔진과 조종 안정성은 F/A-18에 대한 조종사의 신뢰를 높였다.

F/A-18이 최초로 실전에 참가한 것은 1986년 엘도라도 캐년 작전에서였다. 당시 시드라만에 전개한 항모 코럴시의 호넷은 리비아의 지대공 미사일을 성공적으로 제압했다. 그리고 6년이 지나 걸프전에서는 미 해군과 미 해병대 소속 호넷이 190대, 캐나다 공군 호넷이 1개 대대 26대가 실전에 참가했다.

걸프전에서 호넷은 약 8,000t의 무장을 투하하고, 임무 성공률은 90% 이상을 기록했다. 전쟁 중 호넷은 공중전도 참가했으며, 공대공 미사일로 미그기를 두 대 격추하기도 했다. 이 격추 사례는 F/A-18에 의한 첫 공중전 격추 사례로 기록되고 있다.

1978년부터 처음 양산된 호넷은 F/A-18A/B이다. F/A-18A는 단좌 기본형이고, F/A-18B는 A형을 토대로 후방석을 추가한 파생형이다. F/A-18A는 기수의 기관포 공간에 정찰용 장비를 탑재해 정찰 임무도 수행할 수 있다. 특히 미 해병대는 복좌 기종을 훈련용 외에 정찰과 전방항공 통제 임무에도 사용하고 있다. 1985년까지 생산된 A, B형은 미 해군, 미 해병대뿐만 아니라 캐나다, 오스트레일리아, 스페인 공군에도 도입되었다.

F/A-18C/D형은 F/A-18A/B형을 토대로 항속 능력과 야간 공격 능력을 강화한 파생형이다. 외형상 큰 변화는 없고, 반능동 레이더 유도 미사일인 AIM-7 스패로우뿐만 아니라 AIM-120 암람 미사일 운용 능력이 추가됐고, 임무 컴퓨터도 개선됐다.

미 해군의 F-14와 더불어 미 해군의 대표적인 주력 전투기로 운용되었던 F/A-18C/D 호넷은 F-35C 양산에 따라 순차적으로 교체되어 미 해군에서 점점 사라지게 될 전망이다.

F/A-18E/F 수퍼호넷 전투기

F/A-18C/D 호넷 전투기는 공중전 성능과 일정 수준의 공격 능력을 갖추고 있었지만 기존 A-6 공격기의 장거리 공격 능력과 무장 탑재 능력에는 미치지 못했다. 때문에 미 해군은 A-6 공격기의 후속 기종으로 A-12 스텔스 공격기 개발을 1987년부터 추진했다.

한편 A-12와는 별도로 미 국방장관은 당시 계획 중이던 F-22와 A-12가 충분한 수량이 배치되기까지 시간이 소요될 것으로 보고, 1990년대에 바로 조달이 가능한 F-16과 F/A-18 개량형을 개발할 것을 지시했다. 이에 따라 보잉(당시 맥도넬 더글러스) 사는 F/A-18의 항속 거리와 무장 탑재 능력을 강화한 호넷 2000 개념을 연구하기 시작했다.

호넷 2000은 카나드 델타형까지 다양한 형상이 존재했지만 보잉은 1991년에 항속 성능과 무장 탑재량을 증가시키면서도 가장 개발이 용이한 형상을 미 해군에 제안했다. 미 해군은 이 제안이 F-14 파생형보다 위험이 적다고 판단하여 1992년에 F/A-18E/F 수퍼호넷으로 명명하고 제식화를 결정했다.

수퍼호넷은 호넷의 기본 형상을 유지하면서도 동체를 연장하고 주익을 25% 확대했다. 늘어난 크기만큼 연료 용량을 증대시켜 항속 거리를 연장했고, 주날개가 커지면서 무장 장착대도 한 곳씩 추가할 수 있었다. 꼬리날개와 조종 면도 확대됐지만 새로이 설계된 구조는 복합재를 대량으로 사용해 중량 증가를 억제했다. 일체 성형과 대형 부재를 깎는 등 부품 수가 절감되면서 수퍼호넷은 기존 호넷보다 크기가 커졌지만 부품 수는 오히려 감소했다.

무거워진 수퍼호넷을 위해 엔진은 기존 F404 엔진보다 추력이 강화된 F414 엔진이

— F/A-18E(왼쪽)과 F/A-18C(오른쪽)

— 영화 탑건 매버릭에서도 등장한 F/A-18F

— 미 해군 F/A-18E 수퍼호넷

— 항모 탑재를 위해 주날개를 접은 F/A-18F

탑재됐다. 공기 흡입량이 늘어났기 때문에 공기 흡입구 형상도 재설계됐다. 공기 흡입구는 흡입 효율의 향상과 스텔스성 향상을 위해 기존 형태와는 전혀 다른 모습으로 설계되어 기존 호넷과 쉽게 구분할 수 있는 식별점이 된다.

기체 내부의 세부 계통과 항공 전자 장비는 호넷과의 공통성을 위해 상당 부분 그대로 사용했고, 소프트웨어도 90% 이상 기존 호넷의 것을 사용했다. 레이더도 호넷에 사용된 AN/APG-73 레이더가 수퍼호넷 초기형이 그대로 탑재됐다. 다만 초기형 이외의 수퍼호넷은 새로이 개발된 AN/APG-79 능동 전자주사 레이더를 탑재한다.

수퍼호넷의 최대 무장 탑재량은 8t이다. 기존 A-6E 공격기의 최대 무장 탑자량이 8.1t이므로 수퍼호넷은 A-6E에 필적하는 무장 탑재 능력을 갖게 되었다. 공대지 임무 시 454kg 폭탄 네 발과 공대공 미사일, 보조 연료 탱크, 센서 포드를 탑재하고 작전 반경은 780km를 넘어 기존 호넷에 비해 35% 확대됐다. 물론 아음속의 A-6E 공격기보다는 부족한 항속 거리지만 기본적인 공대공 무장을 갖추고 생존성이 향상된 면을 감안하면 수퍼호넷에서 발전된 측면이 있다.

수퍼호넷은 크기가 커지고 무거워지면서 기존 호넷보다 기동성이 저하됐다. 하지만 근접 공중전을 위한 헬멧 조준기와 전방위 공격 능력을 갖는 AIM-9X 수퍼 사이드와인더 미사일을 탑재하여 부족한 기동성을 보완하고 있다. 기존 호넷의 우수한 고받음각 기동 능력은 수퍼호넷에서 그대로 유지되고, 비행안정성 측면도 개선됐다.

F/A-18E/F 수퍼호넷은 기존 호넷을 대형 전투기로 개조한 기종이지만 F-14 전투기와 A-6 공격기를 대체하는 기종이기 때문에 F-35C 스텔스 전투기와 더불어 향후 미 해군의 주요 항공 전력으로 장기간에 걸쳐 운용될 전망이다.

02
유럽 전투기

유럽의 공동 개발 전투기, 유로파이터 타이푼

21세기의 유럽 하늘은 영국, 독일, 이탈리아, 스페인 등 나토 4개국이 공동 개발한 유로파이터 전투기가 지키고 있다. 과거 토네이도 전투기가 영국, 독일, 이탈리아의 공동 개발로 탄생했지만 전투기의 기본적인 능력인 공중전 성능에서 부족한 점이 많았다. 새로이 개발된 유로파이터는 공대지 임무뿐만 아니라 공대공 임무에서도 높은 성능을 보이는 것이 특징이다.

유로파이터 개발 계획은 1970년대로 거슬러 올라간다. 당시 유럽 각국은 기존 전투기와는 개념이 다른 선진형 전투기를 연구했었고, 이들 연구가 서로 유사해 전투기 개발 계획을 통합했다.

통합된 유럽 전투기 개발 프로젝트는 1983년에 프랑스가 독자적인 전투기 개발을 위해 탈퇴하면서 참가국이 줄어들었다. 통합 프로젝트는 탈냉전으로 인해 각국 공군의 발주 규모가 축소됐고, 각종 기술적인 난관을 겪으며 난항을 겪기도 했다. 하지만 각국의 이해 관계를 조정하며 유로파이터라는 이름으로 다시 태어났고, 1994년 3월에 성공적으로 초도 비행까지 마치게 되었다.

— 독일 공군의 유로파이터 타이푼 전투기

— 미티어, 아스람 공대공 미사일, 브림스톤 공대지 미사일, 페이브웨이 유도 폭탄을 탑재한 유로파이터

━ 스페인 공군의 유로파이터 타이푼 전투기

━ 조종석 아래에 카나드 조종면이 보이는 유로파이터 타이푼

유로파이터는 3단계에 걸쳐 성능이 향상되었다. 제1단계(Tranch 1)는 초기에 생산된 유로파이터에 해당하며, 각종 공대공 미사일과 일부 공대지 무장을 운용할 수 있는 제한적 공대지형이다.

제2단계는 2008년부터 생산된 유로파이터에 해당한다. 정찰 능력을 포함한 공대공 및 공대지 무장 운용 능력을 이때부터 갖추게 되었다.

제3단계 성능 개량형은 2013년에 초도 비행을 마쳤다. 전자주사식 레이더를 비롯해 미티어 장거리 공대공 미사일, 브림스톤 공대지 미사일 등 무장 운용 능력이 추가로 확장되었다.

유로파이터의 대표적인 성능은 '우수한 생존성'이다. 유로파이터는 21세기 전장 환경에서 살아남기 위해 제한적이지만 기존 전투기보다 우수한 스텔스 성능을 갖추고 있다. 스텔스 성능과 더불어 우수한 방어용 전자 장비, 초음속 순항 능력은 유로파이터의 생존 능력과 공격 능력을 함께 향상시켜 주었다.

유로파이터는 높은 생존성과 더불어 첨단화된 조종석을 갖춘 것이 특징이다. 유로파이터 조종사는 전투 시 조종간의 버튼 조작뿐만 아니라 음성으로도 직접 레이더, 디스플레이, 항법/통신 장비를 통제할 수 있다. 그리고 다기능 정보 분배 시스템을 통해 전투기 외부로부터 수집된 전술 정보가 전투기 내장 센서로부터 수집된 정보와 서로 융합되어 조종사에 시현된다. 융합된 정보는 조종석 전방의 전방시현기뿐만 아니라 조종사의 헬멧에도 직접 시현되기 때문에 조종사는 전술 정보를 신속히 받아들일 수 있다. 흔히 센서 융합 또는 정보 융합으로 알려진 이 능력은 공중전에서 유로파이터 조종사의 상황 인식 능력을 크게 높여주게 된다.

유로파이터는 700대 가까이 생산되었기 때문에 사업은 성공적으로 추진되었다고 볼 수 있다. 하지만 유력한 경쟁자인 F-35 전투기가 양산 중에 있고, 유럽의 국방 환경 변화에 따라 시장도 감소하고 있어 향후 전망은 밝지 않을 것으로 보인다.

세계 최고의 침투 공격기, 토네이도 전투기

토네이도 전투기는 영국, 독일, 이탈리아 등 유럽 3개국이 공동으로 개발한 가변익 다목적 전투기다. 처음에는 여러 가지 임무를 수행할 수 있는 다목적 전투기를 목표로 사업이 시작하였지만 개발 과정에서 개전 초 적 비행장을 공격하고, 적 후방의 주요 거점, 적 증원 부대의 진격을 저지하는 것에 중점을 두고 설계되었다.

토네이도의 가장 큰 특징인 가변익은 이러한 임무를 수행하는 데 필요한 초저공 침투 능력과 긴 항속 거리를 모두 만족시키기 위해 선택한 설계 방식이다. 즉 순항 비행에서는 주익의 후퇴각을 작게 해 최대한 효율을 좋게 하고, 적지에 초저공으로 침투할 때는 후퇴각을 크게 해 고속 비행 성능과 탑승감을 좋게 했다. 주익의 후퇴각을 작게 하면 이착륙 거리를 단축시키는 데도 도움이 된다.

토네이도는 야간과 악천후에도 목표에 정확히 침투가 가능하도록 우수한 항법, 공격 장비와 장비 조작을 위한 후방석을 갖추고 있다. 토네이도의 지형 추적 레이더는 전방의 지형을 탐지하고 기복에 따라 자동적으로 초저공 비행이 가능하도록 한다. 이러한 초저공 침투 능력은 고속 비행 능력과 함께 적의 방공망에 피격될 가능성을 낮추는 데 도움이 된다.

토네이도의 최대 속도는 마하 2.2다. 이는 무장을 탑재하지 않고 고공에서 가능한 속도며, 저공에서는 마하 1.2, 무장을 탑재하면 마하 0.9 정도의 속도를 낼 수 있다. 무장은 동체 아래와 주익에 장착되고, 최대 9t의 외부 무장 탑재가 가능하다.

토네이도는 세 가지 파생형이 개발됐다. 저공 침투와 장거리 공격 임무를 수행하는 파생형은 토네이도 IDS형이라 한다. 토네이도 IDS는 가장 먼저 개발된 기본형으로 시제기는 1974년에 처음 비행했고, 실전 배치는 1982년부터 이뤄졌다.

공동 개발국 중에서 영국은 토네이도를 요격기로 쓰고자 했다. 그래서 토네이도 IDS형을 요격기로 재설계하는 연구를 1971년부터 진행했다. 토네이도 ADV로 명명된 요격기형은 공대공 미사일을 무장 장착대에 탑재하지 않고 동체 아래에 반매입식으로

▬ 영국 공군의 토네이도GR.4 전투기

▬ 가변익을 최대로 전개한 토네이드 전투기

▬ 대공 제압 전자전 임무에 특화된 토네이도 ECR

▬ 공중전 임무에 특화된 토네이도 ADV

붙이기로 결정했다. 그 때문에 토네이도 ADV형은 동체 길이가 늘어났고, 공기역학적인 성능을 개선하기 위해 기수의 레이돔도 더욱 날씬한 모양으로 변경됐다. 토네이도 IDS의 고정 무장은 27mm 기관포 2문이지만 토네이도 ADV는 1문을 제거했다. 토네이도 ADV형은 무장이나 레이더 등이 IDS형과 비교해 변화됐지만 양 기종의 공통성은 80% 이상에 달한다.

토네이도는 전자전 전용기인 토네이도 ECR형으로도 파생됐다. 토네이도 ECR형은 NATO군이 적 방공망 제압기로 사용했던 F-4G 팬텀의 대체 기종으로 1986년부터 개발이 시작됐다. 개발의 주목적은 우수한 전자전 장비와 무장을 탑재하고 전천후 침투와 전술 정찰, 방공망 제압, 적의 지휘 통신 시스템 방해 및 파괴, 다른 전술기의 침투 유도, 전자 정보 수집 등이다.

초저공 침투에 특화된 토네이도는 걸프전에서 성능을 발휘했다. 걸프전에는 영국, 이탈리아, 사우디아라비아 공군의 토네이도 100여 대가 1,500회 이상의 출격을 감행하였다. 하지만 토네이도는 높은 전과를 기록하면서도 작전 기간 여섯 대 격추라는 상대적으로 큰 손실을 입었다. 초기에 큰 피해를 입은 이유는 이라크가 강력하게 방어하고 있어 위험도가 높은 비행장이나 방공망을 타 기종에 비해 토네이도가 주로 공격했기 때문이다.

3개국의 요구 조건을 만족시켜 다목적 전투기로 개발된 토네이도는 비록 모든 임무를 완벽히 수행할 수는 없었지만 초저고도 고속 침투 능력과 완벽한 정밀 항법 공격 장비로 인해 세계 최고의 침투 공격기로 인정받았다.

스웨덴 드라켄, 비겐 전투기

숲과 호수의 나라 스웨덴은 특수한 지정학적 환경 때문에 전투기를 독자적으로 개발해왔다. 운용 개념 측면에서 터널을 뚫고 지하 활주로를 건설하거나, 숲속에서 전투기를 끌어내 고속도로에서 이륙시키는 등 독특한 방식으로 전투기를 운용했다. 이는 스웨덴이 구 소련과 가까워 적기 요격에 대응할 시간이 부족하고, 지리적으로 충분한 넓이의 기지를 확보하기가 곤란하다는 지리적 환경에 기인하고 있다.

전투기가 고속도로에서도 원활하게 운용되려면 단거리 이착륙 성능이 우수해야 한다. 스웨덴의 사브 사는 이를 위해 델터익의 후퇴각을 2단계로 변화시킨 더블 델터익 전투기를 개발했다. 더블 델터익은 일반적인 델터익보다 저속에서도 큰 양력을 얻을 수 있으며, 초음속 성능에 유리하다는 장점이 있다.

더블 델터익을 적용한 드라켄 전투기가 첫 비행에 성공한 것은 1955년 10월이었다. 성능에 만족한 스웨덴 공군은 곧바로 양산 계약을 체결해 1960년 3월부터 드라켄을 부대에 배치했다.

마하 2급의 초음속 성능을 지닌 드라켄 요격기는 공대공 미사일 네 발을 탑재했다. 로켓 포드와 폭탄도 탑재할 수 있어 지상 공격 임무를 수행할 수 있었고, 카메라를 내장해 정찰용으로 사용되기도 했다. 기본 무장으로는 30mm 아덴 기관포 1문을 내장하고 있다.

드라켄은 북유럽을 중심으로 스웨덴 외에도 오스트리아, 덴마크, 핀란드 공군에서 주력 전투기로 운용됐다. 오스트리아 공군은 드라켄을 2005년에 퇴역시켜 드라켄을 가장 장기간 운용한 공군으로 기록된다.

스웨덴 공군은 드라켄의 후계기로 500m급 활주로에서도 운용이 가능하고, 공중전 성능과 저고도 침투 성능을 고루 갖춘 전투기를 요구했다. 타 전투기 개발에 요구되는 성능보다 가혹한 이착륙 성능을 만족시키기 위해 사브 사는 더블델터에 이어 선미익 Canard을 추가한 델터익 설계안을 제시했다.

비겐으로 명명된 이 신형 전투기에는 독특하게도 역추진 장치까지 적용됐다. 엔진의 추력 방향을 전방으로 바꿔주는 역추진 장치 덕분에 비겐은 우수한 단거리 착륙 성능을 가질 수 있었다. 비겐은 좁은 격납고에 수용하기 위해 드라켄보다 크기가 작아져 마하 2급의 전투기로는 MiG-21 다음으로 작은 전투기가 됐다.

▬ 독특하게도 더블델터익 주날개로 설계된 사브 드라켄 전투기

▬ 드라켄 전투기의 더블델터익 내측 주익은 공기 흡입구 역할도 수행한다.

▬ 카나드와 델터익 주날개를 결합한 스웨덴 비겐 전투기

▬ 단거리 착륙 성능을 위해 엔진 후방에 역추진 장치를 장착한 비겐 전투기

1967년 2월 초도 비행에 성공한 비겐은 1971년부터 배치가 이루어졌다. 처음으로 양산된 비겐은 공격형인 AJ37형이었다. 곧이어 복좌 훈련기형인 SK37 양산이 시작됐고, 대함 공격 임무를 수행하는 SH37, 정찰용인 SF37이 순차적으로 개발됐다. 최종적으로는 요격 전투기형인 JA37이 1972년부터 개발을 시작해 1979년에 작전 배치됐다.

JA37 비겐은 PS-46/A 다목적 레이더를 탑재해 중거리 공중전 능력을 갖출 수 있었다. 주요 무장으로는 영국이 개발한 스카이 플래시 미사일을 탑재했고, AIM-120 암람 공대공 미사일도 운용이 가능했다. 공격 임무 시에는 24발의 135mm 로켓 포드나 RBS15 공대함 미사일을 탑재한다.

비겐은 원래 800대를 생산할 계획이었지만 단일 국가가 배치하기에는 재정적으로 한계가 있어 총 329대의 비겐 전투기가 생산됐다. 비겐 전투기는 후계 기종인 JAS 39 그리펜이 성공적으로 개발되자 2005년을 끝으로 모두 퇴역했다.

JAS 39 그리펜 전투기

JAS 39 그리펜은 1950년대부터 시작된 스웨덴의 독자 개발 전투기 시리즈 J 29 툰난, J 32 란센, J 35 드라켄, J 37 비겐 등의 최종형이다. 공교롭게도 스웨덴이 개발한 전투기는 모두 엔진이 한 개라는 공통점이 있다.

그리펜은 유로파이터, 라팔과 더불어 유로 카나드 전투기라고도 불리며, 유로 카나드 기종 중에서 카나드 면적이 가장 크다. 그만큼 비행 성능에서 카나드가 미치는 영향이 크다고 할 수 있다. 전반적인 기동성은 다른 유럽제 전투기와 비슷한 수준이며, 스웨덴 환경에 맞게 단거리 이착륙 성능이 특히 강조됐다. 엔진은 우리 공군의 T-50에도 사용되는 F404 엔진을 스웨덴 볼보 사가 개량한 RM12 터보팬 엔진을 단발로 사용하고 있고, 레이더는 스웨덴 에릭슨 사가 독자 개발한 PS-05/A를 탑재하고 있다.

항공 전자 측면에서 가장 두드러지는 그리펜의 특징은 데이터링크 체계다. 요격 임무에 데이터링크를 사용하는 것은 다른 국가도 이미 1950년대부터 적용한 바 있지만 스웨덴 전투기는 데이터링크 운용 개념을 특히 강조하고 있다. 이러한 전술 환경은 그리펜에도 그대로 이어지고 있으며, NATO군 표준의 링크 16은 물론 스웨덴 특유의 전술 정보 데이터링크 체계를 실용화해 편대 전투에 활용하고 있다.

그리펜은 공대공 무장으로 AIM-120B 암람을 국산화한 Rb99 공대공 미사일 네 발, AIM-9L 사이드와인더의 스웨덴 생산형 Rb74 두 발, BK27 27mm 기관포(탄약 120발)를 탑재한다. 그리고 신형 무장으로는 미티어와 IRIS-T 미사일이 통합되어 있다.

그리펜이 운용하는 특별한 공대지 무장으로는 KEPD 미사일이 있다. 이 미사일은 다른 유럽제 전투기들이 탑재하는 스톰쉐도우/SCALP와 비교되는 장거리 공대지 무장으로 사정거리 150km의 KEPD-150과 사정거리 350km의 KEPD-350 두 가지가 있다. 그리펜에는 두 가지 모두 탑재가 가능하다.

JAS 39 개발은 1979년 프로젝트 'Saab 2110'으로부터 시작된다. 시제기 초도 비행은 1988년에 이루어졌고, 1995년부터 양산에 착수했다. 그리펜의 파생형은 단좌 표준형인 JAS-39A형과 기종전환 및 전술훈련을 목적으로 동체를 연장한 복좌형 JAS-39B, 그리고 이들을 개량한 JAS-39C/D형으로 구분할 수 있다. JAS-39A는 2002년 9월까지 생산을 마쳤고, 2001년 9월부터 생산된 A형은 JAS-39C형 사양으로 개량됐다.

JAS-39B는 복좌형 기종으로 기총 및 후방석 전방 시현기가 폐지됐고, 후방석 공간만큼 내부 연료 탱크가 줄어들었다. JAS-39C/D형은 디지털 엔진 제어, 헬멧 장착 조준기, 신형 프로세서 탑재형 PS-05/A 화력 통제 레이더, 적외선 탐색 추적 장치, 공중 재급유 프로브, 전자전 장비 등이 추가된 것이 A형과 차이점이다.

그리펜 계열의 가장 최신형은 JAS-39E/F형이다. JAS-39E/F 그리펜 NG는 F414 엔진을 사용하여 추력이 증대되었고, 연료 탑재량을 늘려 전투 행동 반경도 크게 증가되었다. 그리펜은 각종 항공 전자, 임무 장비를 추가하여 성능을 향상시키고 있지만 5세대 이후 전투기의 개발과 등장에 따라 시장에서의 입지는 좁아지고 있다.

― 스웨덴이 독자 개발한 그리펜 전투기

― 대화면 디스플레이가 설치된 신형 그리펜 NG 전투기 조종석

- 태국 공군이 운용하는 그리펜 전투기

- 브라질에 수출된 그리펜 NG 전투기

6일 전쟁의 주역, 미라지III 전투기

미라지III는 F-104, MiG-21과 더불어 1960년대를 대표하는 세계 3대 경전투기로 손꼽힌다. 미라지III의 명성은 1967년 6월 5일 발발한 6일 전쟁, 즉 제3차 중동전을 계기로 세계에 널리 알려졌다. 6일 전쟁 첫날 새벽, 이스라엘 공군은 주변국 공군 기지를 기습적으로 공습했고, 약 400여 대의 항공기를 순식간에 격파해 아랍 공군을 사실상 궤멸시켜버렸다. 항공전 사상 유례를 찾을 수 없는 완벽한 기습과 승리를 가져온 이 전쟁에서 이스라엘 공군은 미라지III를 주력기로 사용했다.

미라지 시리즈의 탄생은 미라지I부터 시작된다. 미라지III의 원형이 되는 미라지I은 활주로에서부터 고도 1만 8,000m까지 6분 이내에 상승이 가능했던 고성능 요격기다. 미라지I의 후속 기종으로 개발된 미라지III 시제기는 1956년 11월에 처음 비행했다. 본격적인 양산형인 미라지 IIIC는 1960년 10월에 날아올랐다.

프랑스 닷소 사가 개발한 미라지III는 수평 꼬리 날개가 없는 델타익으로 설계되어 넓은 날개 면적을 확보할 수 있었다. 넓은 날개 면적으로 인한 낮은 익면 하중은 뛰어난 기동성을 가능하게 만든 중요한 요소였다. 미라지III는 우수한 성능을 인정받아 프랑스와 이스라엘 외에도 남아공, 스위스, 오스트레일리아, 아르헨티나 등 제3세계를 중심으로 운용됐다. 스위스, 오스트레일리아는 면허 생산으로 미라지III를 도입하기도 했다.

미라지III 파생형으로는 요격형의 IIIC형 외에 대지 공격형 IIIE, 카메라를 탑재한 정찰형 IIIR, 복좌 훈련형 IIIB가 있다. 미라지III 운용국은 이스라엘이 IIICJ, 남아공 IIIBZ, 레바논 IIIBL 등 자국 고유의 명칭을 부여하기도 했는데, 기본적으로는 IIIC, IIIE, IIIR 등과 동일하다.

프랑스는 중동전과 인도-파키스탄 전쟁에서 사용된 미라지III를 분석한 결과 레이더의 사용 빈도가 높지 않아 복잡한 전자 장비를 단순화시킬 필요가 있다고 판단했다. 이러한 필요에 따라 미라지III의 레이더와 동체의 전자 장비 등을 제거하고, 연료 탑재량

▬ 6일 전쟁을 승리로 이끈 주역 이스라엘 공군 미라지 IIICJ

▬ 델터익이 돋보이는 호주 공군 복좌형 미라지 IIID

― 착륙 중인 아르헨티나 공군 단좌형 미라지 IIIEA

― 델타익을 버리고 일반적인 주익-미익 방식으로 설계된 미라지 F1

을 늘린 미라지V가 탄생했다.

미라지V는 불필요한 전자 장비가 제거된 만큼 정비 시간이 짧아져 가동률이 대폭 향상됐고, 연료량 증가에 따라 항속 거리가 10% 늘어났다. 무장 장착대가 추가되어 무장 탑재량도 4t으로 증가됐고, 무엇보다도 비용이 낮아져 중소국 공군이 운용하기에 적합했다. 미라지V 시제기는 1967년 5월에 처음으로 비행했고, 프랑스 공군 외 14개국에서 전폭기로 운용됐다.

미라지III의 다른 파생형으로는 기존 엔진에 항공 전자 장비를 최신화한 미라지50이 있다. 미라지50은 추력 향상으로 기동성과 항속 성능이 향상됐고, 수단, 칠레, 볼리비아, 페루 등에 수출됐다.

앞서의 미라지III 파생형들은 프랑스 닷소가 직접 개발했지만 다른 국가가 파생형을 개발한 것도 있다. 대표적인 것이 이스라엘의 네셔와 크필C2다. 네셔는 미라지IIICJ를 이스라엘이 복제한 기종이고, 크필C2는 엔진을 F-4 팬텀II의 미국제 J79로 교체한 파생형이다. 크필C2는 1977년 레바논 남부의 팔레스타인해방기구 캠프 공격에 처음 사용됐다. 공중전에서 활약은 많지 않았지만 1979년 6월에는 첫 MiG기 격추를 기록하기도 했다.

걸프전에서 양측이 모두 운용했던 F1 전투기

미라지III는 우수한 전투기로 명성이 높았지만 델터익 특성상 이착륙 성능에 부족함이 있었다. 그래서 미라지III 설계 개념에 미익을 추가하고, 엔진의 추력을 향상시켜 공기역학적 특성을 개선한 것이 바로 미라지 F1 전투기다.

주날개의 후퇴각은 50도로 결정됐고, 날개 앞뒤로 플랩을 사용해 착륙 속도와 착륙 거리가 미라지III보다 20% 이상 감소됐다. 활주 거리 단축과 함께 야전의 비포장 활주로에서도 운용이 가능하도록 착륙 장치에 이중 타이어가 사용됐다. 내부 연료 탑재량은 4,600L에 달해 전투 행동 반경은 미라지III, F-104 전투기 등 기존 전투기에 비해 약 1.8배로 크게 향상됐다.

미라지 F1 시제기는 1966년 2월에 처음 비행했다. 양산형 F1A의 실전 배치는 1973년 2월로 시제기가 첫 비행한 지 7년이 경과한 후였다. 이후 대지 공격형 F1A, 요격형 F1C, 복좌 훈련기형 F1B도 순차적으로 제작됐다.

개발 당시 미라지 F1은 분명 우수한 기종이었나 불행하게도 작전 배치 1년 후 미국의 베스트셀러 전투기 F-16이 등장함에 따라 가치가 상대적으로 떨어졌다. 특히 미라지 F1의 최대 고객으로 예정됐던 NATO 4개국(네덜란드, 벨기에, 덴마크, 노르웨이)이 차기 전투기로 미라지 F1이 아닌 F-16을 선정한 것은 프랑스에 충격이었다. 하지만 수출 성과는 나쁜 편이 아니어서 그리스, 이라크, 쿠웨이트, 카타르, 남아공, 에콰도르, 프랑스, 가봉, 이란, 요르단, 리비아, 모로코, 스페인 등에서도 운용되었다.

미라지 F1의 레이더 화력 통제 장치는 미라지IIIE에 사용된 시라노II의 발전형 시라노IV를 사용한다. 무장으로는 30mm DEFA 기관포 2문을 내장하고, 마트라 수퍼 530 중거리 미사일, 매직 단거리 미사일 등 공대공 무장을 탑재한다.

미라지 F1이 사용된 대표적인 실전 사례는 걸프전이다. 특이하게도 미라지 F1은 걸프전에서 다국적군과 이라크 공군 쌍방에서 모두 운용됐다. 이라크전 당시 서방 국가의 무절제한 이라크 무기 판매가 비판의 대상이었는데, 이때 주요 원인 중 하나가 이라크의 미라지 F1 전투기였다.

이라크에 대한 미라지 F1 수출은 1981년부터 시작됐으며, 이란-이라크전 기간 중 추가 발주가 이루어져 프랑스는 미라지 F1 총 113대를 이라크에 수출했다. 이란과의 교전과 사고에 의한 손실로 보유량은 감소했지만 미라지 F1은 이라크 공군 주력 기종 중 하나였다.

한편 다국적군으로 참가한 프랑스 공군은 정찰형 미라지 F1CR을 투입했고, 카타르 공군과 자유 쿠웨이트 공군 역시 미라지 F1C를 걸프전에서 운용했다.

이처럼 미라지 F1은 아군과 적군이 모두 사용하고 있었고, 전투 중 국적 마크를 육안

― 걸프전 당시 다국적군 전투기로 참가한 미라지 F1(편대 맨 앞)

― 이라크 공군에서도 운용된 미라지F1

으로 확인한다는 것도 불가능해 적아 식별이 큰 문제였다. 이러한 이유로 다국적군의 미라지 F1은 개전 초기에 운용이 제한됐고, 전세가 안정화되면서 카타르, 프랑스, 자유 쿠웨이트 공군이 미라지 F1을 본격적으로 운용하기도 했다.

델타익의 부활, 미라지2000 전투기

프랑스의 미라지 전투기는 델타익 전투기의 대명사로 통한다. 미라지 F1 전투기가 일반적인 주익-미익 방식으로 개발됐지만 성과는 그리 좋지 않았다. NATO 4개국의 차세대 전투기 경쟁에서 미국의 F-16에 패한 프랑스는 델타익을 계속 고집할 것인지, 일반적인 날개 형태를 선택할 것인지 깊은 고민에 빠졌다. 고민 끝에 프랑스는 다시 델타익을 택했다. 델타익의 장단점을 근본부터 재검토해 철저하게 델타익의 장점을 취한 전투기를 개발하고자 했던 것이다. 이러한 노력의 산물이 바로 미라지2000 전투기다.

미라지2000은 미라지III의 델타익보다 날개 면적을 확대하면서도 오히려 중량은 감소시켰다. 게다가 추력이 더 큰 엔진을 탑재하고, 조종 계통도 전자식 비행 제어 방식을 채택해 비행 성능을 크게 향상시킬 수 있었다. 최대 속도는 마하 2.2에 달해 긴급한 요격 임무에서 고속 비행 성능을 발휘할 수 있었다.

1978년 3월에 처음 비행한 양산 1호기는 미라지2000C형이었다. 미라지2000C는 가장 먼저 등장한 단좌 다목적 전투기로, 복좌형은 미라지2000B라 명명됐다. 미라지2000C의 수출형은 미라지2000E형이라 한다.

미라지2000 시리즈의 가장 최신 버전은 미라지2000-9형이다. 미라지2000-9는 아랍에미리트에 수출하기 위해 미라지2000-5의 공대지 공격 능력을 향상시킨 버전이다. 미라지2000-9는 지형과 표적을 영상화시킬 수 있는 신형 RDY-2 레이더를 장비하고, 장거리 공대지 미사일을 탑재할 수 있다. 아랍에미리트는 신규로 미라지2000-9 도입하는 것과 동시에 기존 미라지2000E형을 미라지2000-9 사양으로 개조하기도 했다.

델타익의 장점을 극대화시켜 재탄생한 미라지 2000

페루 공군의 미라지 2000 전투기

그리스 공군의 미라지 2000-5

프랑스 공군은 미라지2000 성능에 만족하고, 기존 미라지IV 폭격기의 임무를 대신할 장거리 공격기형 미라지2000N도 개발했다. 미라지2000N은 장거리 침투 임무에 적합하게 승무원은 두 명이 탑승하고, 핵탄두 미사일인 ASMP 운용 능력도 보유했다.

미라지2000은 걸프전에서 처음 실전에 투입됐다. 프랑스 공군 소속의 미라지2000DM형은 재규어 공격기와 함께 사우디 기지에 10여 대가 파견됐다. 미라지2000DM형은 RDM 레이더를 장비한 초기형과 레이더를 개량한 후기형이 있는데, 걸프전에는 후기형이 사용됐다. 신형 레이더는 펄스 도플러 방식이기 때문에 지표 방향의 표적까지 탐지할 수 있다. 미라지2000DA는 이러한 신형 레이더의 성능을 살려 전투 공중 초계 임무를 주로 맡았다.

미라지2000은 일반적인 초계 임무에서 보조 연료 탱크와 수퍼 530D 중거리 미사일 두 발, 매직 단거리 미사일 두 발을 탑재하고 공중 급유를 받으면서 서너 시간씩 비행했다. 초계 임무 중 요격 지시는 미 공군 또는 사우디 공군의 E-3 항공 통제기로부터 주로 받았다.

프랑스는 미라지2000의 후속 기종으로 라팔 전투기를 개발한 바 있다. 하지만 라팔은 비용상의 문제로 프랑스 공군이 충분한 수를 조달하지 못하고 있다. 따라서 미라지2000은 라팔이 충분히 전력화될 때까지 앞으로도 상당 기간 프랑스 공군의 주요 전투기 기종으로 남게 될 전망이다.

프랑스 주력 전투기, 라팔

우아한 곡선을 자랑하는 라팔 전투기는 프랑스가 개발한 첨단 다목적 전투기다. 최신 복합 센서와 무장을 장착하고, 공대공 요격 임무에서 공대지 임무까지 다양한 임무를 수행할 수 있다는 것이 라팔 전투기의 특징이다.

라팔은 미라지2000 전투기의 대체기로 개발됐다. 프랑스는 유럽 공동 전투기인 유로

파이터 계획에 참여했지만 독자적인 전투기 개발을 위해 1983년에 계획을 탈퇴하고 라팔 전투기 개발을 시작했다.

4개국이 공동으로 참여해 개발 과정이 순탄치 않았던 유로파이터와 달리 라팔의 개발은 신속히 진행됐다. 처음 개발된 라팔A 시제기는 본격적인 개발에 착수한 지 3년만인 1986년 7월에 처음으로 날아올랐다. 곧이어 공군형 양산기인 라팔C와 복좌형인 라팔B가 각각 1991년, 1993년에 초도 비행을 성공시켰다.

라팔은 항공모함에서도 운용될 수 있다. 항공모함 탑재형은 라팔M으로 명명됐다. 라팔M은 항공모함에서 이착륙이 가능하도록 착륙 장치가 강화되고, 날개가 접히도록 만들어졌다.

라팔은 제한적이지만 스텔스 성능을 갖춘 것이 특징이다. 전반적인 형상 측면에서 스텔스성이 고려됐고, 레이더 전파 흡수 소재와 복합재가 기체 각 부위에 대거 적용됐다.

라팔은 기계식 레이더가 아닌 전자주사 방식의 RBE2 레이더를 사용한다. 라팔이 개발되던 1990년대는 유로파이터를 포함한 대부분의 전투기가 기계식 레이더를 사용하고 있어 라팔의 전자주사식 레이더는 상대적으로 첨단 방식이었다. 다만 라팔에 탑재된 RBE2는 전자주사식 중에서도 수동형 전자주사 배열 방식이었다. 최신 전투기 레이더는 수동형보다 능동형을 주로 사용하고 있기 때문에 라팔 최신형은 이러한 추세에 맞추어 RBE2 AA 능동형 전자주사 배열 레이더를 탑재하고 있다.

라팔에는 레이더를 보완할 수 있는 전자광학 장비도 탑재되어 있다. OSF라 불리는 이 센서는 전자광학/적외선 방식을 사용하기 때문에 전파를 방사하지 않고서도 적을 은밀히 포착할 수 있다.

라팔은 생존성을 높이기 위해 '스펙트라' 전자전 장비도 탑재하고 있다. 기체 주요부에 위치한 스펙트라 장비는 라팔의 360도 전 방향에 대해 위협 전파를 분석하고, 전파 방해를 실시한다.

라팔에는 중거리와 단거리용으로 모두 사용될 수 있는 미카 공대공 미사일이 운용된다. 미카는 적외선 탐색기형과 전파 탐색기형으로 구분되며, 라팔에는 총 여덟 발의 미

― 프랑스 공군의 최신 전투기 라팔B

― 항공모함에 착함 중인 함재형 라팔M

라팔 파생형. 위로부터 복좌형 라팔B, 단좌형 라팔C, 함재형 라팔M

카 미사일 탑재가 가능하다.

　라팔 전투기는 프랑스 해군에 2004년부터, 프랑스 공군에 2006년부터 전력화되고 있다. 프랑스 해군에는 2004년부터 드골Charles de Gaulle 항공모함에 최초로 실전 배치되었고, 2005년 1월부터는 프랑스 영공에 대한 신속 대응 임무도 수행하고 있다. 라팔은 2007년 3월 아프가니스탄에서 지상 공격 임무에도 투입돼 실전에서 우수한 성능을 입증한 바 있다. 라팔은 향후 프랑스가 독일과 함께 개발 중인 NGF 6세대 전투기가 2030년대에 등장할 때까지 프랑스 공군의 주력 전투기로 남게 될 전망이다.

03
러시아 전투기

한국전과 베트남전의 주역, MiG-15와 MiG-17

제2차 세계대전 말, 제트 엔진과 후퇴익 등 독일의 첨단 항공 기술을 경쟁적으로 입수한 미국과 러시아는 이를 적용한 신형 전투기로 F-86과 MiG-15를 각각 개발했다. 이들 전투기는 한국전에서 사상 최초로 제트 전투기 공중전을 벌여 세계를 놀라게 만들었다.

구 소련이 본격적으로 제트 전투기 개발에 착수한 것은 제2차 세계대전이 끝난 직후 1946년부터다. 훗날 MiG-15로 명명된 당시 개발 사업은 우수한 상승력으로 고도 10km 상공에서도 충분한 기동성을 갖추고, 대구경 기관포로 무장하는 것을 개발 목표로 했다.

엔진으로는 영국제 제트 엔진을 러시아가 국산화한 RD-45가 사용됐다. 개발에 착수한 지 1년만인 1947년에 시제기가 첫 비행에 성공했기 때문에 개발은 상당히 빨리 진행된 편이었다. 하지만 비행 시험 결과 저속 조종성에 결함이 있었고, 추락 사고까지 발생해 대량 생산은 1948년 중순에야 시작됐다. 복좌형을 포함한 MiG-15의 총 생산 수는 1만 5,000여 대에 달해 MiG-15는 1950년대 공산권의 주력 전투기가 됐다.

한국전에서 F-86과 사상 최초로 제트전투기 공중전을 벌였던 MiG-15 전투기

MiG-15는 엔진을 VK-1으로 강화하고, 최대 이륙 중량을 증가시킨 성능 개량형

1953년 9월 21일, 북한 노금석 상위의 귀순으로 미군이 확보한 MiG-15bis

베트남전에서 사용된 MG-17 전투기

제2장 주요국 항공무기 **229**

MiG-15bis가 1949년에 등장했다. MiG-15bis는 고도 12km까지 상승하는 데 6분밖에 소요되지 않아 당시로는 매우 우수한 상승 성능을 보였다.

MiG-15는 상승력과 가속 성능이 우수했지만 조종성과 안정성이 부족하고, 조준기 성능도 경쟁 기종에 비해 떨어졌다. 한국전에서는 F-86과의 공중전으로 유명해졌지만, F-86의 열 배에 달하는 기체가 공중전에서 격추되어 실전에서의 성과가 우수하지는 않았다.

무장으로는 37mm 대구경 기관포 1문과 23mm 기관포 2문을 기수에 장비했다. 대구경 기관포의 탑재로 MiG-15는 대형 폭격기도 일격에 격추할 수 있는 화력을 갖췄다. 하지만 23mm 1문에 80발, 37mm는 40발에 불과한 탄약을 탑재하여 사격 지속 시간이 짧았다. 주익에 일반 폭탄 두 발을 탑재할 수는 있으나 연료량이 적고, 항속 능력이 빈약해 대지 공격 능력은 높지 않았다.

러시아는 MiG-15의 성능에 만족하지 못해 이를 더욱 발전시킨 MiG-17을 개발했다. MiG-17은 MiG-15를 기본으로 비행 안정성을 개선했다. 주익의 후퇴각은 45도로 증가시켰지만 두께는 얇게 설계했다. 외형과 날개 배치에는 큰 변화가 없지만 후방 동체가 뒤로 연장되면서 전체적으로 길고 얇아진 모양이 됐다.

MiG-17 시제기는 1951년 첫 비행에 성공한 이후 바로 다음 해부터 대규모 양산이 이루어졌다. 일선 배치는 1953년부터 시작됐다. 전자공학 기술의 발전으로 구 소련은 소형 레이더를 탑재한 전천후 요격형 MiG-17PF도 개발했지만 성능이 부족했다.

MiG-15가 한국전에서 명성을 떨쳤다면 MiG-17은 베트남전에서 유명해졌다. 북베트남 공군은 MiG-17을 주력기로 운용하면서 미군에 맞섰다.

MiG-17은 당시 F-105, F-4 등 미군 전투기에 비해 선회 성능이 우수했고, 기체가 작아 육안으로 발견하기도 어려웠다. 하지만 상승력이 미군 전투기에 비해 부족했고, 낙후된 전자장비와 무장으로 전반적인 성능은 낮게 평가받았다. 부족한 성능에도 불구하고 MiG-17은 기습적인 공격과 매복 전술을 활용해 베트남전에서 미군 전투기를 다수 격추했다.

러시아의 첫 초음속 제트 전투기, MiG-19

제트 엔진의 발달로 말미암아 미국과 구 소련은 1950년대부터 초음속 전투기 개발 경쟁에 뛰어들었다. 당시 미국은 F-100, F-102 등 초음속 전투기 개발에 박차를 가하고 있어 구 소련도 발빠르게 초음속 전투기 개발에 착수했다.

1951년, 구 소련의 초음속 전투기 개발 지시에 따라 미그 설계국은 I-350을 개발했다. I-350 시제기는 1953년에 시속 1,300km를 기록해 초음속 전투기로서의 가능성을 입증했다. I-350은 곧 MiG-19라는 이름으로 양산화가 결정됐다. 양산형 기체는 1955년 쓰시노에어쇼에 참가해 NATO에서도 '파머Farmer'라는 코드명을 부여했다. 1956년 에어쇼에서는 60대에 이르는 MiG-19 궤편대가 등장해 서방 측의 이목을 집중시키기도 했다.

서방 측 제트 전투기는 대추력 터보제트 엔진을 단발로 탑재해 초음속을 돌파했던 반면 구 소련은 1950년대 초까지 대추력 터보제트 엔진을 확보할 수 없었다. 이에 따라 MiG-19는 추력 3톤의 AM-5 엔진을 쌍발로 탑재해 초음속 성능을 달성했다.

1957년부터는 추력을 3.3t으로 증가시킨 RD-9 엔진 탑재형 MiG-19SF가 출현했다. MiG-19 계열 기체 중에서 가장 많이 생산된 기종인 MiG-19SF는 중국도 J-6이라는 이름으로 자체 생산했다. J-6은 북한에도 대량 도입된 파생형이다. MiG-19SF는 최대 속도 마하 1.3, 실용 상승 한도는 17km의 성능을 보였다.

MiG-19는 기수에 소형 레이더를 탑재해 전천후 요격기형으로도 파생됐다. 전천후 요격기형에는 MiG-19P, MiG-19PM형이 해당된다. MiG-19PM형은 아예 기총을 제거하고 공대공 미사일만 네 발 탑재했지만, 생산 대수도 많지 않고 배치 기간도 짧았다.

MiG-19는 기본 무장으로 30mm 기관포 3문을 내장한다. 날개 밑에는 로켓탄과 공대지 미사일을 탑재할 수 있다. 초기형은 MiG-17과 같이 37mm 1문, 23mm 기관포 2문을 날개 안쪽에 내장하기도 했다.

구소련 최초 초음속 전투기 MiG-19

중국은 MiG-19를 J-6이라는 이름으로 자체 생산하였다

중국 J-6는 F-6 명칭으로 파키스탄, 북한 등 여러 나라에 수출되었다

MiG-19는 베트남전에서 첫 실전 경험을 치렀다. 북베트남이 운용했던 기체는 중국이 생산해 공여한 J-6 기체였다. 1968년 이후부터 MiG-17, MiG-21과 더불어 J-6이 운용됐지만 적기를 요격한 대수가 적었고, 격추된 대수도 여덟 대에 지나지 않았다.

MiG-19는 개발국인 러시아를 비롯해 체코, 폴란드, 중국 등에서 생산됐다. 공산권 국가에 대한 수출은 광범위하게 이루어졌다. 러시아는 오래전에 이미 MiG-19를 퇴역시켰지만 북한을 비롯해 소수의 MiG-19가 현역 기체로 운용되고 있다.

1950년대 중후반 당시 숙련된 조종사가 탑승한 MiG-19는 서방 측 전투기와 폭격기에 대한 심각한 위협이었다. 그러나 후속 기종인 마하 2급의 MiG-21이 임무를 대체하면서 MiG-19 위상은 급격히 낮아졌다. MiG-21은 MiG-19 시제기가 처음 비행한 지 3년 뒤인 1956년에 등장했기 때문에 MiG-19의 양산 기간은 짧을 수밖에 없었다.

비록 MiG-19의 성능과 양산 대수는 후속 기종인 MiG-21보다 부족했지만 MiG-19는 공산권 국가의 초음속 시대를 처음 개막한 기종으로 전투기 역사에 기록된다.

역사상 가장 많이 생산된 제트 전투기, MiG-21

1950년대 초반, 미국의 제트 폭격기 B-47, B-52는 구 소련에 심각한 위협이었다. 구 소련은 이들 제트 폭격기가 마하 0.9로 침투 가능해 기존 아음속 제트 전투기로는 요격이 곤란하다고 판단했다. 이에 따라 구 소련은 제트 폭격기 요격을 위한 마하 2급의 신형 전투기 개발에 착수했다.

MiG-21로 명명된 이 신형기에는 MiG-15 이후 전통적으로 추구된 소형, 경량, 단순화 원칙이 설계에 그대로 적용됐다. 이러한 설계사상 덕분에 MiG-21은 마하 2급의 최대 속도와 함께 소형, 경량에 의한 높은 가속 성능을 함께 얻을 수 있었다. 고고도에서는 선회 성능이 뛰어나고, 상승력도 우수해 MiG-21은 요격 임무 수행에 적합했다. 반면 기내 연료 탑재량이 적어 항속 시간과 작전 반경이 짧은 것이 큰 단점이었다.

MiG-21은 단순한 구조와 우수한 성능에 힘입어 개발국인 구 소련에서 25년간 생산됐고, 중국J-7과 인도에서도 10여 년 이상 생산됐다. MiG-21은 생산이 진행되는 동안 수많은 파생형이 제작될 정도로 성공적인 전투기였다. 처음 등장한 지 60년이 지나고 있지만 MiG-21은 아직도 여러 국가에서 일선 전투기로 운용되고 있다.

서방 측 관점에서 MiG-21을 평가한다면 상당히 단순하고, 종합적인 성능이 제한되는 항공기로 판단될 수 있다. 그러나 이러한 특성이 오히려 MiG-21을 역사상 가장 많이 생산된 제트 전투기 반열에 올려놓게 한 원인이라고도 할 수 있을 것이다.

많은 수가 생산되고 수출된 만큼 MiG-21은 수많은 분쟁에도 투입됐다. 베트남전에서는 1966년에 처음 미 공군의 F-4C와 공중전을 벌였다. 북베트남 공군의 MiG-21은 전쟁 초기에 숙련도가 부족해 고공에서 요격 후 바로 이탈하는 전술을 보였다. 그러나 1967년부터는 2기 편대로 적극적인 요격을 감행해 미군 전투기 18대를 격추하기도 했다.

마하 2.3의 최대 속도를 낼 수 있었던 MiG-21은 베트남전에서 AA-2 아톨 단거리 공대공 미사일 두 발 또는 네 발을 탑재하고 미군기를 요격했다. MiG-21은 23mm 기관포 2문을 기본 무장으로 장착하고 있어 근접전에서도 미군기에 쉽지 않은 위협이었다.

1967년 후반이 되자 공중전 전술에 익숙해진 북베트남 공군은 MiG-21로 F-4 팬텀과 F-105를 견제하면서 RF-101, EB-66, F-102와 같은 항공기를 기습적으로 격추했다. 특히 F-105에 대해서 MiG-21은 단 한 대의 손실 없이 아홉 대를 격추하는 전과를 올리기도 했다.

1970년대 초 북베트남 공군은 출격 가능한 MiG-21을 93대 보유하고 있었으며, 6개월간의 공중전에서 미군기 18대를 격추하고 24대를 잃었다. 1972년에는 야간 폭격을 실시하는 B-52 폭격기를 추격해 미사일을 발사하여 미군에 큰 위협을 주기도 했다. B-52에 너무 근접했던 한 MiG-21은 B-52 후미에 탑재된 12.7mm 기총에 오히려 격추되는 사건도 발생했다.

MiG-21은 베트남전뿐만 아니라 중동전, 인도-파키스탄 분쟁 등 수많은 분쟁에서

베트남전에서 사용된 MiG-21 전투기

역사상 가장 많이 생산된 제트전투기 MiG-21

성능이 향상된 루마니아 공군 MiG-21 랜서

성능을 입증했다. 개발된 지 60년이 지났지만 MiG-21은 아직 여러 국가에서 일선 전투기로 운용되고 있다. 특히 성능이 개량된 일부 MiG-21은 서방 측 전투기에 아직 위협이 될 수 있어 관심이 요구되는 기종이라 할 수 있겠다.

가변익 전투기, MiG-23

1960년대 후반 구 소련은 미국의 F-4 팬텀기를 의식하지 않을 수 없었다. 베트남전에서 MiG-21이 교전을 벌였지만 F-4는 경쟁기인 소련의 MiG-21PF와 비교해 네 배나 많은 미사일과 여덟 배 이상의 폭탄 탑재 능력을 갖고 있었다. 또한 적기를 상대보다 3~4배 먼 거리에서 탐지해 적기의 무장 사거리 밖에서 격추할 수 있었다. 구 소련은 이러한 성능적인 열세를 만회하기 위해 여러 신기술을 적용한 MiG-21 후계기 개발에 착수했다.

MiG-21의 후계기는 1960년대 초부터 개발을 시작해 1967년 모스크바에어쇼에서 그 존재를 서방 측에 처음으로 알린 MiG-23 전투기다. 시제기인 Ye-231A는 1966년 말에 첫 비행을 했고, 양산기의 부대 배치는 1971년부터 시작됐다.

MiG-15부터 MiG-21까지 전투기는 공통적으로 공기 흡입구가 기수에 위치했다. 반면 MiG-23은 공기 흡입구를 동체 양옆으로 배열하여 기수에 공간을 확보했다. MiG-23는 기수에 나토명 하이라크 레이더를 탑재해 중거리 공중전 능력을 갖게 되었다.

MiG-23의 최대 특징은 주날개에 가변익을 채용한 점이다. MiG-23의 가변익은 날개 전체의 후퇴각을 변화시키는 방식은 아니다. 날개 내측은 고정화하여 무장 장착 용도로 활용하고, 날개 바깥쪽의 후퇴각을 속도에 따라 조절한다. 가변 후퇴익은 3단계로 나뉘어 작동되는데, 미군의 F-111, F-14와 같이 자동화되지 않아 수동으로 조작해야 한다.

주익을 최대로 전개한 가변익 전투기 MiG-23

AA-7, AA-8 공대공 유도탄을 탑재하고 주익을 중간 단계로 접은 MiG-23

레이더를 제거하고 공대지 공격 능력을 강화한 MiG-27

　무장은 동체 아래에 GSh-23 2연장 23mm 기관포를 고정 무장으로 탑재하고, AA-7 공대공 미사일 두 발 또는 AA-8 공대공 미사일을 운용한다.

　일반적인 구 소련 전투기들과 달리 MiG-23은 다목적 성능이 상대적으로 우수한 편이다. 특히 대지 공격 능력은 기존에 비해 크게 개선되었기 때문에 구 소련은 이를 극대화한 MiG-27 파생형도 개발했다.

　MiG-27은 MiG-23을 토대로 전자 장비를 간소화하고 대지 공격 능력을 강화한 파생형이다. 기존 MiG-23의 날개, 동체, 착륙 장치들이 그대로 활용되기 때문에 외형상의 큰 변화는 없다. 다만 기수의 레이더가 제거되고, 레이저 거리 측정 장치 등이 추가되므로 기수가 좀더 작아지고 날렵해졌다. 기총도 화력을 증대시키기 위해 기존 23mm 2연장에서 23mm 6연장 개틀링 기관포로 교체됐다.

　MiG-27은 기존의 Su-17 공격기보다 적은 연료소비율과 더 많은 무기 탑재량, 긴 항속 거리로 구 소련 공군을 만족시켰다.

　실전에서의 MiG-23 전과는 좋지 않았다. 제4차 중동전 직후부터 구 소련은 시리아에 MiG-23을 공급했다. 1982년 레바논 전쟁에서 시리아 공군은 이스라엘의 F-16에 대항하기 위해 MiG-23을 투입했다. 시리아는 1주일 만에 36대의 MiG-23을 포함한 80대를 격추당한 반면 이스라엘은 단 두 대만 격추됐다.

　1989년 1월에는 리비아 공군 소속 MiG-23 2대가 케네디 항공모함을 이륙해 접근하는 F-14 2대에 대항해 공중전을 벌였다. 공중전 결과 MiG-23 한 대는 AIM-7 스패로우 미사일에 의해, 나머지는 AIM-9 사이드와인더 미사일에 격추됐다. 그 외 러시아군 소속 MiG-23, MiG-27이 아프가니스탄에 전개해 아프간 반군에 대한 공격 작전을 수행한 바 있다.

MiG-23은 개발국인 러시아에서 모두 퇴역했다. 하지만 북한, 시리아 등 러시아 관련국에서는 MiG-21 계열과 더불어 MiG-23을 상당 기간 더 현역으로 운용할 것으로 보인다.

가장 빠른 요격기 MiG-25와 MiG-31

1950년대 말 미국이 마하 3급의 전략 폭격기 XB-70 개발에 착수하자 구 소련은 다급해졌다. 마하 3급의 폭격기를 요격하기 위해서는 마하 3급의 요격기가 필요했기 때문이다. 1961년에야 마하 2급의 MiG-21을 개발한 구 소련은 마하 2.5를 넘어 바로 마하 3급의 MiG-25 요격기 개발에 착수했다.

MiG-25의 존재가 서방 측에 처음 확인된 것은 1967년 7월이었다. 1967년에 MiG-25는 2t의 무장을 탑재하고 고도 30km에서 무려 시속 2,980km로 비행하는 경이적인 속도 기록을 세워 세계를 놀라게 했다.

베일에 가려져 서방 측에는 환상의 전투기로 각인됐던 MiG-25의 실체가 세상에 공개된 것은 구 소련의 벨렝코 중위가 1976년 9월 MiG-25를 몰고 일본에 망명하면서부터다. MiG-25를 분석한 전문가들은 MiG-25 레이더에 구식 진공관이 사용됐고, 저공에서 비행 효율이 떨어지는 등 환상의 전투기는 아니었다고 발표했다. 하지만 고출력 레이더와 AA-6 대형 장거리 공대공 미사일 네 발을 탑재하고도 고공에서 마하 2.8의 고속 비행이 가능한 것은 서방 측 어떤 요격기도 불가능한 성능임은 분명했다.

고공 고속 비행 성능이 우수했던 MiG-25는 미국이 전략 폭격기 침투 방식을 고공 침투에서 저공 침투로 변경하면서 저공 표적에 대한 성능을 강화할 필요성이 제기됐다. 1970년 여름부터 시작된 미국의 B-1 폭격기 개발은 새로운 개념의 요격기 개발을 촉진했고, 결국은 MiG-25를 토대로 재설계한 MiG-31의 탄생을 가져왔다. MiG-31은 외형이 MiG-25 전투기와 상당히 유사하여 한때 '수퍼 폭스배트'로 알려졌었지만 1982년에 '폭스 하운드'로 NATO 코드명이 결정되었다.

MiG-25를 새롭게 재설계한 복좌형 전투기 MiG-31은 세계 최초로 위상 배열 레이더를 탑재했다. 강력한 레이더 성능은 MiG-31에도 이어졌다. 네 대로 구성된 MiG-31 편대는 폭 800~900km의 범위를 수색하는 것이 가능해 제한적인 조기경보기로도 운용이 가능한 것으로 알려졌다. 일반적인 방공 임무에서 MiG-31은 Il-76 조기 경보 통제기와 연계해 방공망을 구축한다.

MiG-31의 공대공 미사일 탑재량은 최대 여덟 발이며 날개 하부의 파일론과 동체 파일론에 AA-9와 AA-8 아피드 미사일 등을 혼합 장착한다. AA-9는 미국의 AIM-54 피닉스 미사일과 비교되는 장거리 요격용 공대공 미사일이다. MiG-31은 고정 무장으로 GSh-6-23 6총신 23mm 개틀링포와 탄약 260발을 탑재한다.

MiG-31은 실전에 참가한 적이 없지만 MiG-25는 다양한 경험을 갖고 있다. 1982년 6월 시리아 공군의 '폭스배트 A' 두 대는 레바논 상공에서 이스라엘 공군의 F-15와 교전해 AIM-7 스패로 공대공 미사일에 피격되어 격추됐다. MiG-25는 걸프전에서도 사용됐다. 당시 이라크 공군의 MiG-25 두 대는 미 공군 F-15C와의 교전에 역시 격추됐고, 지상에서도 수 대가 파괴됐다. 걸프전이 끝난 이후 1993년 1월에도 미국에 의해 한 대가 더 격추된 것으로 알려졌다.

MiG-25는 뛰어난 고속 순항 능력과 고고도 상승 능력을 갖춘 전형적인 요격기다. 전투기끼리의 공중전 성능은 부족해도 MiG-25가 배치된 곳은 U-2와 SR-71 정찰기도 비행할 수 없었다. 비록 MiG-25 계열 전투기가 모든 면에서 탁월한 것은 아니었지만 구 소련이 필요로 했던 성능은 만족시켰고, 특히 궁극의 최대 속도를 가졌기 때문에 MiG-25는 지금까지도 고속 요격기의 전설로 남아 있다.

— AA-6 장거리 공대공 미사일 네 발을 탑재한 MiG-25 요격기

— 마하 2.8 이상의 고속 비행이 가능하여 MiG-25는 정찰기로도 파생되었다.

— 저공 표적에 대한 요격 능력을 향상시킨 MiG-31 요격기

기동성이 우수한 MiG-29 전투기

MiG-29는 북한 공군도 보유하고 있는 기종이다. 전반적으로 노후화된 전투기 전력을 보유한 북한이지만 MiG-29는 북한에서도 가장 고성능의 기체이므로 주의를 기울일 필요가 있다.

MiG-29는 구 소련이 미국의 F-15에 대응하기 위해 1960년대 말부터 Su-27과 더불어 개발에 착수한 전투기다. 처음 등장한 MiG-29는 조종사가 한 명인 단좌 A형이며, 복좌형인 B형도 동시에 개발됐다. MiG-29UB 펄크럼 B형은 후방석을 추가하면서 연료 용량이 줄어들었고, 기관포와 적외선 탐색 추적 장치[IRST]는 유지되지만 레이더가 없어 전투 능력은 제한적이다.

우수한 기동 성능으로 서방 측에 주목을 받았던 MiG-29는 실전에서 능력이 충분히

- 북한 공군에도 도입된 MiG-29 전투기

- MiG-29SMT는 조종석 뒤에 연료를 추가하여 크게 부풀어 올랐다.

MiG-35는 능동 전자주사 레이더 등 최신 기술을 적용한 MiG-29 계열의 최종 파생형이다.

발휘되지 못했다. 1991년 걸프전에서 이라크 공군의 MiG-29는 미 공군의 F-15C에 다섯 기가 격추되는 참패를 기록했다. 다만 당시 다국적군과 이라크군의 전력을 고려한다면 이라크 공군의 전투기가 다른 기종이었더라도 일방적인 격추를 모면하기 어려웠을 것이다. 따라서 걸프전 결과만으로 MiG-29의 전투 능력을 단정짓기는 곤란하다.

독일은 통일 후 동독 공군이 보유한 MiG-29를 이용해 서방 측 전투기와 모의 공중전을 실시해 성능을 평가한 적이 있다. 독일 공군은 F-15, F-16과 비교한 훈련 결과를 자세히 발표하지는 않았지만 MiG-29는 F-16과의 근접전에서 대부분 선제 미사일 공격 기회를 잡은 것으로 알려졌다. 이는 MiG-29의 우수한 기동성과 더불어 AA-11^{R-73} 고기동 단거리 미사일, 헬멧 조준기 덕분이었던 것으로 분석된다.

MiG-29는 40년 가까이 생산되면서 다양한 파생형을 갖게 됐다. 가장 먼저 개량된 파생형은 기본형에서 동체 상부가 부풀어 오른 펄크럼 C형이 있다. 펄크럼 C형은 넓어진 동체 위에 전자 장비를 옮기면서 연료 탱크가 그만큼 늘어나 항속 거리가 증가했다.

MiG-29SMT는 연료 탱크를 추가로 증가시키면서, 항공 전자 장비를 전반적으로 현대화한 기종이다. 비교적 신형이기 때문에 향후에도 상당 기간 러시아 공군에서 운용될 것으로 보인다.

러시아 공군은 전투기 전력 구성에서 고성능 기종인 Su-27 계열 생산에 상대적으로 주력하고 있어 MiG-29의 위상은 점차 낮아지고 있다. 이를 극복하기 위해 MiG 설계국은 기존 MiG-29를 크게 개량한 MiG-35 기종을 최근에 등장시킨 바 있다. MiG-35는 최신 전투기답게 추력 편향 엔진에 능동 전자주사^AESA 레이더까지 탑재하고 있어 향후 수출 시장에 어떠한 성과를 보일지 주목된다.

러시아의 주력 전투기 Su-27 플랭커 계열

러시아의 Su-27 플랭커 전투기는 서방 측의 F-15와 더불어 가장 대표적인 전투기 중 하나이다. 1969년부터 연구가 시작된 Su-27은 1985년에 양산기가 처음 배치된 이래로 지금까지 러시아 공군의 주력 전투기로 운용되고 있다.

Su-27 플랭커는 최대 이륙 중량이 33t이 넘는 대형 전투기임에도 불구하고 탁월한 기동성으로 유명하다. 특히 여러 에어쇼에서 선보였던 코브라 기동을 비롯한 특수 기동은 기존 전투기와 차별화되는 플랭커 전투기만의 특징이 됐다. 코브라 기동은 비행 중에 순간적으로 기체를 수직에 가깝게 세워 비행 속도를 급격히 줄이는 비행 기술이다. 이러한 기술은 적기가 후미에 붙었을 때 순간적인 감속으로 적기를 추월시켜 위치를 역전시키는 데 응용할 수도 있다.

Su-27 시제기는 1985년부터 1988년까지 27개의 세계 신기록을 수립했다. Su-27이 갱신한 세계 신기록에는 과거 F-15가 수립했던 수평 최대 속도는 물론 상승 시간, 단거리 이착륙 기록 등 주요 기록들이 포함되어 있다. Su-27은 기동 성능뿐만 아니라 3,000km가 넘는 항속 능력을 보여 적진 깊숙이 작전하는 것이 가능하다. 무장 탑재 능력도 우수해 각종 공대공, 공대지 무장 8t을 탑재할 수 있다.

러시아를 대표하는 주력 전투기답게 Su-27의 파생형은 매우 다양하다. Su-27은 처음 양산형이 등장하면서 기본형과 함께 Su-27UB 복좌형도 배치됐다. Su-27UB는 복좌형이지만 기본적인 전투 성능에는 큰 변화가 없고, 기내 연료 감소로 인해 항속 성능이 일부 감소됐다.

- Su-27 계열의 최종 파생형인 Su-35S는 가장 위협적인 기종이다.

　제공 전투기인 Su-27 플랭커는 복좌 장거리 전투기형 Su-30 계열과 단좌 다목적 전투기형 Su-27M 계열로 발전했다. Su-30은 기본적으로 복좌형에 공중 급유 능력을 갖춰 장거리 요격 능력이 강화됐다. 이러한 장거리 임무 능력을 이용해 대지 공격 능력을 추가한 것이 Su-30M 계열 전투기다. 1991년부터 개발이 시작된 Su-30M 계열은 수출형인 Su-30MK로 발전해 인도네시아, 베네주엘라, 베트남에 수출됐다. 중국은 Su-30MK 계열 중에서도 Su-30MKK, 인도 Su-30MKI, 말레이시아 Su-30MKM, 알제리는 Su-30MKA 기종을 운용하고 있다. 중국은 Su-27을 면허 생산하면서 J-11로 명명하였고, Su-30에 해당하는 J-16 전투기를 생산하고 있다.

　Su-27M 계열은 Su-27 단좌 기본형에 각종 공대지 미사일, 정밀 유도 무장 등 공대지 임무 능력을 추가했다. 전방 동체에 카나드를 달아 초기에는 Su-35로 명명되기도 했지만 최근의 Su-35와는 다른 기종이다. Su-27은 다목적 전투기를 넘어 장거리 침투 폭격기로 재설계되기도 했다. Su-32FN 또는 Su-34로 불리는 폭격기형 플랭커는 특이하게도 조종사 두 명이 병렬로 앉는 방식이다. Su-27 계열에는 항공모함에서 운용되는 해군형 플랭커도 있다. 초기에 Su-27K로 불린 함재 전투기형 플랭커는 최종적으로 Su-33으로 명명됐다. 함재형 플랭커는 주날개를 위로 접을 수 있고, 항공모함 이착함에 필요한 장비, 강화된 착륙 장치, 전방에 카나드 조종 면이 추가됐다.

가장 최신형의 플랭커 전투기는 Su-35S형이다. 러시아는 5세대 전투기로 Su-57을 등장시켰지만 당분간 플랭커 계열을 주로 생산할 계획이어서 2020년대에도 플랭커 계열 전투기는 명실공히 러시아의 주력 전투기로 남아 있게 될 것이다.

04
중국 전투기

중국의 첫 독자 개발 J-8 전투기

J-8은 중국이 독자적으로 개발한 첫 전투기다. 기존에 J-5, J-6, J-7 등 중국이 자체 생산한 전투기는 있지만 이들 기종은 각각 구 소련의 MiG-17, MiG-19, MiG-21을 그대로 복제한 기종이다. 구 소련의 기술 지원으로 전투기를 확보하던 중국은 1960년대에 들어 구 소련과 외교 관계가 악화되자 고성능 초음속 기종을 독자 개발하기로 결정했다. 이러한 결정에 따라 1964년부터 개발이 시작된 전투기가 J-8 이다.

중국 공군은 J-8의 작전 운용 성능을 최대 속도 마하 2.2, 최대 고도 2만m 이상, 장거리 탐색 레이더 탑재 등으로 설정했다. 이러한 목표는 구 소련이라면 달성하기 어렵지 않은 것이었지만 독자적으로 전투기를 개발한 경험이 없었던 중국에는 큰 도전이었다. 중국은 새로운 설계를 시도하기보다는 기존 J-7 전투기 형상에서 크기를 키우고, 엔진을 한 개에서 두 개로 늘리는 것으로 개발 방향을 잡았다.

처음 제작한 J-8 시제기는 초음속 비행에서 진동이 발생했고, 비행 중 엔진이 정지하는 등 많은 기술적인 문제점을 보였다. 그리고 문화혁명의 영향으로 개발이 계속 지연되면서 20년이 지난 1985년에야 겨우 양산형을 배치할 수 있었다.

— 중국의 첫 독자 개발 전투기 J-8

— J-8의 기수, 공기 흡입구를 대폭 개량한 J-8II 전투기

J-8 양산형에 만족하지 못한 중국은 1986년 판보로에어쇼에서 J-8의 발전형인 J-8 II를 공개했다. J-8 II는 기수의 공기 흡입구를 동체 측면으로 옮기고, 기수에는 대형 레이돔을 설치했다. 완전히 바뀐 기수 때문에 J-8 II는 J-8 I과는 별개의 기종으로 인식될 만큼 달라 보였다.

J-8 II의 전체적인 모습은 MiG-21을 확대했다기보다는 수호이 Su-15 플라곤 요격기에 가깝다. 기존에 개발된 J-8 I은 기수에 공기 흡입구가 위치해 레이더를 탑재할 공간이 마땅치 않았다. J-8 II는 기수의 공기 흡입구를 제거하면서 공간을 확보할 수 있어 J-8 I보다 큰 레이더 안테나를 탑재했다.

J-8 II는 J-8 I에 비해 추력 중량비와 기동 성능도 개선됐다. 하지만 레이더를 비롯한 전자 장비의 문제점은 여전해 중국은 1987년 8월, 5억 달러에 이르는 미국제 항공 전자 장비 구입 계약을 체결했다. 미국제 전자 장비를 탑재해 성능을 보완하겠다는 계획은 1989년에 천안문 사태가 발생하자 중국에 대한 수출 규제로 취소됐다.

미국과 기술 협력이 좌절되면서 중국은 러시아로 눈을 돌렸다. 중국은 러시아의 파조트론 사가 개발한 주크^{Zhuk}-8 다기능 레이더를 도입할 수 있었다. 주크-8 레이더는 다목표 추적 능력, 하방 탐색 및 공격 능력을 갖추고 있어 J-8 II의 공중전 성능을 크게 향상시켰다.

J-8 II는 공대공 무장으로 주크-8 레이더와 연계해 AA-12, AA-10 등의 중거리 미사일을 운용한다. 대지 공격용 무장으로는 로켓 포드, 일반 폭탄, 활주로 파괴 폭탄 등 다양한 무장도 탑재할 수 있다.

J-8 II는 실전에 사용된 적이 없지만 미 해군기와 충돌하면서 세계 언론의 주목을 받은 적이 있다. 2001년 4월 1일, 전자 정찰 임무를 수행하던 미 해군의 EP-3E 정찰기와 요격 임무를 수행하던 J-8 II가 서로 충돌해 EP-3E가 중국에 불시착하는 사건이 벌어졌다. 불시착한 EP-3E와 승무원들은 협상에 의해 미국으로 돌아갔지만 이때 충돌했던 J-8 II는 해상에 추락했다.

J-8 II는 J-10, J-11 등 신형 전투기가 많아지면서 중국 공군에서의 위상이 점차 낮아

지고 있어, 2020년대에 완전히 퇴역할 것으로 전망된다.

중국의 주력 전투기, J-10

중국 공군은 구 소련 전투기를 대량 생산했다. 그러나 성능이 떨어지는 구형 전투기가 대부분이었다. 신형기 비중을 높이기 위해 중국은 Su-27, Su-30 등을 도입했지만 고성능기로 모든 전투기를 대체하는 것은 쉽지 않은 일이었다. 노후기 문제를 해결하고자 중국은 저가의 신형 전투기를 독자적으로 개발한다는 방침을 세웠다.

이러한 배경 하에 탄생한 J-10 전투기는 처음부터 로우급 전투기를 목표로 했다. 연구는 상당히 오래 전인 1984년부터 시작됐고, 기체 형상과 세부 설계는 1990년대 초에야 본격화됐다. J-10의 초도 비행은 1995년에 이루어졌지만 중국은 1998년 3월 공식적인 성공을 알렸다.

J-10의 외형은 이스라엘이 1980년대에 개발하다가 포기한 라비 전투기와 상당히 유사하다. 라비와 카나드 위치, 조종석 후방 동체, 공기 흡입구가 다르지만 전반적인 공력 형상은 상당히 유사하다. 이것은 J-10 개발 과정에 이스라엘이 참여했기 때문이다. 그러나 이스라엘은 공식적인 개발 참여를 부인하고 있다.

주익에는 기동 성능을 높이기 위해 공중전 플랩이 설치됐고, F-16이나 라비 전투기의 동체 아래에서 볼 수 있는 소형 안정핀도 J-10에 부착됐다. 조종 계통은 전자식 비행 제어를 적용하고 있고 전방 시현 장치와 액정 디스플레이 등 4세대급 전투기 기술이 모두 적용됐다. 레이더는 중국이 자체 개발한 다목적 레이더를 탑재했다.

엔진은 러시아의 Su-27 플랭커 시리즈가 탑재하는 AL-31FN 터보팬 엔진을 단발로 탑재했다. 중국은 동급 엔진으로 WS-10B를 독자 개발하여 J-10C형부터 탑재하고 있다.

J-10은 주익 하단에 여섯 개, 동체 하단에 다섯 개 등 총 11개의 외부 무장 장착대를

중국의 로우급 주력 전투기 J-10

PL-8, PL-12 공대공 유도탄을 탑재한 J-10B

J-10은 중국 공군의 곡예비행대 기종으로도 운용되고 있다.

갖고 있다. 외부 연료 탱크는 주익 안쪽과 동체 중앙에 탑재가 가능하고, 고정 무장으로 동체 내부에 23mm 기총을 장착하고 있다.

공중전 무장으로는 PL-8 단거리 공대공 미사일, PL-11, PL-12 중거리 공대공 미사일 운용이 가능해 상당한 공중전 능력을 발휘할 것으로 보인다. 특히 기동성 측면에서 J-10은 기존 중국제 전투기답지 않은 고기동성을 보일 것으로 예상된다.

중국 공군은 요격기트 플랭커 계열을 운용하기 때문에 J-10을 지상 공격 임무에 많이 활용할 것으로 보인다. J-10은 중국이 새로 개발한 GPS 유도 폭탄, 레이저 유드 폭탄 등 정밀 유도 무기와 대함 미사일, 대 레이더 미사일을 탑재해 중국 공군의 주력기로 상당 기간 사용될 전망이다.

파키스탄과 공동 개발한 중국 경전투기 FC-1

중국이 MiG-21을 기초로 복제한 J-7 전투기는 마하 2급의 경량 전투기로 다양한 임무를 수행할 수 있었다. 그리고 무엇보다도 가격이 저렴해 제3세계 공군으로부터 환영을 받고 있다. 하지만 구형 전투기이기 때문에 서방 측 신형 전투기와 성능 측면에서 경쟁이 되지 못했다.

이러한 점을 잘 알고 있는 중국은 저렴하고 사용하기 편한 J-7의 장점을 이어가면서 보다 성능을 향상시킨 수출형 전투기 개발에 착수했다. 1980년대 중반부터 시작된 신형 전투기의 명칭은 당시에 수퍼 F-7로 불렸으며, 서방 측의 전자 장비를 탑재하기로 계획됐다.

하지만 천안문 사태가 발생하면서 주요 기술 협력국이던 미국이 중국과 계약을 파기하면서 수퍼 F-7 개발 계획은 중단됐다. 한편 신형 전투기 도입이 필요했던 파키스탄은 중국으로부터 F-7MP 전투기를 구매하기도 했다.

중국은 미국과의 수퍼 F-7 개발은 취소했지만 러시아의 협력을 얻어 FC-1이라는

중국의 수출형 전투기 FC-1은 JF-17로도 불리운다.

파키스탄 공군의 곡예비행대에서 운용되는 JF-17

JF-17은 저렴한 가격의 경량 전투기이지만 다목적 운용 능력을 갖추고 있다.

이름으로 수출형 전투기 개발을 지속해 나갔다. FC-1은 1995년 파리에어쇼에서 모형이 전시되면서 서방 측에 처음 공개되었다. 러시아 측은 미그 설계국이 기술적인 지원을 했고, 파키스탄이 개발에 적극적으로 참여했다

외형적으로 FC-1은 J-7의 발전형이라고 볼 수 없을 만큼 대폭 변경됐다. 기수에 위치한 공기흡입구는 동체의 양측면으로 이동해 기수의 공간을 확보할 수 있었다. 확보된 공간에는 J-7과 달리 상대적으로 대형인 중국산 레이더가 탑재된다.

FC-1은 기존의 J-7과 달리 요격 임무뿐만 아니라 공중전 성능도 상당할 것으로 보이고, 특히 비행 성능 향상과 더불어 외부 무장 탑재량이 증가해 J-7 계열보다 뛰어난 대지 공격 능력을 갖게 됐다. 엔진은 추력 8t급의 러시아제 RD-93을 단발로 장착하며, 한때 러시아는 인도와의 관계를 고려해 파키스탄으로 수출되는 FC-1의 엔진 공급을 거부한 적도 있었다.

무장 장착대는 동체 아래에 한 군데, 주익 아래에 두 군데씩 모두 다섯 군데이며, 주익 끝에는 F-5, F-16 등 서방 측 전투기와 유사한 스타일의 단거리 공대공 미사일 발사대를 설치하고 있다. 단거리 공대공 미사일로는 PL-5, PL-8 등 중국산 미사일이 탑재되고, PL-12 중거리 공대공 미사일 운용도 가능하여 기존 J-7 전투기보다는 높은 수준의 공중전 능력을 가질 것으로 보인다. 공대공 미사일 이외에도 일반 폭탄과 공대함 미사일, 로켓탄 포드를 장착할 수 있고, 고정 무장으로는 GSh-23-2 23mm 2열장 기관포를 동체 아래에 장착한다.

중국은 FC-1의 잠재 고객으로, 중국이 수출한 J-6, J-7, Q-5를 보유한 국가 및 노스롭 F-5 시리즈와 닷소 미라지III 계열을 보유한 국가를 대상으로 보고 있다. 파키스탄의 경우에는 FC-1 개발 과정에 참여해 향후 FC-1을 주력 전투기로 운용하고 있고, 명칭도 JF-17로 변경해 부르고 있다.

FC-1의 기체 크기는 미국의 F-16과 비슷하게 보이지만 기동 성능과 전자 장비, 무장을 고려하면 F-16C보다는 성능이 떨어진다. 하지만 FC-1의 장점은 무엇보다도 저렴한 가격이며, 저렴한 가격에 균형 잡힌 성능은 중국과 관계 있는 중소국 공군에 큰 구

매 요인으로 작용할 것으로 예상된다.

중국 플랭커 계열 전투기

중국은 다수의 플랭커 계열 전투기를 운용하고 있는 국가이다. 가장 먼저 배치된 플랭커는 러시아로부터 구매한 Su-27SK/UBK 기종이었다. 1991년부터 배치된 직도입 기체는 2009년에야 배치가 완료되었다. 중국은 직도입과 함께 면허 생산을 병행했다. 중국은 1996년에 200대의 플랭커를 면허 생산하기로 러시아와 계약했지만 2007년까지 104대의 J-11A를 조립했다. 이후 중국은 러시아와 공동 생산 계약을 파기하고, 2013년까지 중국산 부품을 사용한 J-11B를 대량 생산했다.

중국은 J-11의 복좌형 J-11BS를 토대로 다목적 전투기인 J-16도 개발했다. 2015년

- 중국은 플랭커를 복제한 J-11에서 전자전 임무 수행이 가능한 J-16D(사진)까지 발전시켰다.

▬ 중국은 플랭커 계열 중에서 가장 고성능인 Su-35S를 보유하고 있다.

부터 배치되기 시작한 J-16은 전자주사 레이더를 갖춘 고성능 기체로, 전자전 임무를 수행할 수 있는 J-16D형으로도 발전했다. 이밖에 중국은 가장 고성능인 Su-35를 공군이, Su-30MKK, Su-30MK2를 해군이 도입했고, 항공모함 탑재용으로 J-15 함재기를 개발한 바 있다.

J-20 스텔스 전투기

중국은 J-XX로 알려졌던 스텔스 전투기도 개발했다. 2011년에 공개된 J-20은 청두 항공사가 개발한 고성능 전투기로, 스텔스 형상과 내부 무기고를 갖추고 있다.

J-20의 전반적인 형상은 러시아의 미그가 설계한 MiG-1.44와 유사하다. 기체 전방에는 대형 카나드가 있고, 공기 흡입구는 기체 측면에 있다. 공기 흡입구는 신형기답게

━ 중국 최초의 스텔스 전투기 J-20

━ 단거리용 PL-10, 장거리용 PL-15 공대공 미사일을 동체 내부에 탑재한 J-20 전투기

DSI^{Diverterless Supersonic Inlet}: 디버터가 없는 초음속 공기 흡입구 설계 기술을 적용했다.

스텔스 성능을 고려하여 동체 내부에 무장을 장착하며, 날개의 앞전과 뒷전 각도를 통일했다. 수직 미익은 기존 기체에 비해 작게 만들고, 러시아의 Su-57과 마찬가지로 전체가 움직이는 방식으로 설계했다.

중국이 만든 최초의 스텔스 전투기인 J-20은 2017년부터 배치되기 시작했으며, 지속적인 성능 향상과 대량 생산을 통해 향후 주변국에 심각한 위협이 될 것으로 보인다.

05 미국 폭격기

세계 최장기 운용 군용기, B-52

B-52는 '세계 최장기 운용 군용기'로 기네스에 기록된 폭격기다. 1955년에 실전 배치된 이래로 50여 년이 넘도록 미 공군의 주력 폭격기 자리를 차지하고 있는 B-52는 끊임없는 개량을 통해 앞으로도 장기간 운용될 전망이다.

이러한 B-52의 탄생은 1940년대로 거슬러 올라간다. 제2차 세계대전 당시 원자폭탄을 투하하여 전쟁을 승리로 이끈 B-29 폭격기는 미국 장거리 전략 폭격기의 원조였다. 미국은 B-29의 후속 기종으로 보다 긴 항속 거리와 탑재량을 갖춘 초대형 전략 폭격기 B-36 피스메이커를 개발했다. 하지만 B-36은 왕복 엔진 여섯 기와 제트 엔진 두 기를 함께 사용하는 과도기적 성격의 폭격기였다.

당시 미 공군은 향후 항공기 엔진으로 제트 엔진이 대세가 될 것을 예상하고, 제트 엔진을 본격적으로 사용하는 장거리 폭격기 개발 계획을 수립한다. B-36 이후 제트 추진 폭격기로는 B-47이 개발됐지만, B-47은 항속 거리와 무장 탑재량이 부족했다. 미 공군이 추구한 차세대 전략 제트 폭격기 계획에 맞춰 보잉은 1946년에 신형기 개발안을 미 공군에 제시했고, 이후 8년에 걸친 개발 끝에 드디어 YB-52 폭격기가 1952년 4월에 등장했다.

B-52는 1950년대부터 70여 년이 지난 지금까지 운용된 만큼 다양한 파생형이 존재한다. A형부터 시작되는 B-52 파생형은 B-52J형이 최종형이다. 다만 B-52J는 2021년에 엔진 성능 개량F130이 결정된 기종으로, 2020년대 말까지는 B-52H가 최신형이 된다. B-52H는 기존 B-52G형의 엔진을 터보제트 엔진에서 터보팬 엔진으로 교체한 것이 특징이다.

B-52는 폭격기답게 대량의 무장 탑재 능력을 보인다. 무장은 최대 7만lb3만 1,750㎏ 이상 탑재가 가능하고, 핵탄두부터 기뢰까지 미 공군이 사용하는 대부분의 무장 운용이 가능하다. 무장별 탑재량을 정리하면, 500lb 폭탄은 51발, 1,000lb 폭탄은 30발, 2,000lb 폭탄 20발, 핵탄두 미사일 AGM-129는 열두 발, AGM-86 순항 미사일은 20발, 자유 낙하식 핵폭탄은 여덟 발에 첨단 무장인 AGM-183 극초음속 미사일까지 탑재가 가능하다.

현재 운용 중인 B-52H 72대는 1960년대에 운용되던 B-52H와 외형만 같을 뿐 내부는 전혀 새로운 기종이라고 할 수 있다. 신형 B-52H는 현대전에 적합한 각종 공격, 항법 장비와 통신장비, 센서, 데이터링크, 데이터버스, 전자전/방어 체계를 갖추고 있어 향후 등장하게 될 무장까지 운용이 가능한 첨단 폭격기로 개량됐다. 수명 연장 프로그램도 지속적으로 연구되고 있어 보잉사는 B-52가 2050년까지 비행이 가능할 것으로 예상하고 있다.

미 공군에게 있어 B-52는 초음속 폭격기 B-1, 스텔스 폭격기 B-2가 실전 배치되었음에도 불구하고 퇴역시킬 수 없는 중요한 전력이다. 장기간 운용으로 입증된 신뢰성은 B-52의 장점이었고, B-52의 막대한 무장 탑재 능력과 장거리 항속 능력은 신형 폭격기들이 쉽게 대체할 수 없는 가치였다.

70년이 넘는 세월 동안 실제 할아버지, 아버지와 아들이 3대에 걸쳐 조종한 B-52 폭격기는 거듭된 개량을 통해 앞으로 4대에 걸쳐 손자가 조종하게 되는 전설의 노장 폭격기가 될지도 모른다.

개발 초기에 직렬형 조종석으로 설계되었던 YB-52 폭격기 시제기

Mk.117 750파운드 폭탄을 투하하고 있는 B-52F

현용 B-52H 폭격기는 엔진을 포함한 성능 개량을 통해 B-52J로 재명명될 예정이다.

가변익 초음속 전략 폭격기, B-1 랜서

B-1 폭격기는 B-52를 대체하기 위해 1969년부터 개발이 시작된 전략 폭격기다. 1호기는 1974년 12월 최초 비행에 성공했지만 카터 정권에 의해 1977년 6월에 개발이 전면 취소됐다. 대량 생산이 시작되기도 전에 개발 취소로 B-1이라는 이름은 역사 속에 묻힐 뻔했다. 하지만 레이건 정권이 B-1 폭격기의 부활을 결정해 지금의 B-1 폭격기가 탄생하게 됐다.

1980년대에 양산된 B-1B형은 1970년대에 시제기만 제작됐던 B-1A형과 차이가 있다. 가장 큰 차이점은 최대 속도와 스텔스 성능이다. B-1B는 스텔스 성능을 개선하기 위해 B-1A의 초음속 성능을 희생했다. B-1A의 공기 흡입구는 마하 2급의 고속 침투 성능을 얻기 위해 가변식으로 설계됐다. 반면 B-1B는 이를 고정식으로 바꾸고, 엔진 팬 블레이드가 정면에서 보이지 않도록 설계해 레이더 반사 단면적^{RCS}을 감소시킬 수 있었다. 스텔스 관점에서 재설계가 이루어진 덕분에 B-1B는 B-1A에 비해 레이더 반사 단면적을 10분 1 이하로 줄일 수 있었다.

1991년에 발생한 걸프전에 미군 작전기는 대부분 참가했지만 주력기 중에서 유일하게 B-1B는 투입되지 않았다. 이 때문에 일부에서는 B-1의 성능을 비판하기도 했지만 걸프전 당시까지 B-1은 전술 폭격 훈련을 실시한 적이 없어 갑자기 참전할 수는 없었다.

1991년 9월, 냉전 해체에 따른 핵 공격 태세 변화에 따라 B-1은 일반 폭격 임무 수행도 가능하게 됐다. 일반 폭격 임무에서 B-1B는 세 개의 폭탄창에 500lb 일반 폭탄을 각 28발씩 총 84발을 탑재할 수 있다. 동체 하부에도 추가로 44발 탑재가 가능하기 때문에 B-1B의 500lb 폭탄 최대 탑재량은 무려 123발에 달한다. 2,000lb 폭탄은 각 폭탄창에 여덟 발, 외부에 열네 발 등 총 38발을 탑재할 수 있어 무려 34t의 폭탄 탑재량을 보인다. 이는 B-52가 베트남전 당시 폭탄 108발 27t의 무장을 탑재한 것보다 우수한 탑재 능력이다.

1977년에 개발이 취소된 B-1A

1981년 레이건 행정부는 개발이 취소된 B-1A를 B-1B로 다시 재탄생시켰다.

B-1B는 최대 속도가 감소하였지만 스텔스 성능 향상으로 생존성이 강화되었다.

뿐만 아니라 B-1은 일반 폭격 임무에서 B-52보다 낮게 비행할 수 있고, 저고도 비행 시 기동성이나 탑승감 등도 B-52보다 우수하다. B-1B는 일반 폭격 임무를 수행할 때, 과거의 중폭격기처럼 고고도에서 편대 비행으로 폭탄을 투하하지 않고, 단기로 초저고도를 침투해 폭탄을 투하한다.

저고도 진입시 고도는 60~100m에 불과하며, 시속 920km의 속도로 비행한다. 비행 고도를 약간 높이면 시속 1,000km 이상, 단시간이면 초저고도에서 음속 돌파도 가능하다. 초저고도 비행 시 지형에 따른 고도와 속도는 자동으로 조절된다.

원래 B-1은 240대를 생산해 B-52를 대체할 계획이었지만 후속 기종이 B-2로 결정되면서 100대를 끝으로 생산이 종료됐다. B-1 폭격기는 B-2 스텔스 폭격기가 충분한 수량이 생산되지 못했기 때문에 향후에도 지속 운용되다가 2025년부터 신형 B-21 폭격기와 교체되면서 2030년대 중반에는 모두 퇴역할 전망이다.

현존 최고의 스텔스 폭격기, B-2

B-2는 구 소련의 방공망을 안전하게 뚫고 비행하기 위해 처음부터 제대로 스텔스 성능을 갖춘 폭격기로 개발됐다. 초저공 고속 침투를 전문으로 하는 B-1 폭격기에도 스텔스 기술이 적용됐지만 엄중히 방호된 구 소련의 방공망을 뚫기에는 한계가 있었다.

미국은 초저공 고속 침투보다는 우수한 스텔스 폭격기를 개발해 고공을 은밀히 침투하는 것이 안전하다고 결론을 냈다. 이러한 전술 변화의 일환으로 미 공군은 1980년부터 극비리에 스텔스 폭격기 개발을 시작했다. 높은 보안 수준으로 일반인에게 베일에 싸여 있던 B-2 폭격기는 1988년 11월에 캘리포니아 팜데일 공장에서 처음으로 언론에 공개됐다. 출고 행사에는 소수의 관계자와 언론인이 초청되었지만 뉴스는 세계를 떠들썩하게 만들었다.

미 공군은 당초 B-2를 165대 양산할 구상이었지만 의회가 비용 문제로 B-2의 양산

■ 처음부터 스텔스기로 설계된 B-2 폭격기

■ 미익이 없는 전익기 형태의 B-2는 매우 우수한 스텔스 성능을 보인다.

을 반대해 생산 계획은 134대에서 76대로 축소됐다. 그리고 최종적으로 생산된 항공기는 결국 21대(테스트용 포함)에 불과했다.

B-2A는 1989년 7월에 초도 비행에 성공했고 1993년 12월 화이트맨 공군 기지의 제509 폭격 비행단에 양산 1호기가 처음 배치됐다. 1995년부터 작전 능력을 갖추었기 때문에 1996년 이후에 이라크에서 벌어진 '데저트 스트라이크' 작전이나 1998년의 '데저트 썬더/데저트 폭스' 작전에 투입은 가능했지만 B-2는 투입되지 않았다. 이들 작전에서 실제 스텔스 공격은 쿠웨이트의 아마드 알 자벨 기지에 전개된 10대의 F-117A가 담당했다.

B-2A의 최초 실전 참가는 1999년 3월 2일부터 개시된 '얼라이드 포스' 작전이었다. 화이트맨 공군 기지를 이륙한 두 대의 B-2A는 십여 시간에 걸친 비행으로 유고슬라비아 상공에 도달해 16발의 GBU-31/B 2,000lb급 합동 직격탄(JDAM)을 투하했다. 개전 첫날 공격에는 B-2A 외에도 F-117A와 토마호크 순항 미사일 등이 사용됐고 기습은 성공적이었다.

개전 후 45일째인 5월 7일, 베오그라드를 폭격한 B-2는 지정된 좌표에 다섯 발의 합동 직격탄을 투하했다. 그러나 명중된 곳은 세르비아의 전략 목표가 아닌 중국 대사관이었다. 중국 대사관 폭격으로 사상자가 네 명 발생했고, 중국 측은 이에 대해 크게 항의했다. 중국 측은 NATO에 즉각 공격 정지를 요청했지만 폭격 작전은 6월 1일까지 계속됐다. 미국 측은 대사관 건물을 유고슬라비아군의 무기 조달청으로 오인해 폭격했다고 해명하고, 중국 측에 배상금을 지불했다. 미국 측의 이 정밀한 오폭은 핀 포인트 신화를 붕괴시켰다고도 볼 수 있지만 미국이 일부러 중국 대사관을 폭격했다는 일부의 주장도 있다.

'얼라이드 포스' 작전 이후 B-2A는 아프가니스탄의 '엔듀어링 프리덤' 작전에서도 스텔스 공격 임무를 수행했다. 화이트맨 공군 기지에서 아프가니스탄 수도 카불까지는 직선 거리로도 1만 1,670km 이상이었다. 이 정도의 장거리 공격 임무를 수행하기 위해서는 왕복 40시간이 넘는 비행이 필요했고, 44시간 이상 걸리는 최장 시간 임무 기록도

Mk.82 47발을 투하하는 B-2 폭격기

있었다.

　냉전 시대에 개발된 B-2는 여러 실전 사례에서 활용도를 입증했지만 20대에 불과한 소수 운용과 비용 문제 때문에 후계 기종인 B-21이 2032년까지 완전히 대체할 예정이다.

미국 폭격기의 미래, B-21

　2011년에 사업 계획이 수립되어 2015년부터 개발에 착수한 B-21 폭격기는 2023년

올해 첫 비행을 앞두고 있는 최신 스텔스 전략 폭격기이다.

2022년 대중에게 처음 공개된 B-21 폭격기는 기존 B-2와 유사한 형상이지만 크기는 좀 더 작고, 항속 거리는 오히려 더 길 것으로 보도되었다. B-21의 스텔스 성능과 공기역학적인 성능은 기존 B-2보다 향상되었을 것으로 예상된다.

하지만 주목해야 할 것은 향후 B-21이 수행하게 될 임무와 가치이다. 과거 B-52부터 B-2까지 미국의 전략 폭격기들은 세부적으로 차이는 있지만 기본적으로 대량의 무장 운반을 통해 지표의 표적을 파괴하는 임무를 수행하였다. B-21은 이러한 폭격기 본연의 임무를 초월하여 향후 장거리 센서-슈터 역할을 수행하게 될 것으로 보인다.

예컨대, B-21은 기체에 내장된 다수의 배열 안테나와 센서를 통해 정찰기와 같이 전장 정보를 광범위하게 수집하면서 기존 전자전기나 대공 제압기처럼 공격 임무까지 수행할 수 있을 것이다. 또한 적 종심에 침투하여 E-3, E-8과 같은 전장 통제 역할까지 일부 수행할 수도 있을 것이다. 무엇보다 놀라운 것은 B-21은 장거리 공대공 미사일 또

- 2022년에 처음 대중에 공개된 B-21 폭격기

▬ B-21은 B-2보다 크기가 작지만 항속거리는 더 길다.

▬ B-21은 향후 6세대 전투기와 함께 미 공군의 중추 전력이 될 전망이다.

는 지향성 에너지 무기를 탑재하여 적 전투기 대응 능력까지 갖추게 될 것이라는 점이다. 이러한 능력들은 전장에서 기존 전략 폭격기의 가치를 초월하는 것들이다.

2027부터 전력화가 시작될 B-21은 향후 미국 폭격기의 미래가 될 것이다. 미국은 B-52 개발 이후 후속 기종으로 B-1, B-2를 각각 순차적으로 개발했지만 그 어느 기종도 앞서 운용된 폭격기를 완전히 대체하지 못했다. 미 공군은 B-21을 B-52뿐만 아니라 B-1, B-2까지 순차적으로 모두 대체할 계획어어서 향후 B-21은 6세대 전트기와 함께 장기간 미 공군의 중추 전력으로 자리잡게 될 전망이다.

06
주요국 항공 통제기

미 공군 E-3 센트리 항공 통제기

원활한 방공 임무를 수행하기 위해서는 위협의 원거리 조기 탐지가 필수적이다. 이를 위해 각국은 지상에 레이더 사이트를 설치하여 자국의 영공을 감시하고 있다. 그러나 지상에 배치된 레이더는 탐지 범위에 한계가 있다. 레이더 전파는 직진성을 지니기 때문에 높은 지형 후방에 위치한 표적은 탐지할 수 없고, 지구가 둥글기 때문에 수평선 너머에 위치한 표적도 탐지가 곤란하다.

이러한 레이더 불포착 지역을 감소시키기 위해서는 레이더를 최대한 높은 곳에 설치해야 한다. 일반적인 레이더 사이트가 높은 산 정상에 위치한 이유도 바로 이 때문이다. 하지만 아무리 높은 산에 레이더 사이트를 위치시킨다 해도 산 높이에는 한계가 있다. 항공 통제기는 이 지형 한계를 극복하고자 아예 고고도를 비행하는 항공기에 장거리 레이더를 탑재한 개념이다.

항공 통제기의 역사는 상당히 오랜 편이지만 일반 대중에게까지 알려진 것은 걸프전 때부터였다. 각종 첨단 무기의 전시장 역할을 했던 걸프전에서 미 공군 E-3 항공 통제기는 일명 AWACS Airborne Warning and Control System라는 이름으로 매스컴을 통해 널리 알려지

— 대표적인 항공통제기 E-3 센트리

— 1분에 6회 회전하며 공중 표적을 탐지하는 로토돔 레이더 안테나

― 영국 공군 E-3D AWACS

기도 했다.

　AWACS는 공중 조기 경보 통제기로도 번역되지만 E-3 기종의 고유 명칭이다. 따라서 일반적인 공중 조기 경보 통제기는 영어로 AEW&C$^{Airborne\ Early\ Warning\ \&\ Control}$라고 하는 것이 정확한 표현이다.

　걸프전 기간 E-3는 총 400회 이상의 비행을 실시했고, 한번 비행에서 통상 16~18시간 체공하며 임무를 지속했다. E-3는 3,000 소티에 걸쳐 주야간 매일 항공기 통제 임무를 실시했고, E-3의 통제 덕분에 연합군 간의 공대공 교전은 단 한 건도 발생하지 않았다. 뿐만 아니라 연합군 전투기는 걸프전 기간 이라크군 항공기를 103대 격추했는데, 이는 항공 통제기의 원활한 통제 덕분에 가능했던 것으로 알려지고 있다.

　이제 미국의 항공 작전에서 빼놓을 수 없는 중요한 자산 중 하나가 되어버린 E-3의 탄생은 1970년대로 거슬러 올라간다. 프로펠러 왕복 엔진을 장착한 항공 통제기 EC-121을 베트남전까지 사용한 미 공군은 EC-121의 후속 기종으로 터보제트 엔진을 탑재한 여객기를 고려했다. 미 공군의 요구에 응한 항공기 제작사는 두 곳이었으며, 당시 맥도넬 더글러스가 DC-8-63 기종을, 보잉이 B707-320B 여객기를 토대로 한 AWACS형을 제안했다.

미 공군은 보잉과 1970년에 AWACS 개발에 대한 계약을 맺고 개발에 착수했다. 기체보다 중요한 레이더 시스템은 웨스팅하우스의 AN/APY-1 기종이 결정됐다. 순조롭게 개발을 마친 E-3는 1978년부터 전력화되어 미국의 모든 항공 작전을 지원하고 있다.

E-3는 동체 위에 로토돔이라 불리우는 원반 모양의 레이더 안테나를 탑재하여 다른 항공기와 외형상 쉽게 구분된다. 서서히 회전하는 이 로토돔 덕분에 E-3는 저고도 표적에 대해서 최소 400km 이상의 탐지 거리를 가지며, 중고고도 표적에 대해서는 좀 더 먼 거리에서 탐지가 가능하다. 그리고 탐지 범위 안의 600개 표적을 탐지하여 그 중 200개 표적에 대한 식별과 추적이 가능한 성능을 갖고 있다.

이러한 우수한 성능 덕분에 E-3는 미국 외에도 NATO 국가가 다수를 운용하고 있으며, 사우디아라비아, 영국, 프랑스 등에 수출되어 서방 측의 대표적인 공중 조기 경보 통제기가 되었다.

향후 미 공군은 E-3를 E-7으로 2027년부터 대체할 계획이다. 가장 대표적인 항공통제기로 명성이 높았던 E-3는 2030년대에 점진적으로 퇴역할 예정이어서 점진적으로 E-7이 E-3의 위상을 차지하게 될 것으로 전망된다.

미 해군 E-2 호크아이

E-2 호크아이 조기경보기는 처음부터 공중 조기 경보를 목적으로 개발된 유일한 항공기다. 널리 알려진 E-3 AWACS, E-737, E-767 A-50 등 다른 조기경보기는 기존에 개발된 여객기나 수송기 플랫폼에 대형 레이더를 탑재하는 개조를 거쳐 탄생했다. 반

면 E-2 호크아이는 처음부터 미 해군의 항공모함 운용 사양에 맞춰 개발됐다는 것이 다른 조기경보기와의 차이점이다.

최초의 항공모함 탑재 공중 조기경보기 역사는 제2차 세계대전으로 거슬러 올라간다. 미 해군은 1943년에 프로젝트명 캐딜락 I 계획에 따라 TBM-3W 어벤저를 개발해 항모용 공중 조기경보기로 활용했다. 이 프로젝트는 미 항모에 대한 일본의 카미카제 공격을 조기에 경보하기 위해 추진됐다. 이후 PB-1W나 TF-1W^{WF-2}가 항공모함 방공을 위해 사용됐지만 성과는 크지 않았다.

미 해군은 해상 공중 위협에 대한 탐지 능력 강화의 필요성을 절감하고, 1955년에 차세대 공중 조기경보기에 대한 요구 사항을 발표했다. 이 요구 사항에는 탐지 범위를 확대하고, 우수한 항속 능력을 가지며, 공중 전술 자료 처리 시스템도 탑재할 수 있는 능력이 포함되어 있었다. 그리고 협소한 항공모함 환경을 고려하여 폭이 좁은 승강기나 천장이 낮은 항공모함 격납고에서도 운용이 가능할 것을 명시하고 있었다.

새로운 신형 조기경보기 개발에 가장 적극적인 제작사는 전통적으로 미 해군에 함재기를 공급한 그루먼이었다. 그루먼은 이미 최초의 조기경보기부터 E-1 트레이서까지 미 해군용 조기경보기를 납품한 실적을 갖고 있었다. 신형 조기경보기의 제작사는 그루먼으로 1959년에 최종 결정되어 E-2 호크아이 개발이 시작됐다.

초기형인 E-2A는 1964년부터 일선 항공모함에 배치됐다. 1965년부터는 베트남 전쟁에 투입되어 실전에서의 평가를 받기도 했다. 통킹만의 무더운 날씨 때문에 E-2A의 전자 장비는 잦은 고장을 일으켰고, 1967년부터는 신뢰성이 향상된 E-2B 사양으로 개량되었다.

1971년부터 2010년대까지 장기간에 걸쳐 운용된 호크아이는 E-2C형이다. E-2C는 AN/APS-145 레이더를 탑재하고 있다. 이 레이더를 통해 E-2C는 수평선 너머의 표적을 560km까지 탐지할 수 있다. 그리고 약 2,000개 이상의 목표를 자동으로 탐지 추적하며, 40개 이상의 목표를 동시에 요격 관제할 수 있는 성능을 보인다.

처음 배치되자마자 베트남전에서 성과를 거두었던 E-2 호크아이는 이후 미 해군이

- 미 해군의 최신형 항공통제기 E-2D 어드밴스드 호크아이

- 가장 오랜 기간 운용된 E-2C 호크아이

— 타이완 공군이 운용하는 E-2K 호크아이

개입한 모든 항공전에 투입됐다. 1986년에는 리비아 공격을 위한 엘도라도 캐년 작전에서 F-14 전투기의 전투 공중 초계를 지원했고, 걸프전과 코소보전, 이라크전에서도 수많은 미 해군의 공습작전을 통제했다. 이스라엘에 수출된 E-2C는 1982년 베카 계곡 전투에 투입돼 이스라엘 공군의 일방적인 격추에 핵심적인 역할을 수행하기도 했다.

2010년대부터 E-2C 호크아이는 E-2D 어드밴스드 호크아이로 진화했다. E-2D형은 시대 흐름에 맞게 능동 전자주사 배열 방식인 AN/APY-9 신형 레이더와 새로운 엔진, 각종 신형 항공 전자 장비를 갖추고 있다. E-2 호크아이는 처음 개발이 시작된 지 반세기가 넘었지만 지속적으로 개량되고 있어 향후 21세기에도 미 해군 항모 기동 부대의 눈 역할을 수행하게 될 것으로 전망된다.

미 공군 E-8 조인트스타즈

E-8은 하늘에서 전장을 손금보듯이 내려다볼 수 있는 무기 체계다. E-8은 합동 감시 표적 공격 레이더 체계를 의미하는 J-STARS Joint Surveillance Target Attack Radar System 또는 조인트스타즈로 흔히 알려져 있기도 하다.

지상 전장 감시를 위해 노스롭 그루먼 사가 특별히 개조한 E-8의 원형은 보잉 707 여객기다. E-8은 넉넉한 내부 공간에 승무원 공간을 확보하고, 동체 아래에 카누 형태의 특수 레이더를 설치해 250km 밖에 떨어져 있는 지상 표적들을 추적하고 식별해 낼 수 있다.

최초의 E-8 개발 계획은 1983년부터 시작됐고, 1987년부터는 보잉 707 개조 작업을 시작해 1988년 12월에 초도 비행을 마쳤다.

E-8은 지상의 건물이나 다리 또는 지상 장애물의 정확한 위치를 영상으로 나타낼 수

- 비행 중인 E-8C 조인트스타즈

— 기수 동체 아래에 카누 모양으로 튀어나온 것이 지상 감시용 특수 레이더이다.

있다. E-8의 기본적인 임무는 전방에 있는 위협 요소들을 지상 지휘관들이 사전에 파악할 수 있게 하는 것이다. 또한 지상 지휘관에게 실시간에 가까운 영상 정보나 자료를 전송해 전장에 대한 상황 판단을 지원하고, 아군 조종사에게 필요한 정보를 제공하는 임무를 수행한다. E-8에는 지상군뿐만 아니라 항공 전력의 원활한 통제와 연합 작전을 위해 미 육군과 미 공군 소속의 승무원이 함께 탑승한다.

E-8은 11시간 동안 전장에 체공하며 임무 수행이 가능하고, 공중 급유를 받으면 최대 29시간까지 임무 수행이 가능하다. 장기 체공 임무를 위한 표준 승무원 수는 21명이나, 추가 임무가 부여되면 최대 34명까지 탑승할 수 있다.

E-8은 이동 표적 지시 기능을 가진 합성 개구 레이더SAR : Synthetic Aperture Radar를 탑재하고 있다. 레이더로 포착된 지상 목표물은 데이터링크를 통해 외부로 전송된다. 전장 관리는 기내의 조작사가 18개 콘솔을 통해 조작한다. E-8은 다수의 워크스테이션과 고성

능 통신 장비를 보유해 공중 지휘소 역할까지 수행이 가능하다. 하늘에 떠다니는 공중 지휘소인 만큼 수집된 전장 자료가 바로 외부로 전송되는 것은 아니고 기내에서 데이터를 융합해 분석 처리한 후 데이터링크로 전달한다. 또한 수집된 정보를 바탕으로 지휘관과 조작사는 우선 순위가 높은 표적을 공격하기 위해 미사일, 항공기 등을 효과적으로 직접 할당 및 지정할 수 있다.

E-8의 첫 데뷔 무대는 걸프전이었다. 걸프전에는 2대의 E-8A형이 사우디아라비아에 전개해 49소티(530시간)를 비행했다. 당시 E-8은 개발 단계에 있어 미군의 정식 무기 체계에는 포함되지 않은 상태였다. 걸프전에서 E-8은 이라크 지상군의 대규모 움직임을 거의 실시간으로 모니터링할 수 있었으며, 모니터링 정보는 지휘 통제뿐만 아니라 아군의 오인 사격을 방지하는 데도 매우 유효했다. 특히 E-8은 이라크 지상군의 이동 상황뿐만 아니라 이동형 스커드 발사대에 대한 아군의 공중 공격을 지원하는 임무를 수행하면서 높은 가치를 인정받았다.

항공 사진에 지상 이동 표적을 크시한 E-8 내부 콘솔 영상

보스니아에서는 E-8A 두 대와 E-8C 한 대가 조인트 엔데버I 작전에 참가하여 협약 준수 여부 감시, 영국군, 프랑스군 및 미군에 대한 직접 지원 임무를 수행했다. 또한 후속 작전에서도 E-8C 두 대가 공중 공격 지원을 위한 감시 및 추적 임무를 수행하는 등 미군의 핵심 무기 체계로 사용됐다.

E-8 조인트스타즈는 여러 전장에서 활약하면서 그 가치를 입증했지만 기술 발전에 따라 위성, 지상 레이더 네트워크, E-7과 같은 타 항공기의 센서를 사용하여 임무 대체가 가능해졌다. 이에 따라 E-8은 2024년까지 모두 도태되어 역사 속으로 사라지게 될 전망이다.

러시아 A-50 메인스테이

세계 항공 통제기 시장은 미국이 거의 독점하고 있는 양상이다. 서방 측에서는 이스라엘과 스웨덴이 일부 기종으로 경쟁하고 있지만 독자 개발 플랫폼이 부족해 한계가 존재한다. 그러한 측면에서 미국과 경쟁이 가능한 국가는 러시아라고 할 수 있다. 러시아는 베리에프 설계국이 설계한 A-50 메인스테이Mainstay와 개량형 A-50U 공중 조기경보기로 미국과 경쟁하고 있다.

러시아가 항공 통제기에 관심을 갖게 된 것은 1950년대 구 소련 시절부터다. 1960년에는 Tu-114를 개조한 Tu-126 조기 경보 통제기 개발을 시작해 서방 측에 포착된 적이 있다. 나토가 코드명 모스Moss로 명명한 Tu-126은 실전 능력을 평가하기 위해 1971년 인도-파키스탄 전쟁에 참가하여 인도 공군을 지원하기도 했다.

Tu-126의 후속 기종이 바로 A-50이다. A-50은 Il-76 수송기를 기반으로 탄생한 공중 조기경보기다. A-50 초기형에 탑재된 전자 장비는 중량이 매우 무거워 항공기에 연료를 가득 채울 수 없었다. 승무원은 15명이 탑승하지만 Tu-126에도 있었던 화장실, 휴게 공간을 없애 근무 환경이 열악하다는 단점이 있었다.

러시아 공군의 A-50U 항공통제기

인도 공군도 운용하는 A-50EI 메인스테이

러시아 공군은 향후 A-100 항공통제기를 운용하게 될 것이다.

A-50에 탑재된 쉬멜Shmel 레이더는 S-밴드2-3GHz 대역의 주파수를 사용한다. 동체 위에 위치한 원반형 안테나는 분당 6회전의 속도로 서서히 회전하며, 무선 통신과 디지털 데이터링크를 이용해 전투기를 통제한다.

쉬멜 초기형은 과부하와 신뢰성에 문제가 있었지만 쉬멜-2에서는 이러한 문제를 극복했다. 러시아 측은 쉬멜-2 레이더가 미국의 E-3 공중 조기 경보 통제기에 탑재된 레이더와 성능 면에서 유사하다고 주장한다. 수출형 쉬멜-2는 동시에 10~30대의 전투기에 대한 통제가 가능하다.

러시아의 A-50은 걸프전 당시 직접 개입하지는 않았으나 흑해 상공을 교대로 비행하며 튀르키예 기지로부터 발진하는 전투기와 해상 선박, 순항 미사일을 감시하는 임무를 수행했다. 임무 종료 후 러시아 측 자체 평가에 의하면 A-50은 서방 측의 E-3와 비교해 탐지 거리와 처리 능력이 부족하지만 하방 탐색 능력과 인공위성을 이용한 정보 전송에 우위가 있다고 평가했다.

A-50의 운용국은 러시아 공군을 제외하고 인도가 유일하다. 쉬멜을 탑재하지는 않았지만 Il-76 플랫폼을 이용한 조기 경보기는 이라크와 중국에서 개발됐다. 이라크는 1980년대에 Il-76MD를 개조해 프랑스의 타이거 G 감시 레이더를 탑재한 공중 조기 경보기를 개발했다.

중국은 이스라엘의 도움으로 공중 조기 경보기를 개발하려 했지만 미국의 압력으로 계획이 무산됐다. 하지만 러시아로부터 도입한 Il-76MD 플랫폼에 자체 개발한 위상 배열 레이더를 탑재해 KJ-2000이라는 이름으로 운용하고 있다.

러시아는 A-50의 기존 레이더를 신형으로 교체하고, 화장실, 휴게 공간을 갖춘 A-50U를 2010년대에 생산했다. 그리고 탐색 능력이 크게 향상된 능동 전자주사 배열 레이더 탑재형 A-100 항공 통제기를 개발하여 2020년대 중반부터 기존 A-50을 점진적으로 교체해 나갈 계획이다.

07
주요국 공격기

F-117 스텔스 공격기

　1991년, 걸프전을 통해 세상에 널리 알려진 F-117 스텔스기는 1970년대부터 개발이 시작됐다. 미국이 스텔스기 개발의 필요성을 절감한 것은 베트남 전쟁에서 북베트남군의 지대공 미사일에 의해 많은 피해를 입으면서부터다. 1973년 제4차 중동전에서 소련의 신형 지대공 미사일에 의해 이스라엘 공군이 겪었던 피해 역시 스텔스기 개발에 중요한 계기가 됐다. 이러한 배경 하에 미 국방부는 국방고등연구국DARPA을 통해 록히드 사와 노스롭 사에 스텔스기 개발을 지시했다.

　록히드가 제작한 스텔스 시제기 해브블루는 1977년 12월 1일 최초 비행에 성공했지만 1978년 5월 4일에 사고로 손실됐다. F-117은 이 시제기를 바탕으로 실제 공격 임무를 수행할 수 있도록 내부 무장과 센서를 탑재하고, 기체를 전반적으로 확대한 기종이다. 극비리에 개발된 F-117은 외부 언론에 노출되지 않고 존재를 계속 숨길 수 있었으나, 1988년에 미 국방부는 F-117 사진 한 장을 공개하면서 공식적으로 세상에 알려졌다.

　F-117A는 1991년 걸프전에서 세계적으로 유명해졌지만 1년 앞서 파나마어 투입되

었던 첫 실전 사례는 잘 알려져 있지 않다. F-117A의 첫 실전 투입은 총 여섯 대가 투입되었고, 그중 폭탄을 실제로 투하한 기체는 두 대였다. 토노파 기지를 이륙한 여섯 대가 공중 급유를 받으면서 향한 곳은 파나마의 수도 파나마시티와 중부에 있는 리오하트였다. F-117A 제1편대의 두 대는 리오하트에 있는 파나마군 보병 부대 막사를 공격했다. 레이더에 탐지되지 않고 리오하트에 접근한 F-117은 각각 한 발씩 2,000lb 폭탄을 막사와 가까운 거리에 명중시켰다. F-117의 폭격은 악천후와 통신 착오로 인해 완벽한 것은 아니었으나 스텔스기에 의한 기습이 효과적임을 나타낸 최초의 사례가 됐다.

다음 해인 1990년 8월 2일, 이라크가 쿠웨이트를 침공하자 미국을 필두로 하는 다국적군이 대 이라크전의 준비를 시작했다. 다국적군 항공기에 F-117이 포함된 것을 이라크도 알고 있었으므로 미국은 파나마 경우처럼 완전한 기습은 불가능하다고 생각했다. 그러나 이라크군의 방공 시스템은 전혀 F-117을 탐지할 수 없었고, 바그다드에 있는 대통령 관저와 바트당 본부, 이라크군 사령부, 이라크 및 쿠웨이트의 지휘 통신 시설은 F-117에 의한 기습 공격을 당했다.

1991년 1월 16일 23시, 카미스 무샤이드 기지를 출격한 F-117 36대는 저고도로 침입하여 공격을 실시하고, 고고도로 귀환하는 비행을 실시했다. F-117이 바그다드 상공에 도달했을 때 등화관제는 실시되지 않았고, F-117은 기수에 장비된 센서로 목표 건물을 조준해 레이저 유도 폭탄을 목표에 명중시킬 수 있었다. 최초로 공격당한 시설은 미국이 과거 AT&T 사옥으로 사용했고, 이라크군이 접수한 후에 통신 시설로 사용되고 있던 건물이었다. 이 AT&T 빌딩에 폭탄이 명중되는 영상은 TV를 통해 널리 방송되었고, 스텔스와 스마트 무기라는 최첨단 군사기술을 세계인의 머릿속에 각인시켰.

중추적인 지휘 시설이 무력화되어 이라크군은 효과적인 반격도 못해본 채 결국 정전에 응했다. 만약 F-117 스텔스기에 의한 개전 첫날의 공습이 없었다면 다국적군은 절대적인 항공 우세를 확보하는 데 많은 시간이 걸려 피해가 증가했을 것이 자명하다. 불시에 완전하게 기습한 것도 아니고 적이 대응할 준비를 마친 상태에서도 기습이 성공할 수 있었던 것은 F-117과 스텔스라는 기술이 있었기 때문에 가능한 것이었다.

▬ F-117A 나이트호크 스텔스 공격기

▬ GBU-27 페이브웨이III 레이저 유도 폭탄을 투하하는 F-117A

— 정렬된 기체 경사각과 공기 흡입구 전파 흡수망 스텔스 설계를 확인할 수 있는 F-117 정면

이후 F-117은 이라크전쟁, 보스니아전쟁 등 미국이 참전한 분쟁에서 중요한 침투 공격기로 활약했다. 1999년 코소보 공습에서 F-117은 SA-3 지대공 미사일에 격추되기도 했지만 계속 일선에 남아 있다가 2008년에 전량 도태되었다. 비록 F-117은 일선에서 물러났으나 유사 시를 대비한 전력으로 상당 기간 남아 있게 될 것이고, 특이한 외형과 화려한 전과 덕분에 세계인의 머릿속에 대표적인 스텔스기로 오랫동안 남을 것이다.

탱크킬러, A-10 공격기

A-10 공격기의 개발은 1960년대 중반으로 거슬러 올라간다. 당시 미 공군은 베트남전 근접항공 지원 임무에 F-4, F-105 등의 전투기를 투입했으나 이들 기종은 근접 항

공 지원에 부적합했다. F-4, F-105 등은 고속의 대형 기종으로 무장 탑재 능력은 우수하나 근접 항공 지원 임무는 고속 비행 성능보다 전장 상공에서의 체공 능력이나 저고도 기동성, 다양한 무장 탑재 능력 등이 중요하기 때문이다.

미 공군은 점증하는 미 육군의 근접 항공 지원 수요를 충족시키기 위한 신규 항공기 개발의 필요성을 느끼고, 1966년 중반 근접 항공 지원 전용 공격기 개발 계획에 착수했다.

신형 공격기의 요구 조건으로 전투 효율성, 생존성, 단순성을 갖출 것이 제시되었다. 특히 야전 비행장에서 운용이 가능하도록 비행 및 정비 유지에 신뢰성이 높아야 했고, 대량 무장으로 장시간 체공이 가능하며, 고도의 기동성을 갖춤으로써 기존의 B-57 폭격기, A-37 및 A-1 공격기 등을 대체하고자 했다.

신형 공격기 계획의 최종 기종으로 결정된 A-10 항공기는 근접 항공 지원이라는 단일 목적에 주안점을 두고 제작되어 근접 항공 지원 임무에 필요한 항공기 요구도를 거

- A-10 썬더볼트II 공격기

— 30mm 기관포 탑재를 위해 노즈 기어를 중심에서 우측에 치우쳐 설계한 A-10

— 강력한 화력의 30mm 기관포를 사격 중인 A-10 공격기

의 완벽하게 충족시키고 있다. A-10 개발에 적용된 주요 설계 방향을 요약하면 다음과 같다.

첫째, A-10은 소리 속도보다 느린 고아음속 영역에서 성능이 우수한 터보팬 엔진을 사용하여 비록 최대 속도는 떨어지지만 효율이 높고, 소음이 적으며, 어느 전폭기 보다 우수한 체공 능력과 전투 지속 능력을 갖추어야 한다.

둘째, 저공 비행으로 인해 피탄될 경우를 대비하여 조종실 주위와 밑부분을 티타늄 방탄판으로 둘러싸 23mm 기관포 직격탄에 맞아도 조종사가 보호될 수 있도록 주요 부위가 장갑화하고 있다. 기체 중량의 17%를 장갑에 할당한 A-10의 생존성 중심 설계는 이후 걸프전에서 피탄되었던 A-10이 모두 기지에 안전하게 귀환함으로써 진가를 발휘하게 된다.

셋째, A-10은 항공기 탑재 기관포 중에서 가장 강력한 화력의 GAU-8 30mm 기관포를 기축 선상에 장착하고 있으며, 기관포를 탑재를 위해 바퀴를 기수 우현 쪽으로 가까이 붙인 것 역시 어느 항공기에서도 볼 수 없는 A-10만의 독특한 설계 방식이었다.

그밖에도 A-10은 넓고 두터운 주익을 갖추어 저고도 아음속 영역에서 우수한 선회 성능을 보이고, 야전 비행장에서도 이착륙이 가능하도록 우수한 단거리 이착륙 성능을 갖추고 있다. 또한 주날개 밑에 열한 곳의 무장 장착점을 갖추어 7.2t의 무장을 다양한 조합으로 탑재할 수 있고, 1회 출격으로 최소 16대 이상의 전차를 파괴할 수 있는 강력한 대 기갑 능력도 지니고 있다.

큰 탑재량과 오랜 체공 시간, 저공에서의 운동성과 양호한 이착륙 성능, 우수한 생존성과 야전 운용을 고려한 구조적 단순성 등은 A-10을 상징하는 키워드다. 속도를 과감히 포기하고 근접 항공 지원 임무를 수행을 위해 설계를 특화한 A-10은 현대 전장에 맞지 않는다는 비판 속에서도 걸프전에서 다시 진가를 발휘했다. 애매한 성능을 보였던 노스롭의 A-9과의 경쟁에서도 A-10은 과감히 특화된 설계로 승리할 수 있었고, 이후 1990년대에도 대체될 수 없는 특화된 성능으로 2020년대에도 운용을 보장받았다. A-10은 F-35A의 배치로 서서히 퇴역이 진행될 것이지만 F-35A 배치가 A-10의 공백을 채운다는 개념은 아니며, 근접 지원기로의 '명기 A-10'의 빈자리는 그대로 계속 남게 될 것이다.

러시아 공격기, Su-25

미국의 A-10에 해당하는 러시아 항공기는 Su-25 공격기다. Su-25는 구 소련 지상군의 근접 항공 지원을 위해 설계되었으며, 첫 비행은 1972년에 성공한 A-10에 비해 3년 늦은 1975년에 처음 비행하였다.

A-10과 유사한 성능의 Su-25는 러시아 공군뿐만 아니라 북한을 포함하여 많은 친러 국가에 도입되어 공격기로 운용되고 있다. Su-25는 여러 전쟁에서도 사용되었으며, 특히 소련-아프가니스탄 전쟁에서의 활약이 유명하다. 당시 미국이 제공한 스팅거

— 러시아 공군 Su-25 공격기

— 성능이 향상된 신형 Su-25SM 공격기

견착식 지대공 미사일에 Su-25는 피탄되기도 하였으나 무사히 기지로 귀환에 성공해 Su-25의 우수한 생존성을 입증하기도 했다. 이후 이란-이라크전, 걸프전 등에서 Su-25가 사용되었고, 러시아군이 개입한 시리아 전장에서도 다량 운용되었다. 최근 러시아-우크라이나 전쟁에서 Su-25는 러시아 공군의 주요 근접 항공 지원 전력으로 사용되고 있다.

가변익 공격기, F-111

F-111은 세계 최초로 가변익을 실용화한 기종이다. F-111은 처음에 전투기로 개발됐지만 훗날 공격기로 임무가 전환됐기 때문에 전투기보다는 공격기로 평가받아야 할 것이다.

F-111을 공격기로 운용하면서 미 공군과 미 해군은 각각 F-14, F-15라는 당대 최고의 전투기를 1970년대부터 배치할 수 있었다. 비록 전투기로는 실패했지만 F-111은 초저공 장거리 침투가 가능한 기체로 장기간 운용되면서 존재 가치를 입증했고, 베트남전, 리비아 공습, 걸프전 등에서 성공적인 임무를 수행한 바 있다. 또한 F-111에서 실용화된 신기술은 이후 군용기 개발에 많은 영향을 미쳤기 때문에 F-111은 군용기 역사상 획기적인 기체 중 하나였다는 평가를 받을 수 있을 것이다.

F-111의 개발은 1958년 3월로 거슬러 올라간다. 당시 미 공군은 F-105 전폭기의 후계기를 모색했다. 신형 전폭기에 요구된 성능은 마하 2.5의 최대 속도, 단거리 이착륙 성능, 핵폭탄을 포함한 대량의 무장을 탑재하고 저공을 장거리 침투할 수 있어야 한다는 것이었다. 훗날 전술 전투기 개발 계획[TFX]으로 본격화된 이 신형기는 일반적인 날개로 성능을 만족시키기 어려워 당시 연구되던 가변익을 적용하기로 결정됐다.

1961년 1월 대통령에 취임한 케네디는 국방장관에 로버트 맥나마라를 임명했고, 맥나마라는 이 신형 전투기를 해군도 공용으로 사용할 것을 지시했다. 공군과 해군은 기술적으로 불가능하다고 의견을 제시했지만 맥나마라는 85%의 공통점이 있어 개발비를 절감할 수 있고, 수출이 되면 3,000대 이상 양산이 가능하므로 단가와 예산을 절감할 수 있다고 판단했다.

맥나마라는 미 공군과 해군의 공용 전투기 개발 계획을 강행하기로 결정했고, 1962년 11월 제너럴 다이나믹스/그루먼 사의 설계안을 최종 선택했다. 공용 전투기에서 미 공군형은 F-111A, 미 해군형은 F-111B로 명명됐다. F-111B는 개발이 진행되면서 중량이 항공모함에서 운용할 수 없는 수준까지 증가하여 결국 미 해군형은 취소됐다.

F-111의 가장 큰 특징은 가변익이다. F-111은 속도에 따라 주익 후퇴각이 16도에서 최대 72.5도까지 변경되어 비행 효율을 높인다. F-111은 주익에 보조익을 설치하지 않아 횡조종은 수평 미익이 전담한다. 이러한 F-111의 조종 방식과 공기 흡입구, 터보팬 엔진, 지형 추적 레이더 등은 후속 전투기 개발에 많은 영향을 끼쳤다.

완성된 F-111은 최대 속도 마하 2.5에, 저고도로 침투 시 마하 1.2로 비행이 가능했

▬ Mk82 폭탄을 투하하는 F-111 공격기

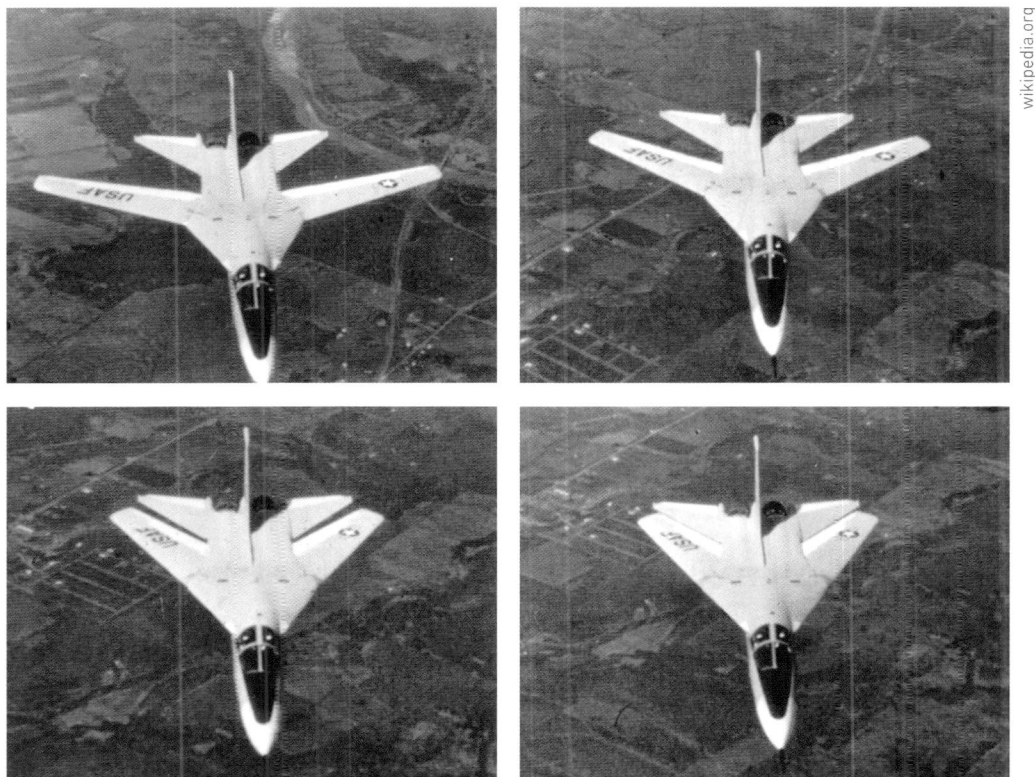

▬ 속도에 따라 후퇴각을 변경하는 가변익 항공기 F-111

- 호주 공군이 장기간 운용했던 F-111

다. 13t 이상의 무장 탑재량과 5,000km가 넘는 항속 거리는 폭격기로도 운용이 가능한 수준이었다. 때문에 F-111은 1967년부터 노후된 B-52 초기형과 B-58 폭격기를 대체하기 위해 폭격기형인 FB-111A로 배치가 시작됐다. 그 외에도 F-111은 전자전기로 개조되어 EF-111 이라는 명칭으로 1981년부터 미 공군에서 운용됐다.

　베트남전에서 수많은 출격을 단행했던 F-111은 1986년 4월, 리비아 폭격 작전에서도 진가를 발휘했다. 영국 기지에서 발진한 F-111F형 24대는 공중 급유를 받아가면서 야간에 장거리를 비행해 리비아 목표물에 대한 정밀 폭격 임무를 완수했다. 걸프전에서는 사우디아라비아와 튀르키예에 F-111E형이 전개하여 깊숙이 위치한 이라크 목표들을 타격하기도 했다.

　F-111은 개발국인 미국에서 모두 퇴역했고, 미국 외에 오스트레일리아 공군이 F-111C, F-111G형과 정찰형 RF-111C를 2010년까지 운용하다 퇴역시켰다.

08
주요국 수송기

미군의 핵심 수송기, C-17 글로브마스터Ⅲ

 C-17 개발을 위한 미 공군의 차기 수송기 개발 계획은 1970년대 말부터 시작됐다. 당시는 미국을 비롯한 서방 각국이 구 소련의 확장 정책에 대해 강한 위기감을 갖던 시대였다. 특히 냉전 상황에서 발생한 구 소련의 아프가니스탄 침공은 제2차 세계대전 이후 발생한 구 소련의 최초 침공 사례여서 미국의 위기감은 강할 수밖에 없었다.
 미국은 구 소련을 견제하기 위해 세계 어느 곳이라도 신속히 전투 부대를 전개할 수 있어야 했다. 이러한 미국의 신속한 파병 능력에 가장 큰 영향을 끼친 것은 수송기였다. 1980년 초, 카터 미 대통령은 미군의 새로운 전략을 실현하기 위한 수단으로 신형 차기 수송기 개발 계획$^{C-X}$을 승인했다.
 신형 차기 수송기는 주로 유럽에서의 분쟁 상황을 가정해 C-5 전략 수송기 정도의 탑재 능력과 항속 능력을 가지면서도 전구^{theater} 내에서 운용 가능한 수송기 개발을 목표로 했다. 즉 C-5, C-141과 같은 기존 장거리 전략 수송기의 직접적인 후속 기종이 아닌 새로운 개념의 대형 수송기를 개발하고자 했다.
 걸프전에서 전략 수송기는 미 본토 또는 유럽에서부터 사우디아라비아 주요 기지까

미군의 핵심 수송기 C-17 글로브마스터III

비행 중인 C-17 수송기 시제기

C-5와 함께 전략 수송기로 사용된 C-141 스타리프터 수송기

지의 수송을 담당했다. 그리고 주요 기지부터 전방 기지까지는 C-130 전술 수송기가 물자를 수송했다. 이처럼 수송기를 구분하여 운용하는 것은 여러모로 비효율적이다. 이러한 비효율성을 제거하기 위해 신형 차기 수송기는 미 본토에서 전방 기지까지 직접 수송이 가능해야 했다.

장거리 대형 수송기가 전방의 작은 활주로에서 운용이 가능하려면 단거리 이착륙 능력이 필수적이다. 따라서 신형 수송기 개발의 관건은 단거리 이착륙 능력의 성공 여부였다. C-17 개발에서 요구된 단거리 이착륙 성능은 900m급 활주로에서 운용이 가능해야 한다는 것이었다. 폭 15m의 유도로와 소형 주기장에도 주기가 가능해야 하므로 수송기 크기가 제한됐다. 이러한 조건을 충족하면서도 C-17은 미 육군의 주력 전차인 M1을 충분히 수송할 수 있는 수준의 탑재 능력을 요구받았다.

개발에 가장 어려움을 겪었던 단거리 이착륙 성능은 기존에 시험 개발된 YC-15 중형 수송기에서 검증된 신기술을 적용해 해결할 수 있었다. YC-15는 1970년대 중반에 고성능 중형 단거리 이착륙 수송기 계획에 의해 개발됐지만 실용화되지 못한 기종이었다. YC-15에는 엔진 배기를 고양력 장치에 직접 분출해 큰 양력을 얻을 수 있는 신기술이 적용됐다.

완성된 C-17의 성능은 C-5, C-141 전략 수송기와 C-130 전술 수송기의 장점만을 합친 것이었다. C-17은 약 78t의 화물 탑재가 가능해 C-5의 127t에는 쿠족하지만 C-141의 40t보다 우수했다. 최대 화물 탑재 시 항속 거리는 4,300km로 C-5의 5,500km보다는 부족했지만 역시 C-141의 3,600km보다 길었다.

전략 수송기로서 C-5에 준하는 성능을 보인 C-17은 전술 수송기 특유의 저공 낙하산 추출 시스템LAPES과 비포장 활주로 운용 능력을 갖췄다. 특히 지상에 착륙하지 않고 낙하산을 이용해 초저공에서 물자를 투하하는 능력은 미군의 기존 수송기로는 C-130만 가능하던 것이었다. 이처럼 전략 수송기와 전술 수송기의 능력을 고루 갖춘 C-17은 총 239대가 생산되었고, 그중 미 공군에 224대가 배치되어 미군의 핵심 수송기로 운용되고 있다.

서방 최대 수송기, C-5 갤럭시

1961년부터 개발이 시작된 C-5 갤럭시 수송기는 개발 당시 세계에서 가장 큰 수송기였다. 이러한 타이틀은 러시아의 An-124가 1986년에 배치되기 전까지 계속 유지되었으며, 여전히 C-5는 미군에서 가장 큰 수송기로 운용되고 있다.

최대 127t까지 물자 탑재가 가능한 C-5는 1969년 미 공군에 인도된 후 베트남전, 4차 중동전, 걸프전 등 미군이 참전한 수많은 전쟁에서 미 공군 수송 전력에서 중추적인 역할을 수행했다. 오랜 운용 기간 때문에 C-5는 1970년대에 생산된 기본형 C-5A 외에 주익, 착륙 장치, 항전 장비 등이 개량된 C-5B가 1980년대에 미 공군에 배치되었다. 2006년부터는 기존의 TF-39엔진을 신형 F138[CF6] 엔진으로 교체하는 성능 개량이 이루어졌다. 신형 엔진을 장착한 C-5는 기존 갤럭시와 비교하여 이륙 시간, 상승률, 탑재 중량, 항속 거리 등에서 큰 성능 향상을 가져와 C-5M 수퍼갤럭시로 명명되기도 했다.

▬ 미군 최대 수송기 C-5 갤럭시

- KC-46으로부터 급유받는 신형 C-5M 수송기

총 131대가 생산되어 미 공군의 대표적인 전략 수송기로 활약했던 C-5는 주력 수송기의 위치를 C-17에게 넘겨주었지만, 성능 개량된 C-5M 52대를 2040년까지 운용할 계획이어서 앞으로도 상당 기간 미 공군의 주요 수송기로 남아 있게 될 것이다.

C-135 계열 수송기

2009년 2월, 북한의 대포동 2호 발사 움직임에 미국의 신경은 곤두섰었다. 이지스함을 비롯해 우주의 인공위성까지 미국의 모든 정찰력은 북한의 움직임을 파악하기 위해 분주했다. 북한의 미사일 발사에 대응한 미국의 정찰 전력 중에 특히 주목을 받았던 것은 고도의 비밀 장비를 탑재한 RC-135S '코브라 볼' 항공기였다.

당시 일본 가데나 기지에 긴급히 전개된 RC-135S에는 특별히 제작된 적외선 센서 등 전자 광학 장비와 탄도 미사일로부터 송출되는 전파 정보 등을 분석할 수 있는 첨단 장비가 탑재되어 있었다. RC-135S는 이 장비들을 통해 북한 미사일의 발사 지점에서부터 탄도, 탄착 지점까지 면밀한 분석이 가능했다. C-135 계열 수송기들은 RC-135S와 같이 비록 소수가 제작됐지만 각종 특수 임무 장비를 탑재하고 있어 미군의 작전에 필수적인 경우가 많다.

C-135 계열 항공기는 외형이 여객기와 흡사하다. 이는 C-135 계열이 보잉 사의 걸작 여객기 보잉 707 기종을 군용으로 개조했기 때문이다. 1950년대 초에 개발된 보잉 707은 DC-8, 코멧 등과 함께 제트 여객기 시대를 개막한 역사적인 기종으로 널리 알려져 있다.

엄밀히 구분하면 보잉 707의 군용기형은 C-18 또는 C-137 기종이다. 미 공군은 중고 또는 신규 제작된 민간의 보잉 707 기체를 개조해 C-18, C-137로 명명한 후 VIP 수송 및 훈련, 각종 관측용으로 운용하고 있다.

C-135 계열 수송기는 보잉 707 여객기 개발에 모태가 된 보잉 367-80 여객기를 군용으로 개조한 기종이다. 1954년에 첫 비행한 보잉 367-80은 미 공군의 전략공군사령부 공중 급유기로 채택되어 KC-135라는 명칭으로 732대가 생산됐다. 앞서 언급된 보잉 707과 367-80, C-18, C-137, KC-135는 모두 기본적인 구조가 같다. 다만 KC-135는 공중 급유를 위해 후방 동체 아래에 플라잉 붐 방식의 공중 급유 장치가 추가된 것이 차이점이다.

KC-135 공중 급유기는 보잉 707을 기본으로 한 군용기 중에 과반수 이상을 차지하고 있다. 배치된 지 이미 60여 년이 지났지만 KC-135는 KC-10, KC-46 기종과 함께 미 공군의 주력 공중 급유기로 2030년까지 활약하게 될 것이다.

C-135 계열은 정찰기인 RC-135와 전자전기 EC-135 기종으로도 유명하다. RC-135 정찰기는 원격 측정 정보를 활용해 탄도 미사일 발사 정보를 수집하는 RC-135S/X와 전자 정보를 수집하는 RC-135U, 신호 및 통신 정보를 수집하는 RC-135V/W 형으로 구분된다. 이들 기종은 복잡한 제식 명칭보다 애칭으로 불릴 때도 많은데, RC-

C-135계열 수송기의 원형인 보잉 367-80 여객기

RC-135 리벳 조인트 정찰기

F-15C에 급유 중인 KC-135R 스트라토탱커 급유기

135S/X는 '코브라 볼/아이', RC-135U는 '컴뱃 센트', RC-135V/W는 '리벳 조인트'로 불린다.

RC-135와 같이 미사일 정보를 직접 수집하지는 않지만 기상 정찰기인 WC-135 '컨스턴트 피닉스'도 중요한 정찰 수단이다. WC-135는 대기 성분을 분석해 방사능 오염 여부를 분석할 수 있는 특수 장비를 갖추고 있어 북한의 핵 실험 사태 시 한반도 주변 대기를 긴급히 분석하기도 했다.

그밖에 C-135 계열 항공기로는 EC-135 기종이 있다. EC-135는 각종 계측 장비를 탑재한 EC-135B/E/G/N 계열과 각종 통신 장비를 완비해 지휘기로 사용하는 EC-135C/H/J/K/P/Y 계열로 크게 구분된다.

민간 여객기로 개발된 보잉 707은 이미 1980년대에 자취를 감췄지만 군용 목적의 C-135 계열 기종은 특수 임무기로 가치를 더욱 인정을 받아 21세기에도 오랜 기간 운용될 전망이다.

세계 최대 수송기 An-225와 An-124

현존 세계 최대 수송기는 러시아의 An-124 루슬란이다. An-124의 탑재 중량과 최대 이륙 중량은 각각 150t, 402t으로 C-5의 127t, 381t보다 더 무겁다. 1971년에 개발이 시작된 An-124는 1986년부터 구 소련 공군에 배치되기 시작했다. An-124는 총 50여 대가 생산되었는데, 러시아 공군뿐만 아니라 민간 화물기로도 다양하게 활용되고 있다.

러시아는 초대형 화물인 우주왕복선을 수송하기 위해 1984년부터 An-124를 확대 재설계하기로 결정했다. 이를 위해 기존 An-124의 동체와 날개를 연장했고, 엔진 수 또한 기존 네 개에서 여섯 개로 늘렸다. 이러한 재설계를 통해 1988년에 탄생한 항공기가 An-225 므리야다. 이미 세계 최대였던 An-124를 확대한 An-225는 최대 이륙 중

▬ Su-27과 비행 중인 러시아 An-124 루슬란 수송기

▬ 세계 최대 수송기 An-225 므리야

- 한 대가 제작되었으나 우크라이나전에서 파괴된 An-225

량 640t에 무려 254t의 화물 탑재가 가능한 초대형 항공기였다.

An-225는 최초 두 대가 주문되었지만 실제 한 대만 완성되었으며, 민간 상업 운송 분야에서 독보적인 초대형 화물기로 활용되었다. 하지만 2022년 2월 27, 우크라이나전에서 러시아의 공격으로 유일하게 한 대 제작되었던 An-225가 파괴되었다. 우크라이나는 파괴된 An-225의 복원 의지를 갖고 있지만 우크라이나전, 경제성 등 현실적인 제약 사항으로 인해 향후 An-225의 미래는 불투명하다.

브라질 C-390 밀레니엄 수송기

C-390은 브라질이 개발한 수송기이다. 산업 기반이 취약한 브라질에서 군용 수송기를 제작했다는 사실은 생소할 수 있지만 놀라운 일은 아니다. 브라질은 영토가 넓고 밀

림지대가 많은 지리적 환경 여건으로 인해 이미 1940년대부터 항공 산업을 발전시켰기 때문이다.

1969년에 설립된 브라질 국영 엠브라에르사는 EMB110과 30석급 커뮤터기인 EMB120 브라질리아 개발 이후 50석급 ERJ145, 70석급 E170 시리즈, 100석급 E190 시리즈까지 성공적으로 수출하면서 커뮤터기, 리저널 제트기 시장에서 세계적인 강자로 발돋움했다. C-390은 바로 이 E-시리즈 제트 여객기에 적용된 기술을 토대로 군용 수송기 요구도에 맞게 브라질이 설계한 기종이다.

널리 알려진 C-130J 수송기와 C-390을 비교해보자면, C-390의 탑재 중량과 최대 이륙 중량은 각각 26t, 37t으로, 각각 19t, 70t인 C-130J보다 더 크고, 많은 물자 탑재가 가능하다. 그리고 터코팬 엔진을 사용하는 C-390의 순항 속도는 870km/h로, 터보프롭 엔진을 사용하는 C-130J의 순항 속도 644km/h보다 더 빠르다. 이러한 성능의 C-390은 대형 수송기 2차 사업의 기종으로도 결정되었기 때문에 향후 우리 공군에서 주요 수송기로 운용될 예정이다.

▬ 브라질 엠브라에르 C-390 밀레니엄 수송기

09
미국 지원기

EA-18G 그라울러 전자전기

 1999년 코소보전에서 미군은 전자전 자산이 충분하지 못하다는 것을 깨달았다. 당시 미 해군의 전자전기 EA-6B 프라울러는 미 해군뿐만 아니라 미 공군, 나토군 항공기 작전까지 지원하면서 과중한 임무를 수행했다. 미 공군은 EF-111 전자전기가 퇴역한 후 마땅한 후계기가 없었고, 나토군 역시 마찬가지였다. 약 48대의 프라울러가 총 동원되면서 승무원과 후속 군수 지원, 기체, 임무 장비 운용 측면에서 등에서 부하가 매우 컸다.

 기체 자체의 노후와 운용상의 피로까지 겹쳐 프라울러의 노후화는 가속됐고, 미 국방부는 새로운 형태의 전자 공격기 개념 연구에 착수했다. 차세대 합동 전자 공격기 개념 연구에서는 신규 개발안부터 기존 항공기의 개조까지 다양한 안이 제시됐다. 결국 최종적인 합의 도출에는 실패했지만 미 해군은 독자적으로 F/A-18F 수퍼호넷 복좌형을 전자 공격기로 개조한다는 개조안을 추진했다.

 EA-18G 그라울러는 기본적으로 F/A-18F 수퍼호넷 전투기에 EA-6B의 성능 향상형ICAP III 시스템을 통합한 전자 공격기였다. EA-6B 성능 향상형이 EA-18G에 맞춰 일

— 미 해군의 전자전기 EA-18G 그라울러

— 베트남전 이후 미 해군의 주요한 전자전기로 운용되었던 EA-6B 프라울러

▬ 재밍포드와 대 레이더 미사일을 장착한 EA-18G

부 변경되는 부분을 제외하면 양 체계 간의 공통성은 약 70%에 달했다.

EA-18G는 전자 공격을 위해서 EA-6B가 탑재하던 AN/ALQ-99 레이더 교란 포드와 AN/ALQ-218 수신기, AN/ALQ-227 통신 방해 장비를 탑재한다. 그리고 적 위협 레이더가 포착됐을 때 직접 파괴가 가능하도록 AGM-88 대 레이더 미사일도 장착한다. 특이한 점은 EA-6B와 달리 전투기를 플랫폼으로 개조하기 때문에 AIM-120 중거리 공대공 미사일도 탑재한다는 것이다. 기본적인 기동 성능에 AIM-120 미사일 운용으로 인해 EA-18G는 제한적인 공중전 임무 수행도 가능하다.

초기형인 EA-18G 그라울러 블록 I에는 AGM-88이나 AIM-120과 같은 기본적인 무장이 탑재되지만 블록II에 이르러서는 AGM-154 JSOW와 같은 신규 무장이 추가됐다. 또한 능동 전자주사 레이더와 전자 공격 시스템 연동과 레이더 경보 장치와 대응 장비가 통합되는 등의 개량이 추가되었다.

그라울러가 수행하는 임무는 크게 네 가지로 구분된다. 기존 EA-6B가 수행하던 원격 재밍은 그대로 그라울러에도 이어진다. 그라울러는 AN/ALQ-249 차세대 교란 장비 또는 기존 AN/ALQ-99 교란 장비 세 개와 외부 연료 탱크, 두 발씩의 AGM-88, AIM-120 미사일을 탑재하고 원격 재밍 임무를 수행하게 된다. 수퍼호넷 전투기를 토대로 개조한 만큼 그라울러는 공격 임무를 맡은 전투기와 공격 대형을 유지하며 적지에 먼저 침투해 아군 공격 편대를 보호하는 호위 임무 수행한다. 이는 기존 EA-6B 전자전기에서는 부족했던 능력이다.

그밖에 그라울러는 긴급 표적 공격과 감시 정찰 임무에도 높은 성능을 보인다. 긴급 표적 공격은 AN/APG-79 레이더와 AN/ALQ-218 수신기를 조합해 위협을 식별하고, 공대지 무장으로 직접 공격하거나 공격 편대에 자료를 전송하는 임무 개념이다.

그라울러 개발은 성공적이어서 미 해군의 EA-6B를 완전히 대체했다. 반면 미 공군은 EF-111 전자전기 이후 마땅한 전자전 대안이 없어 당분간은 그라울러가 미군의 유일한 전자공격기 침투 자산으로 남게 될 전망이다.

U-2 고고도 정찰기

U-2 정찰기는 일반 정찰기와 달리 고도의 정치적인 목적을 위해 개발된 전략 정찰기다. 적군의 병력이나 배치 상황 등을 정찰하는 전술 정찰에 비해 전략 정찰은 잠재 적국의 전략 무기 배치 상황이나 군사 기지 배치, 방위 산업의 생산 능력 등을 정찰한다. 단기간에 끝나는 전투보다는 국가 수준의 정치나 외교 정책에 필요한 정보를 수집하는 것이 전략 정찰기의 임무인 것이다.

U-2는 구 소련의 영공 깊숙히 위치한 전략 무기 정보를 수집하기 위해 미국 CIA가 기밀 예산을 투자해 비밀리에 개발한 특수 기체다. U-2기의 'U'는 Utility 즉, '다용도기'를 의미한다. 정찰기를 의미하는 'R'이 사용되지 않고 'U'가 사용된 이유는 CIA가 기체의 목적과 개발경위를 은폐하기 위해서였다.

U-2 시제 1호기의 최초 비행은 1955년 8월 4일에 비공식적으로 있었고, 나흘 후 공식적인 최초 비행이 있었다. 이 U-2기의 시험 비행 장소는 보안을 필요로 했기 때문에 관계자 외에 출입이 엄격히 통제된 네바다주의 그룸 레이크, 일명 에어리어 51에서 이뤄졌다.

CIA는 1956년 4월 말 공군과 합동으로 U-2 부대를 유럽에 파견, 당시 서독을 거점으로 6월 20일부터 동유럽의 정찰 비행을 시작했다. 최초의 소련 영공 침범은 1956년 7월 4일로 레닌그라드 상공을 정찰했으며, 다음 날 두 번째 소련 정찰에서는 모스크바 상공까지 정찰했다. U-2의 정찰 성능에 만족한 CIA는 서독 외에 튀르키예와 일본까지 U-2를 배치해 정찰 범위를 늘렸다.

U-2는 정찰 임무 시 통상 21km(7만ft) 고도 이상으로 비행했다. 1950년대 당시 요격기 운용 고도는 16km(5만ft)에 불과해 전투기로는 U-2의 정찰 비행을 막을 수 없었다. 고고도 비행으로 자유롭게 소련을 넘나들던 U-2의 비행에도 제동이 걸렸다. U-2가 미사일에 격추되는 사건이 발생한 것이다. 1960년 5월 1일, 프란시스 게리 파워즈가 조종한 U-2가 지대공 미사일에 격추되면서 미국의 스파이 비행은 전 세계에 알려지게 됐다.

격추 사건 이후 U-2의 본래 목적인 소련 상공 비행은 전면 중단됐지만 쿠바, 중국, 베트남, 북한, 중동 국가를 상대로 한 정찰 비행은 계속됐다. 특히 중국 본토의 정찰 임무는 미국이 아닌 타이완 공군 조종사에 의해 실시되곤 했다.

U-2는 1962년 10월 쿠바 위기 시, 소련 탄도 미사일의 쿠바 배치에 대한 결정적인 증거 사진을 촬영해 가치를 입증하기도 했다. U-2는 쿠바 상공에서 정찰 비행 중 지대공 미사일에 또 격추되면 제3차 세계대전 발발의 위기를 초래한 적도 있었다.

냉전 시대에 활약한 구형 U-2를 1세대로 본다면 최근의 전쟁에는 2세대 U-2가 사용됐다. 2세대에 속하는 U-2R은 1968년부터 배치됐고, 엔진을 교체한 U-2S^{TR-1A}가 1989년까지 미 공군에 인도됐다.

미 공군은 U-2 정찰기를 2012년까지 퇴역시키고, U-2의 빈자리는 무인 고고도 정찰

— 미 공군의 고고도 정찰기 U-2

— 미 항공우주국에서 연구 목적으로도 운용되는 U-2 파생형 ER-2

▬ 2023년 중국 풍선의 미 본토 침입 시 U-2는 추적 임무를 수행했다.

기인 RQ-4 글로벌 호크로 대신할 계획을 세우기도 했다. 하지만 U-2 정찰기의 가치는 무인기가 간단히 대체할 수 없는 것이어서 2024년 현재에도 여전히 주요한 정찰기로 운용되고 있다. 1950년대 이후 베트남전, 걸프전, 이라크전 등 미국의 주요 전쟁에서 반세기가 넘게 핵심 정찰 전력으로 임무를 수행했던 U-2는 향후에 미 공군의 마지막 유인 전략 정찰기로 역사 속에 남게 될 전망이다.

P-3 해상 초계기

1950년대 대잠전의 최대 이슈는 1954년 9월에 취역한 세계 최초의 원자력 잠수함 노틸러스호였다. 원자력 잠수함의 출현은 대잠전 양상을 크게 변화시킬 사건이었기 때문이다. 기존의 디젤 추진 잠수함은 충전을 위해 자주 수면 가까이 잠항이 필요했다. 하지만 원자력 추진 잠수함은 무한에 가까운 항속 성능과 향상된 수중 속도로 잠항 성능이 비약적으로 향상됐다. 이러한 잠항 성능을 바탕으로 원자력 잠수함은 기존 대잠 탐지망으로부터 단시간에 이탈이 가능해 대응이 곤란했다.

향상된 잠수함 성능에 대응하기 위해 항공기 역시 다양한 탐지 수단을 갖추게 됐다. 특히 해상 초계기는 다양한 탐지 수단과 함께 이를 항공기에서 효과적으로 처리하고 전술을 적용하기 위한 전술통제사TACCO를 작전에 필요로 하게 됐다.

1950년대 미 해군의 주요 해상 초계기로는 P-2P2V와 P-5P5M이 있었는데, 이들 기종은 전술통제사 자리 추가가 곤란하거나 비행 성능, 승무원의 근무 환경 측면에서 부족한 점이 많았다. 따라서 후계기는 이러한 문제점을 해결하는 데 초점이 맞춰졌다.

1957년 8월, P-2 항공기의 후계기를 요구한 미 해군에 대해 록히드 사는 비용과 일정 단축을 위해 기존의 L-188 일렉트라 여객기의 개조형을 제안했다. 경쟁 끝에 미 해군은 록히드 사의 개발안을 선정해 P-3AP3V-1로 명명하고 주력 해상 초계기로 전력화시켰다.

P-3 계열 중에서 가장 널리 운용되고 있는 파생형은 P-3C형이다. 4,910마력의 터보프롭 엔진 4개로 추진되는 P-3C는 어뢰나 하푼 미사일을 탑재하고 12시간 이상 임무 수행 가능하다. 최대 속도는 750km/h 정도까지 가능하지만 기본적인 초계 속도는 380km/h다.

P-3C에는 360도 전방향으로 최대 370km까지 형상을 식별할 수 있는 역합성 개구 레이더ISAR와 잠수함으로 인한 온도차를 영상화해 표적을 식별하는 적외선 탐지 체계IRDS, 위협 전자파를 탐지, 식별, 경고하는 전자전 장비ESM 등 첨단 임무 장비를 고루 갖추고 있다. 특히 꼬리날개 뒤에 위치한 자기탐지기MAD는 잠수함에 의한 지자기 변화까지 탐지해내 잠수함의 위치를 확인할 수 있게 해준다.

1960년대부터 대량 생산된 P-3는 대잠수함전, 대수상함전을 목적으로 하는 기본형 외에도 전자전 임무를 수행하는 EP-3, VIP 인원 수송을 목적으로 하는 UP-3도 생산됐다.

서방 측의 대표적인 해상초계기 P-3

P-3 후미의 길게 연장된 부분은 잠수함을 찾기 위한 자기 탐지 장치이다.

미 해군의 P-3는 P-8 포세이돈 해상초계기로 대체될 예정이다.

P-3는 서방 측의 대표적인 해상 초계기로 여러 나라에서 운용되는 만큼 실전 경험도 풍부하다. 미 해군의 P-3C는 걸프전에 참전해 미 항모 및 수상함 주위 해역에 대한 초계 임무를 수행했다. 또한 항모에 탑재된 A-6E, F/A-18C와 협동 작전을 실시해 표적 정보 제공 및 손상 판정 역할을 수행했다.

특히 야간에는 이동 중인 이라크 공기 부양정을 P-3C가 탐지해 A-6E 공격기의 공격을 유도해냈으며, 이란으로 피신하는 이라크 함정 수십 척을 발견해 파괴하는 등 걸프전 중 대함 교전의 약 66%가 P-3C의 협동 작전으로 이루어졌다.

P-3는 한국 해군에서도 운용되고 있으며, 미국, 일본 등 여러 국가에서 주요 해상 초계기로 운용되고 있다. 서방 측의 대표적인 해상 초계기였던 P-3는 상당 기간 현역에 남아 있게 될 것이지만 보잉 737을 토대로 개발된 P-8 해상 초계기가 전력화되면서 점진적인 도태가 시작될 전망이다.

10 주요국 공격 헬기

AH-1 코브라 공격 헬기

AH-1 코브라는 세계 최초로 실용화된 공격 헬기다. 원래는 기관총과 로켓탄을 사용하는 지역 제압용 공격 헬기로 개발을 시작했지만 나중에는 대전차 공격 임무까지 수행할 정도로 성능이 향상되었다.

베트남전 당시 처음 투입된 코브라는 AH-1G형 코브라였다. 지역 제압용 AH-1G에서 토우 미사일$^{Tube\ launched,\ Optically\ tracked,\ Wire\ guided\ Missile}$ 운용 능력을 추가하고, 대전차 공격형으로 발전한 것이 널리 알려진 AH-1S형 코브라다. AH-1S형은 토우 미사일 등 무거워진 중량에 대응하기 위해 엔진 출력과 동력 계통을 강화한 것이 특징이다. AH-1S형은 M65 망원 조준 장치에 적외선 영상 장치를 추가해 야간 작전 능력 또한 향상시켰다. 이렇게 야간 작전 능력까지 갖춘 AH-1S형 코브라를 C-NITE라고도 부른다.

코브라는 엔진을 한 개 탑재하는 육군용 단발형 코브라와 엔진을 두 개 탑재하는 해병대용 쌍발형 코브라로 크게 구분할 수 있다. 쌍발형 중에서 가장 처음 배치된 것은 AH-1J형 씨 코브라$^{Sea\ Cobra}$다. 씨 코브라에 탑재된 엔진에도 부족함을 느낀 미 해병대는 엔진을 강화하고, 동체를 늘린 AH-1T 씨 코브라 개량형도 운용했다.

이스라엘 공군이 운용하는 AH-1F 코브라 공격 헬기

베트남전에 처음 투입된 코브라 초기형 AH-1G

미 해병대에서 장기간 운용될 AH-1Z 바이퍼 공격 헬기

육군형 코브라는 대전차 공격에 중점을 두고 토우 대전차 미사일과 70mm 로켓을 주로 탑재하는 반면 해병대형 코브라는 좀 더 다양한 무장을 탑재한다. 이는 해병대형 코브라가 상륙 작전에서 화력 지원 임무를 주로 수행하기 때문이다. 해병대형 코브라에는 토우나 70mm 로켓 외에도 127mm 로켓탄, 연료 기화 폭탄, 기관포 포드, 공대공 미사일 등 상황에 맞게 폭넓은 무장이 추가된다.

미 육군은 코브라를 아파치로 대체했기 때문에 코브라를 개량할 필요성이 적었으나 미 해병대는 후속 공격 헬기가 없어 코브라를 아파치 수준으로 운용해야 했다. 아파치 수준의 코브라로 가장 먼저 등장한 파생형은 1986년 3월에 등장한 AH-1W 슈퍼 코브라다. AH-1W 슈퍼 코브라는 아파치가 사용하는 T700 엔진을 쌍발로 탑재해 비행 성능을 크게 향상시켰다. 무장도 토우 미사일 대신 아파치가 운용하는 AGM-114 헬파이어 대 전차 미사일을 탑재했고, 공대공 미사일도 탑재하여 대 헬기 전투 능력까지 갖췄다.

슈퍼 코브라는 1990년대에 들어서 코브라 계열 중에서 가장 최신형이라 할 수 있는 AH-1Z 바이퍼로 발전했다. AH-1Z는 기존 슈퍼 코브라의 설계를 95% 변경했을 정도로 혁신적으로 개량됐다.

AH-1Z 바이퍼는 슈퍼 코브라와 엔진이 같지만 항공 전자 측면에서 특히 첨단화되었다. 통합형 전자 장비가 탑재되고, 조종석에 대형 액정 디스플레이가 사용되는 등 시현 계통이 디지털화되었다. 표적 획득 및 야시 장비도 신형 아파치 수준의 센서가 적용됐다. 2엽이었던 기존의 회전익도 4엽 복합재 회전익으로 개량되어 기동성이 더욱 향상되었다. 이러한 성능 개선을 통해 바이퍼는 초기의 코브라와 외형만 유사할 뿐 내용적으로는 완전히 다른 헬기가 되어버렸다. 육군형 단발 코브라는 후속 기종인 아파치 때문에 일선에서 물러나고 있지만 미 해병대는 바이퍼를 대체할 마땅한 후계 기종이 없기 때문에 바이퍼 계열은 향후에도 장기간 일선에서 운용될 것으로 보인다.

AH-56 샤이엔 공격 헬기

현존하는 공격 헬리콥터 중에서 가장 강력한 화력을 지닌 중무장 공격 헬리콥터를 꼽으라면 누구나 주저 없이 미 육군의 AH-64 아파치를 먼저 떠올릴 것이다. 1984년부터 미 육군에 배치되기 시작한 아파치는 중무장, 중장갑 헬기의 대명사이면서도 뛰어난 기동성을 선보이는 고성능 헬리콥터이다. 하지만 아파치가 배치되기 17년 전, 이미 그보다도 뛰어난 고성능의 공격 헬기가 비행을 했다는 사실은 많은 이에게 알려지지 않았다.

혁신적이면서도 독특한 설계로 뛰어난 성능을 입증했지만 결국 역사 속에 묻혀버린 이 공격 헬기의 이름은 AH-56 샤이엔이다. 샤이엔의 탄생 배경은 베트남전과 밀접한 관련이 있다. 베트남전에서 UH-1과 CH-47은 미 육군에게서 빼놓을 수 없는 수송 전력이었지만 적의 공격에 취약해 손실률이 높았다. 그렇기 때문에 이 수송 헬기를 호위할 공격 헬기가 필요하게 되었으며, 이러한 요구 조건에 따라 AAFSS(차기공중화력지원시스템) 사업이 탄생하게 되었다.

AAFSS 사업은 수송 헬리콥터의 호위뿐만 아니라 지상군의 근접 항공 지원CAS 소요까지 완벽하게 대처하겠다는 공격기 개념이었다. 즉, 미 육군이 향후에 신형 공격기를 직접 운용하겠다는 것이었다. 이는 근접 항공 지원을 전담했던 미 공군과 역할이 중복되는 것이기 때문에 AAFSS 사업은 처음부터 미 공군과의 마찰이 불가피했다.

1963년 3월에 확정된 AAFSS 요구 성능은 공중 정지 비행이 가능한 헬리콥터이면서 최고속도 407km/h(220kt) 이상으로 비행이 가능하며 항속거리는 3,886km(2,100nm), 무장탑재량 5.4t(1만 2,000lb)이라는 엄청난 것이었다. 이 정도의 항속 거리는 캘리포니아에서 하와이까지 항속이 가능한 거리이며 괌에서 재급유를 한다면 태평양 횡단 비행이나 미 본토 횡단까지 가능한 항속 능력을 갖추고 있다는 것을 의미한다. 더불어, 미 육군은 1980년대에 들어서야 구현된 주·야간 전천후 작전 능력까지 요구했다.

AAFSS로 최종 채택된 AH-56 샤이엔의 공개는 1967년 12월에 이루어졌다. AH-

시대를 앞서간 AH-56 샤이엔 공격 헬기

AH-56 후미에는 추진 전용 프로펠러가 설계되어 고속 비행이 가능하다.

AH-56은 성능이 매우 우수했지만 비용 문제로 인해 개발이 취소되었다.

56의 데모비행을 본 기자들은 '샤이엔이 뱅크를 주고 급상승하는 모습은 마치 제2차 세계대전 당시 전투기의 그것과 같았다'라며 흥분하기도 했다.

임무 지역에서 두 시간 반 동안 체공하며 2,010발의 30mm탄, 780발의 40mm 유탄에 더하여 여섯 발의 토우 대전차 미사일과 38발의 70mm 로켓을 동시에 쏟아내는 샤이엔의 성능은 놀라운 것이었다. 5.4t의 무장 능력에 수평 최대 속도 407km/h, 강하 비행 시 453km/h의 속도 역시 시대를 앞서간 성능이었다.

시제기의 성공적인 개발에도 불구하고 샤이엔은 필요 이상의 고성능과 복잡성, 높은 가격이 문제가 되어 1972년 9월에 최종적으로 취소되었다. 동시대의 헬리콥터에 비해서 속도, 화력, 기동성 면에서 거의 두 배 성능을 보여 미 육군이 필요로 했던 근접 항공 지원과 종심 타격에 최적인 기체였지만 단지 수송 헬리콥터를 호위하기에 너무 과분한 성능이었고, 특히 예산과의 싸움에서 실패로 양산에 이르지 못한 것이다.

샤이엔의 실패를 계기로 미 육군은 더욱 간소화된 후속 프로그램을 추진하여 AH-64 아파치를 탄생시켰다. 그리고 미 공군은 샤이엔보다 더욱 오래 체공하며 중무장할 수 있는 A-10 공격기를 개발하게 됐다. 샤이엔은 비록 양산에 이르지는 못했지만 경이로운 성능으로 인해 공격 헬리콥터 역사에 전환점이 된 기체로 기억되고 있다.

AH-64 아파치 공격 헬기

미 육군은 공격 헬리콥터의 가치에 주목하고 1950년대 후반부터 공격 헬기 개발에 관심을 가졌다. 1960년대 중반부터는 AAFSS 사업으로 AH-56 샤이엔 개발을 추진하기도 했다. 미국이 본격적으로 베트남전에 개입하면서 공격 헬리콥터 개발이 시급해졌지만 샤이엔의 개발은 순탄치 않았다. 이러한 상황을 반영하여 신속히 개발될 AH-1 코브라는 전장에서 유용한 전력이었지만 성능이 만족스럽지 못했다.

1970년대에 들어서자 미 육군은 코브라의 후계기를 검토하기 시작했다. 이를 구체화한 것이 첨단 공격 헬리콥터^AAH 계획이었다. 신형 헬기 개발에 도전한 회사는 록히드, 시코르스키 등 다섯 개였다. 미 육군은 벨 사와 휴즈 사를 선정하여 계약을 맺었고, 시제기를 만들어 경쟁시켰다. 벨 사의 기체는 YAH-63, 휴즈 사의 기체는 YAH-64로 명명됐다. 1976년 12월, 미 육군은 YAH-64가 비행 성능이 우수하며, 무장 등에서도 우수한 평가를 받아 신형 공격 헬리콥터로 최종 선정한다고 발표했다.

AH-64의 특징은 우수한 야간 전투 능력과 화력, 생존성으로 요약된다. 아파치가 야간에 원활한 작전을 펼칠 수 있는 것은 표적 획득 장비와 야시 장비를 갖추고 있기 때문이다. 기수에 위치한 이들 센서를 통해 아파치는 야간에도 초저공 비행이 가능하고, 표적을 탐지·식별할 수 있었다.

아파치의 무장 탑재 능력은 약 1.5t에 달한다. 레이저로 유도되는 AGM-114 헬파이어 미사일은 16발까지 탑재가 가능하고, 기본 무장인 30mm 기관포 포탄은 최대 1,200발까지 탑재할 수 있다. 동체 아래에 장착된 30mm 기관포는 승무원의 헬멧형 조준기와 연동되어 헬멧 방향으로 기관포 포신이 자동으로 움직인다.

아파치는 생존성도 우수하다. 주요 부위는 적 화기로부터 피탄되더라도 견딜 수 있도록 만들어졌고, 추락하더라도 승무원이 생존할 수 있도록 설계되었다.

야간 작전에 능한 아파치도 약점이 있었다. 아파치의 눈인 적외선 센서가 악천후에서는 원거리 탐지에 어려움을 겪었던 것이다. 이를 보완하기 위해 아파치에 레이더가 탑재됐다. 롱보우 레이더로 불리는 센서가 탑재된 아파치는 레이더 이름을 활용해 AH-64D/E 롱보우 아파치로 명명되었다. 롱보우 아파치는 레이더 외에 표적 획득 장비와 야시 장비도 신형인 애로 헤드로 교체해 탐지 성능이 크게 향상되었다.

아파치가 처음 실전에 투입된 것은 1989년 12월이었다. 당시 미국이 파나마에서 벌인 '저스트 코스' 작전에서 아파치는 2km 밖에 위치한 빌딩의 특정 방을 야간에 조준해 미사일을 발사했다고 한다.

아파치는 걸프전을 통해서 명성을 크게 드높였다. 걸프전 기간 중 아파치가 보인 가장 큰 성과는 개전 초기에 이라크 레이더 기지를 기습 공격하여 파괴한 것이다. 미 육군

▬ 이스라엘 공군의 AH-64A 0-파치

▬ 복합 탐색기가 적용된 합동 공대지 미사일(JAGM)을 사격하는 AH-64E

— 최신형 AH-64E 아파치 가디언

제101공정사단 제1헬기 여단 소속 AH-64A 8대는 사우디 국경 부근의 레이더 기지 두 곳을 기습해 다국적군 공군기가 안전하게 이라크 공역에 진입할 수 있도록 했다.

걸프전 기간 중 아파치는 총 288대가 전개해 86%의 임무 성공률을 보였다. 아파치는 전차와 차량 총 1,000대 이상을 파괴하였으며 불과 두 대의 아파치에게 이라크 육군 보병 1개 대대가 투항하는 기이한 사건이 발생하기도 했다.

미 육군 아파치는 후속 기종이 없기 때문에 앞으로도 상당 기간 아파치는 미 육군의 주력 공격 헬리콥터로 운용될 전망이다.

Ka-50/52 공격 헬기

Ka-50 호컴은 러시아의 신형 공격 헬기다. 1980년대에 들어서 러시아는 무장 헬기로 명성이 높았던 Mi-24 하인드의 후속 헬기를 필요로 했다. 차세대 공격 헬기를 위한 경쟁에서 카모프 사의 Ka-50은 밀 사의 Mi-28 하복 헬기를 물리치고 승리해 1987년 12월부터 양산을 시작했다.

일반적인 공격 헬기는 조종사 두 명이 탑승해 무장 운용과 기체 조종을 맡는다. 하지만 호컴은 조종사 한 명이 무장 운용과 조종을 모두 담당하는 것이 특징이다. 해군용 헬기 제작에 익숙한 카모프 사는 밀 사와 경쟁하기 위해 혁신적인 개념으로 호컴을 설계했는데 단좌 조종석과 같은 효율적인 설계가 Mi-28보다 좋은 평가를 받았다.

호컴은 2중 동축 반전 방식의 회전익기다. 즉, 일반적인 헬기는 주 로터 한 개와 꼬리 로터 한 개로 구성되는 데 반해 호컴은 꼬리 로터 없이 주 로터 두 개가 하나의 축에서 서로 반대 방향으로 회전한다. 동축 반전 방식의 헬기는 꼬리 로터가 없어 동력 손실이 없고, 기동성이 우수한 것이 장점이다. 호컴은 최대 3.5G의 하중으로 기동이 가능하고, 최대 속도 300km/h, 전투 행동 반경 460km, 항속 거리는 1,200km의 성능을 가지고 있다. 엔진은 2,200마력 TV3 터보샤프트 엔진 2기를 사용한다.

호컴은 기본 무장으로 소형 날개에 AT-16 비키르 대전차 미사일 16발과 로켓 포드 2기를 탑재할 수 있다. 비키르 미사일의 사정거리는 10km에 이른다. 이 정도의 거리는 대부분의 야전 방공 무기 사정거리보다 긴 것이어서 호컴은 안전한 거리에서 목표를 공격할 수 있다. 사격 통제 시스템은 전자 광학, 열영상, 레이저 거리 측정기 등으로 구성되어 있다.

호컴은 고정 무장으로 동체 우측 하부에 2A42 30mm 기관포를 탑재한다. 2A42 기관포는 BMP-2 장갑차에 탑재된 것과 같은 것이며, 호컴에는 500발의 기관포탄이 탑재된다. 고정식 30mm 기관포와 AA-11 아처 공대공 미사일을 운용할 경우 호컴은 우수한 헬기 간 공대공 전투 능력 발휘가 가능하다.

호컴의 연료 탱크, 동력 계통, 전자 장비는 생존성이 고려되었으며, 조종 계통과 유압 장비도 고장과 피탄에 대비해 2중으로 설계됐다. 조종석은 러시아의 23mm탄, 미군의 20mm탄에도 견디도록 2중으로 장갑이 설치됐다.

특이하게도 호컴은 사출 좌석을 갖고 있다. 일반적인 헬기는 조종석 위로 로터가 고속으로 회전하고 있어 공중에서 조종석이 사출되면 로터와 부딪힐 위험이 있다. 호컴은 이 위험을 해결하기 위해 로터 회전 날개 연결부에 폭약을 설치해 유사시 로터를 쿨리

러시아 공군의 Ka-50 호컴 공격 헬기

Ka-50 단좌형을 복좌화 시킨 Ka-52 앨리게이터 공격 헬기

우크라이나전에서 러시아의 대표적인 육군 항공 전력으로 운용되고 있는 Ka-52

시키도록 만들어졌다.

　단좌형으로 설계된 Ka-50 호컴은 조종사 두 명이 탑승하는 Ka-52르도 파생되었다. Ka-52 앨리게이터 공격 헬기는 1994년 9월에 개최된 판보로에어쇼에서 처음 공개되었다. Ka-52는 Ka-50을 기본으로 정찰과 전장 지휘, 통제 임무를 수행하도록 개발되었다. 조종석과 전방 동체는 복좌형으로 재설계했지만, 기체 구조와 동력 계통은 기존 Ka-50과 85% 동일하다. 앨리게이터 조종석도 호컴과 마찬가지 사출 좌석이 적용됐고, 다만 좌석이 두 개인 만큼 양쪽 좌석이 동시에 사출되도록 일부 개조가 이루어졌다.

　러시아는 단좌형인 Ka-50보다 운용이 용이한 복좌형 Ka-52를 주로 생산하고 있으며, 최근 우크라이나전에서 러시아의 대표적인 육군 항공 전력으로 운용되고 있다.

제3장

비운의 명 항공기

01
F-20 타이거샤크

한국 공군도 운용 중인 F-5 전투기는 손쉬운 정비성, 안정된 조종성, 뛰어난 기동성이 특징인 자유 진영의 대표적인 베스트셀러 전투기이다. F-5 시리즈가 저가의 경량 전투기로 성공할 수 있었던 근본적인 이유는 J85라는 소형 경량의 엔진을 확보할 수 있었기 때문이다. 그러나 이 J85 엔진은 F-5 전투기의 성공 비결이자 성능 향상을 가로막는 한계이기도 했다.

1968년에 미 공군에 쇼크로 다가온 러시아 'MiG-23, MiG-25, Su-15'의 등장은 결국 미국의 고성능 전투기 F-15와 F-14 개발을 초래했다. 하지만 미국의 중소 우방국은 미국의 대외 정책상 이들 고성능 전투기를 도입할 수 없었다. 이에 따라 F-5를 개발한 노스롭 사는 F-5를 운용하고 있는 중소국 공군을 대상으로 신형 MiG 전투기를 성능적으로 압도할 수 있는 F-5 개량 계획에 착수한다.

F-5X라 명명된 이 계획에서 노스롭은 단발과 쌍발을 포함한 25가지 형상을 1974년부터 검토하고, 일단 F-4 팬텀 전투기에 사용되었던 J79 엔진을 탑재하기로 1977년에 결정한다. 하지만 J79는 엔진 중량만 1t이 넘었고, 타이완이 요구한 조건을 충족시키기에 성능이 부족했다. 노스롭은 맥도넬 더글라스 사와 공동 개발한 F/A-18 전투기용 F404 엔진을 F-5X에 탑재하기로 1978년 6월에 결정하고, F-5G로 명명하여 본격적인

― F-20 타이거샤크 전투기 시제기

― AGM-65 매버릭 공대지 미사일을 발사하는 F-20

— 화려한 도색의 F-20 타이거샤크 전투기

— 공중전 명작 애니메이션 'Area 88'에 등장하는 F-20 타이거샤크

개발을 시작한다.

엔진 교체로 인해 F-5G의 추력은 기존형 F-5E에 비해 1.6배 증가한 반면 연료 소비량은 오히려 9% 감소하여 기동성과 전투 행동 반경, 무장 탑재 능력을 향상시킬 수 있었다. 게다가 긴급 출격 경보 후 52초 만에 브러이크를 풀고 활주로를 이륙하는 경전투기 특유의 스크램블 성능을 유지하고 있었기 때문에 F-5G의 미래는 장미빛으로 보였다.

노스롭 사는 1980년 1월 1일부터 독자적으로 F-5G의 개발을 시작했고, 1981년부터 1호기 제작에 착수했다. 그러나 복병이 등장했다. 미 공군의 수출형 전투기 IF 사업에 GD사가 F-16에 J79 엔진을 탑재한 다운그레이드형 F-16/79 모델을 제시한 것이다.

뜻하지 않는 복병과 함께 F-5G가 맞이하게 된 최대의 고비는 새로이 출범한 레이건 행정부가 타이완에 대한 무기 수출을 중단한다는 결정이었다. 당시 타이완은 F-5G 개발의 강력한 후원자이자 수요자였다. 따라서 이 결정으로 인해 노스롭은 F-5G의 판로가 막혀버림과 동시에 개발비마저 모두 노스롭이 홀로 부담해야 하는 처지에 처하게 되었다.

이에 따라 노스롭은 극외 수출에서 F-16/79와 동등하게 경쟁하기 위해 F-5G의 명칭 변경을 고려하게 된다. F-5G라는 명칭은 노스롭이 고성능을 감추고 중국을 자극하지 않기 위해 사용한 명칭이었기 때문에 타이완 판매가 좌절된 이상 F-5 명칭을 고집할 필요가 없었다. 그리하여 노스롭은 1982년 11월 'F' 시리즈 일련번호 19번을 건너뛰고 F-20라는 새로운 명칭을 미 공군으로부터 부여받고 본격적인 판매 활동에 나선다.

F-20은 시계 외 교전 능력을 확보하기 위해 레이더를 AN/APG-67로 변경했다. 중거리 미사일로는 AIM-7F 스패로우를 두 발 탑재하고, 정밀 유도 무기와 공대함 미사일 운용 능력까지 갖추어 중소국의 주력 전투기도 운용하는 데 손색이 없도록 했다.

노스롭은 타이완과 더불어 F-20 판매 대상국이었던 한국을 주목했다. 그러나 1984년 10월 10일 수원기지에서 실시한 데모 비행에서 시제기가 추락했고, 파리에어쇼 예행 연습을 하던 시제 2호기마저 1985년에 추락하여 노스롭은 이미지에 치명적인 타격을 입게 됐다. 경전투기로 우수한 성능을 보였던 F-20은 결국 정치적인 환경 변화와 시험 기체의 추락 등 연속적인 불운으로 양산에 실패하여 역사 속으로 사라진 비운의 전투기가 되었다.

02
미라지(Mirage) 4000

　미라지4000은 중동전을 비롯하여 많은 전장에서 명성을 쌓은 프랑스 전투기의 대명사 '미라지' 시리즈의 최종형이다. 프랑스 항공 기술의 영광을 지키기 위해 개발되었다고 할 만큼 미라지4000은 프랑스에 기술적으로 중요한 프로그램이었다. 당대 최고의 전투기였던 F-15와 경쟁할 것으로 목표로 설계되었기 때문에 이름도 종래의 미라지 시리즈를 능가한다는 의미에서 수퍼 미라지로 명명되었다.

　미라지4000은 닷소 사가 프랑스 공군의 발주를 기다리지 않고 자체 자금을 투자한 벤처 프로그램이었다. 약간은 무모할 수 있었던 닷소의 이러한 결정은 F-15급 전투기 수요가 세계적으로 5,000대에 이른다는 시장성 분석에 근거한다.

　대당 단가가 높기 때문에 거대하게 형성되는 대형 전투기 시장에서 미국의 독주를 견제하고, 프랑스와 유대 관계가 있는 제3세계 국가에 고성능 대형 전투기를 판매하겠다는 구상은 일견 그럴듯해 보였다. 하지만 이러한 고가의 전투기를 보유할 수 있는 국가는 극히 한정될 수밖에 없는 일이었다.

　개발은 빠른 속도로 진행되어 시제기가 1979년 3월 9일에 첫 비행을 실시하였고, 동년 여름 파리에어쇼에서 '수퍼 미라지4000'이라는 이름을 기수 측면에 새기고 인상적인 저속 기동을 펼치며 세계 항공산업계를 주목시켰다.

▬ 1979년 초도비행에 성공한 미라지 4000 전투기

▬ 프랑스 파리 에어쇼에 전시된 미라지 4000

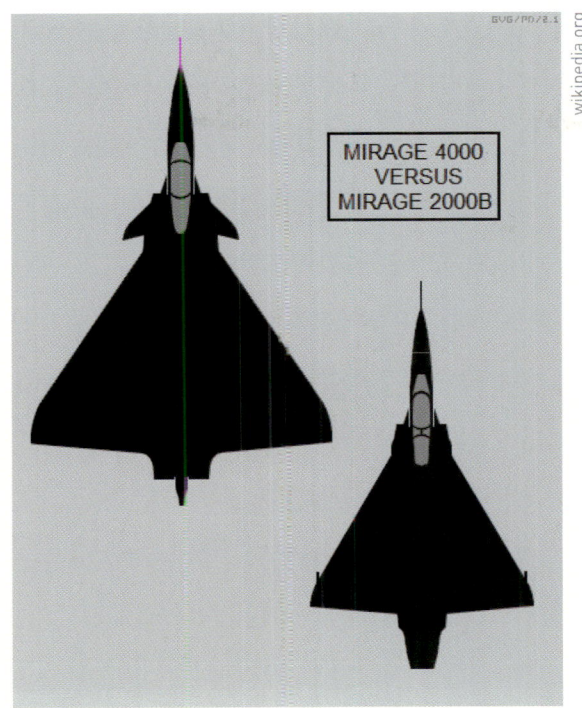

▬ 미라지 4000(좌측)과 미라지 2000(우측)의 크기 비교

▬ 대형 전투기 미라지 4000

제3장 비운의 명 항공기 **339**

미라지4000은 전체적으로 미라지2000을 1/3 확대한 형상을 지니고 있다. 미국의 F-15와 경쟁하기 위하여 프랑스가 추구한 설계 방침은 미라지2000의 장점을 극대화한다는 것이었다. 수직꼬리날개에도 연료 탱크를 설계할 만큼 항속 성능에도 치중하여 내부 연료 탑재량을 미라지2000에 비해 세 배 이상 증가시켰다. 이러한 설계 덕분에 미라지4000은 2,500L 외부 연료 탱크 세 개와 무장을 탑재하고 전투 행동 반경 1,852km(1,000nm) 이상을 기록하는 등 장거리 대형 전투기 특유의 성능을 보였다.

최대 속도와 가속 성능을 고려하여 미라지2000의 주날개는 1.5배 정도 확장하는 것으로 결정되었다. 기수는 직경 1m급 레이더 안테나가 넉넉히 들어갈 만큼 여유있게 설계하여 고공 및 저공 침투 항적에 대해 장거리 전천후 요격 능력을 확보하였다. 또한 12개 무장 장착대에 총 8t 이상의 외부 장착 능력을 보여 오늘날의 F-15E나 Su-30MK와 같은 폭장 능력을 갖추게 되었다.

닷소가 미라지4000의 주요 운용국으로 염두해 둔 국가는 사우디였다. 1977년 12월 미라지4000의 실물 모형이 공개되었을 때 이미 사우디는 관심을 보였고, 1980년에는 사우디 국방장관 압둘 아지즈 왕자가 실제로 구매 의사를 표명하기도 했다. 그러나 개발비 상승에 따른 면허 생산 비용 문제와 미국의 압력에 의해 사우디는 미라지4000 구매를 취소하고 훗날 F-15S를 미국으로부터 도입하게 된다. 이라크도 미라지 4000구매에 관심이 많았지만 이란과의 8년간 전쟁으로 자금 여력이 없었다.

설상가상으로 미라지IV 대체용으로 50기 정도 수요가 있었던 프랑스 공군조차 저렴한 미라지2000N을 운용하기로 결정함에 따라 미라지4000은 자국 공군도 외면하는 기종이 되어버렸다. 양산되었다면 F-15, Su-27 시리즈와 더불어 최고급 전투기가 되었을 미라지4000은 수출에 실패하고, 자국 공군에 전력화되지 못하면서 결국 역사의 뒤안길로 사라지고 말았다.

03

세상에서 가장 작은 제트 전투기 XF-85 고블린

제2차 세계대전 관련 영화를 보면 거대한 4발 대형 폭격기 주위에 전투기들이 폭격기를 호위하는 장면을 쉽게 볼 수 있다. 전투기의 연료 탑재량이 많다면 폭격기가 비행하는 동안 전투기가 항상 호위할 수 있겠지만 일반적인 전투기의 작전 반경은 폭격기보다 짧기 마련이다.

실제로 제2차 세계대전 당시 영국에서 출격한 B-17 폭격기와 이를 호위하던 연합군 전투기는 연료 부족으로 독일 상공에서 폭격기만 남겨두고 영국으로 귀환해야만 했다. 호위 전투기 없이 홀로 남겨진 폭격기 편대는 집요하게 몰려드는 독일 전투기에 상당한 손실을 입고 귀환하는 일이 반복되곤 했다. 물론 항속 거리가 향상된 P-51 므스탕 전투기의 등장으로 상황이 개선되기는 했지만 폭격기의 항속 거리 증가는 전투기의 항속 거리 증가보다 컸다.

이러한 상황을 타계할 방안으로 호위가 정말 필요한 시점에 전투기를 폭격기에서 발진시켜 폭격기의 생존을 도모한다는 구상이 계획되었다. 즉, 다른 항공기에 붙어 있다가 필요시에만 비행하는 개념의 전투기가 탄생하게 된 것이다. 이러한 개념의 전투기를 기생 전투기Parasite Fighter라 한다.

그렇다면 기생 전투기를 탑재하는 폭격기는 전투기를 몇 대나 탑재할 수 있었을

▬ 착륙 장치 없이 설계된 XF-85

▬ 정면에서 본 XF-85 고블린

까? 1935년에 시험된 러시아의 TB-3 폭격기는 5~6대의 I-15 전투기를 날개와 동체에 탑재하고 비행에 나섰다. 제한적이긴 했지만 먼 미래에나 등장할 법한 공중모함이 1930년대에 이미 등장한 것이다. 물론 기술적인 한계 때문에 당시 TB-3는 모기Mother Ship 수준으로 활용됐지만 두헤와 같은 항공력 이론 선구자에게는 항공력의 미래에 대한 확신을 심어주게 됐다. 실험적이긴 하지만 TB-3의 기생 전투기들은 모기를 호위하는 것이 아니라 지역 방공Aerial Defence을 제공하기 위해 구상되었다는 것도 특이한 점이다.

XF-85 고블린은 제2차 세계대전 후 미국의 첫 대륙간 전략 폭격기로 기록되는 B-36 피스메이커에 탑재될 목적으로 개발된 전투기이다. 다른 기생 전투기가 일반 전투기로 개발된 뒤 기생 전투기로 개조된 것과 달리 XF-85는 순수하게 기생 전투기를 목적으로 개발되었다는 것이 차이점이다. 이러한 차이점은 XF-85에 착륙 장치가 없다는 점에서 분명하게 드러난다. 오직 폭격기에서 분리된 후 폭격기에 결합되도록 설계되었기 때문이다.

XF-85는 1947년부터 미국 맥도넬 사에 의해 개발이 시작됐다. B-36의 폭탄창에 들어가기 위해 전체적으로 달걀형으로 설계된 XF-85는 '날아다니는 달걀Flying Egg'이라는 별명도 붙었다. XF-85의 크기는 길이 4.5m, 폭 6.4m(날개 전개 시), 높이 2.5m의 크기로 날개를 접으면 자동차 크기와 비교됐다. 중량도 공허 중량이 1.6t에 임무 중량이 2t에 불과해 최신 대형 전투기 최대 이륙 중량의 1/15 수준에 불과했다.

XF-85는 크기가 작아 폭격기에 탑재될 수 있다는 장점이 있었지만 무장이 12.7mm 기관총 4정에 불과하고, 기동성이 부족하다는 단점이 있었다. XF-85의 낮은 기동성과 빈약한 무장은 당시 소련이 요격기로 개발하던 MiG-15에 비해 크게 뒤떨어지는 수준이었다.

임무 수행 후 다시 폭격기에 탑재되는 과정도 문제였다. 기생 전투기는 모기와 결합되기 위해 정밀한 접근이 필요했지만 폭격기 주변의 난기류는 정밀한 접근을 어렵게 만들었다. 반복되는 결합 실패로 인해 XF-85는 결국 개발이 전면 취소되었고, 이후 현재까지 기생 전투기는 등장하지 않고 있다.

조종석 앞의 후크를 폭격기에 체결한 XF-85

EB-29 폭격기로부터 분리되고 있는 XF-85 전투기

04
TSR.2 폭격기

1950년대 영국은 일체의 외부 항법 및 전투기 지원 없이 적지에 독자적으로 초저공 침투가 가능한 고성능 전천후 폭격기가 필요했다. 이러한 필요성은 작전 운용 문서 GOR.339로 구체화되어 1957년부터 TSR.2라 명명된 신형 폭격기 개발로 이어졌다.

TSR.2 폭격기의 주요 목표 성능은 초저공으로 최소 1,800km 밖에 있는 목표에 핵폭탄을 투하하고, 마하 2의 속도로 귀환할 수 있어야 한다는 것이었다. 게다가 유사시 활주로 파괴에 대비하여 야지에서도 이착륙이 가능해야 했다.

항공기 설계 관점에서 초저공 고속 침투 성능과 야지 이착륙 성능은 다분히 상반되는 요구 조건이다. 초저공을 고속으로 비행하기 위해서는 작고 두께가 얇은 날개가 유리하지만 포장되지 않은 활주로에서 단거리로 이착륙하려면 양력 특성이 좋은 크고 두꺼운 날개가 필요하기 때문이다.

TSR.2는 이러한 상반되는 요구 조건을 충족시키기 위해서 동체 길이가 27m에 달하면서도 날개는 60도 후퇴각의 삼각익을 사용하여 날개 폭을 11m로 줄였다. 그 대신 날개 뒷전에 고양력 장치를 전부 설치하여 이착륙 성능을 개선하였고, 주착륙 장치 타이어를 앞뒤로 이중으로 배열하고, 감속용 낙하산을 추가하여 야지 운용 성능을 얻을 수 있게 했다.

덕스포드 박물관에 전시된 TSR.2 폭격기

TSR.2는 초저공 침투를 목적으로 개발된 폭격기이다.

TSR.2의 메인기어는 타이어 2개가 직렬형으로 구성된다.

마하 2의 순항 속도를 얻기 위해서는 대출력 신형 엔진이 필수적이다. 이를 위해 올림퍼스 Mk 320으로 명명된 추력 14t급 엔진이 TSR.2 개발과 병행하여 추진되었다. 이 엔진은 훗날 콩코드 초음속 여객기의 엔진으로도 사용되었다.

고속 성능을 얻기 위해 무장은 동체 내부에 탑재되도록 설계되었다. 동체 내에는 핵폭탄 두 발 또는 1,000lb(454kg)급 폭탄 최대 여섯 발 탑재가 가능했다. 전투 행동 반경은 핵폭탄 탑재 시 1,800km, 주날개에 무장을 탑재하면 740km 밖의 목표물을 공격하고 돌아올 수 있었다.

항속 성능과 고속 침투 성능도 우수했지만 TSR.2를 초저공 침투 폭격기의 전설로 만든 것은 다름 아닌 항공 전자 장비였다. TSR.2는 세계 최초로 지형 추적 모드를 갖춘 멀티모드 레이더를 탑재했다. 페란티가 개발한 이 레이더는 관성 항법 장치와 드플러 항법 레이더, 측방 레이더SLAR와 연계하여 독립적으로 완벽한 항법 비행이 가능하도록 개발되었다. 디지털 임무 컴퓨터에 의한 자동 비행 장치도 갖추었고, 전방 시현 장치, 대기 자료 시스템, 아날로그/디지털 변환기, 조종석 디스플레이까지 완비하였다. 이들 장비는 지금으로서 그다지 특별할 것이 없는 것이지만 TSR.2가 개발되던 1950년대에는 세상에 존재하지 않는 최초의 것들이었다.

TSR.2 개발 비용은 1959년에 6,000만GBP로 예상되었지만 혁신적인 장비들로 인해 비용은 급증하였다. 1965년에는 급기야 7억 5,000만GBP까지 개발비가 폭증했다. 이는 당시 영국의 경제력으로 도저히 감당할 수 없는 수준이었다.

반복된 일정 지연과 개발비 급증으로 영국은 1965년 4월 TSR.2의 개발을 포기했다. 개발에 성공했다면 초저공 침투 폭격기의 전설로 남았겠지만, 시대를 앞서간 기술 적용으로 개발비 급증 문제와 전반적인 사업 관리 실패가 발생하여 TSR.2 폭격기는 결국 역사 속으로 사라지고야 말았다.

05 경량 고성능 전투기 YF-17 코브라

1950년대 미국의 전투기 제작사들은 F-101, F-105, F-106으로 대표되는 'F' 100번대 센츄리 시리즈 대형 전투기 개발에 온 힘을 쏟고 있었다. 이러한 흐름 속에서 당시 노드롭 사는 대형 보다는 소형 전투기의 가능성을 확신하고 N-102 FANG, N-156[F-5], N-300, P-530, P-600[YF-17]으로 이어지는 경전투기를 차례로 등장시켰다.

세계 항공기 시장에서 2,600대 이상 판매된 베스트셀러 F-5 전투기 시리즈는 노드롭 사가 주목한 경전투기 시장이 성공적이었음을 의미한다. 노드롭 사는 F-5 시장을 이어갈 후속작으로 P-530 코브라 전투기를 개발했다. 철저하게 수출을 목적으로 한 P-530은 마하 2급의 다목적 고성능 전투기면서 획득 비용은 놀랍게도 F-5 수준을 목표로 했다. 저렴한 운영 유지비를 바탕으로 F-104, F-5 운용국에 대량으로 수출하겠다는 것이 노드롭 사의 구상이었다.

1965년부터 본격적으로 개발이 시작된 P-530은 소형 터보제트 엔진을 쌍발로 장착했다. 특이한 모양 때문에 '코브라'라는 별명을 안겨준 날개 앞전 연장익을 날개와 동체 사이에 붙여 기동 성능을 향상시켰다. 1971년 1월, 마침내 노드롭 사는 P-530을 각국 공군에 공개했다. 하지만 불행히도 P-530을 구매하겠다고 나선 국가는 없었다.

노드롭 사에 새로운 시장으로 다가온 것은 오히려 내수 시장이었다. 미 공군이 고성

▬ 미국 노드롭사의 경전투기 YF-17

▬ 경쟁 관계였던 YF-16(아래)과 YF-17(위)

▬ 놀라운 기동성과 뛰어난 성장잠재력을 지닌 YF-17

▬ YF-17은 재설계를 통해 미 해군의 주력 전투기 수퍼호넷 계열로 발전한다

능 전투기인 F-15를 보조할 수 있는 경량 전투기를 필요로 했던 것이었다. 노드롭은 이미 개발해놓은 P-530이 있었기 때문에 이를 재설계한 P-600안을 제시했다. 여러 제작사의 경쟁 결과 제너럴 다이나믹스의 GD-401안과 노드롭의 P-600안은 높은 점수를 얻어 각각 YF-16, YF-17로 명명되었다.

1974년에 초도 비행을 성공시킨 YF-17은 계속된 시험 비행에서 미국 항공기 역사상 처음으로 후기 연소기를 작동시키지 않고 초음속을 유지하는 '초음속 순항 성능'을 발휘했다. 뿐만 아니라 68도의 받음각으로 기수를 들어올리고도 안정된 비행 상태를 유지할 수 있었다. 게다가 1975년에는 수평 비행 중 순간적으로 기수를 105도까지 세우는 '행 앤드 후크hang and hook' 기동을 선보여 보는 이들을 놀라게 했다. 이는 1980년대 말 러시아의 Su-27 전투기가 에어쇼에서 선보여 세계를 놀라게 했던 코브라 기동과 유사한 것이다.

놀라운 기동성과 뛰어난 성장 잠재력을 지닌 YF-17이었지만 정작 YF-16과의 경쟁에서는 패배했다. 경량 전투기 프로그램 자체가 고성능 기종보다는 수명 주기 비용이 적은 기종의 확보를 목적으로 두고 있었기 때문이다. 쌍발 전투기는 단발 전투기에 비해 크기가 커지고, 운영 유지비가 많이 들기 때문에 쌍발 전투기인 YF-17은 단발 전투기인 YF-16과의 경쟁에서 불리했다.

비록 YF-17이 경량 전투기 프로그램 경쟁에서는 실패했지만 YF-17 자체가 실패한 기종은 아니었다. 미 해군의 주력 전투 공격기 F/A-18 호넷이 YF-17을 근간으로 개발됐기 때문이다. F/A-18C/D 호넷은 F/A-18E/F 수퍼호넷으로 진화하면서 21세기 미 해군의 주력 항공기로 운용되고 있다. YF-16과의 패배로 YF-17은 비록 역사 속에 묻혔지만 F/A-18 계열의 성공으로 인해 YF-17의 가치는 지금까지 이어지고 있다.

06

캐나다 CF-105 애로우 전투기

 민간 항공기 제작 분야에서 두각을 나타내고 있는 캐나다가 1950년대에 미국과 러시아 전투기보다 더 뛰어난 고성능 전투기 개발을 시도했었다는 사실은 잘 알려져 있지 않다.

 1950년대 캐나다 영공 방위의 주력 전투기는 CF-100 카누크 전투기였다. 제2차 세계대전 당시 랭카스터 폭격기 생산으로 유명했던 아브로 캐나다가 제작한 이 전투기는 성능적으로 미국의 F-94C 스타파이어와 비견됐다. 캐나다는 CF-100 양산 배치와 더불어 1953년부터 세계 최고 성능의 후계기 개발을 물색했다. CF-105 애로우Arrow로 명명된 이 신형 전투기의 요구 성능은 최대 속도 마하 2, 최대 상승 고도 18.3km, 전투 행동 반경 370km였다. 이 정도의 성능이라면 당시에는 대단한 것이 아니지만 놀라운 것은 항공 전자와 무장 체계였다.

 흔히 최초의 하방 탐색/공격 능력을 갖춘 레이더는 F-14A 전투기의 AWG-9 레이더로 알려져 있다. AWG-9도 처음에 개발될 때는 완전히 디지털화되지 못한 펄스도플러 레이더였다. 아스트라ASTRA로 명명된 CF-105의 화력 통제 레이더는 1950년대에 이미 완전 디지털화에 펄스도플러 하방 탐색/공격 성능까지 개발 목표로 정했다. 게다가 아스트라 레이더는 세계 최초로 적외선 탐색 추적 장치와 연동까지 고려할 정도로 시

― 최고 수준의 고성능 전투기를 목표로 개발이 시작된 CF-105

― CF-105 애로우 전투기는 캐나다의 항공 기술력을 집대성한 항공기였다.

▬ 개발비 급증으로 결국 개발이 취소된 CF-105

▬ CF-105 전투기 시제기 출고식

대를 앞서갔다. 이 레이더는 훗날 YF-12A의 ASG-18 레이더 개발로 이어져 탐색 거리 500mile을 자랑하게 된다.

레이더뿐만이 아니었다. 완전 자동화되어 착륙까지 지원하는 자동 조종 장치와 최초의 플라이 바이 와이어를 추구한 제어 계통 개념까지 합하면 1950년대 기술로 CF-105를 완성한다는 것은 쉽지 않은 도전이었다.

애로우에 탑재될 무장은 스패로우II 미사일이었다. 스패로우II는 서방 측이 널리 알려진 반능동 레이더 유도 방식의 스패로우III와 달리 능동 레이더 유도 방식을 사용했다. 대형의 피닉스 미사일로 1970년대 중반에야 겨우 실용화된 능동 유도 방식을 1950년대 기술 수준으로 크기도 작은 스패로우 미사일에 적용하는 것은 역시 매우 어려운 일이었다.

엔진도 당시 기술로는 어려운 도전이었다. CF-105에 사용될 이로쿼이즈 엔진은 최대 추력 11.8t급으로 당시 대형 전투기에 사용되던 J75의 추력 8.4t보다 훨씬 컸다. 이는 F-15를 위해 1970년대에 탄생한 F100-PW-100 엔진의 10.8t 추력보다도 큰 것이었다.

앞서 서술한 항공 전자와 무장, 엔진은 기본형인 애로우 Mk.1 사양이었고, 더욱 놀라운 것은 파생형으로 계획된 애로우 Mk.3가 최대 속도 '마하 3.5', 전투 속도 마하 3이라는 극단적인 성능을 추구했다는 것이다. XF-108을 대신해 미국이 구매할 수 있도록 계획된 애로우 Mk.4는 추력 7t의 램제트 보조 엔진을 네 개까지 탑재할 계획이어서 마하 3급의 XB-70 폭격기 호위에도 부족함이 없었다.

결과적으로 CF-105가 추구한 성능은 2020년대인 지금 시점에서 보아도 개발이 쉽지 않은 것이었다. 1950년대에 불가능에 가까웠던 무장과 항전 체계, 엔진의 조합은 개발 기간의 연장과 개발비의 급격한 상승을 불러왔다. 레이더 개발비의 급증은 이로쿼이즈 엔진 개발 취소로 이어졌고, 급기야 1959년 2월 20일, 캐나다 총리는 CF-105 개발의 전면 취소를 선언했다. 개발비 급증과 함께 경쟁 기종이 탄생되기를 원치 않았던 미국의 입장도 간접적인 영향을 미쳐 결국 세계 최고의 전투기를 개발하겠다는 캐나다의 원대한 꿈은 사라지고야 말았다.

07
스텔스 헬기 RAH-66 코만치

1980년대 미 육군은 차세대 공격 헬기를 다목적 용도로 개발하여 무장/정찰/기동 헬기까지 하나의 기종으로 대체하고자 하는 LHX_Light Helicopter Experimental 프로그램을 추진했다. 신형 헬기 개발을 통한 구체적인 대체 계획은 AH-1 공격 헬기와 UH-1C 건십을 AH-64 아파치로 대체하고, 최종적으로는 LHX로 대체한다는 것이었다. 그리고 OH-58A/C 카이오와, OH-6 카이유즈 정찰 헬기도 OH-58D 카이오와 워리어로 대체한 후 최종적으로 LHX로 대체한다는 계획을 수립했다.

놀라운 사실은 다목적 기동 헬기로 사용되는 UH-1과 UH-60까지도 LHX 다목적형으로 통일한다는 것이었다. 대형 수송 헬기를 제외한 모든 미 육군 항공 헬기를 LHX 계열 하나로 대체하겠다는 이 야심찬 계획은 결국 냉전 시대의 꿈을 안고 1984년 확정되어 본격적인 개발을 시작했다.

LHX 개발에는 보잉/시콜스키 팀과 벨/맥도넬 더글라스 팀이 경합을 벌였고, 1991년 4월 5일 보잉/시콜스키 팀이 경쟁에서 승리해 개발이 본격화됐다. RAH-66 코만치로 명명된 이 신형 헬기는 시제기가 1995년에 출고됐고, 1996년 1월 4일에 초도 비행이 성공적으로 실시됐다.

RAH-66의 가장 큰 특징은 스텔스 성능이다. 적의 종심 깊숙이 침투하는 전투 정찰

■ 스텔스 공격 헬기 RAH-66 코만치

■ AH-64D 아파치와 함께 비행하는 RAH-66

― 개발 일정 지연과 사업비 증가로 개발이 취소된 RAH-66

RAH-66 COMANCHE CUT-AWAY

― RAH-66 구조도

임무에서 높은 생존성을 얻기 위해 코만치는 우수한 스텔스 성능이 요구됐다. 이를 위해 코만치에는 F-117 스텔스기와 같은 다면체 방식의 설계가 적용됐고, 전파 반사와 소음이 큰 테일로터를 없애기 위해 패네스트론 방식이 적용됐다. 또한 인입식 착륙 장치와 대규모로 복합 소재를 사용하는 등 전반적인 스텔스 설계가 이루어졌다. 그 결과 코만치는 AH-64 아파치보다 레이더 반사 면적을 1/663이나 줄일 수 있었고, 적외선은 1/2.75, 소음은 1/1.6 수준으로 낮추어 생존성을 향상시킬 수 있었다.

스텔스성과 더불어 코만치를 미 육군 항공의 혁신적인 무기 체계로 만든 것은 네트워크 중심전 개념을 적용한 항전 체계 덕분이었다. 코만치는 미 육군의 플랫폼 중 공중과 지상 무기 체계를 통틀어 처음으로 완전 디지털화된 시스템을 갖춘다는 목표로 개발됐다. 이를 위해 고성능 컴퓨터를 내장하고 비화 디지털 통신 체계를 갖춰 육군의 항공 및 지상 부대가 원하는 공통 전장 정보 및 영상을 신속히 전송하도록 개발됐다. 신속한 전장 정보 공유 능력으로 다른 플랫폼들보다 더 많은 목표물을 인식하고 교전할 수 있는 능력과 스텔스 성능까지 갖춘 코만치는 지상의 전장을 압도할 것으로 기대를 모았다.

냉전 말기에 구 소련의 신형 공격 헬기와의 교전에서 승리할 수 있도록 공대공 전투 성능은 물론 대규모 기갑전을 수행할 만큼 충분한 공격 능력과 생존성을 갖출 헬기를 개발하는 것은 미국조차 쉽지 않은 일이었다. 전투형뿐만 아니라 병력 수송이 가능한 다용도형까지 고려하여 초기 개념 설계가 이루어졌기 때문에 코만치 프로그램의 기술적인 위험도는 대단히 큰 것이었다.

1996년에 배치를 목표로 1984년부터 개발이 시작된 코만치는 결국 전력화가 2011년으로 연기됐다. 생산 대수도 1985년 당시 5,023대에서 2002년에는 650대 수준으로 급감했다. 개발 일정의 반복적인 지연으로 프로그램 비용은 급증하게 되었고, 긴 개발 기간 변화된 전장 환경과 운용 개념은 다시 기술적 요구 수준과 개발비를 증가시키는 악순환을 반복하게 만들었다. 무리한 기술적 요구도와 프로그램 관리, 일정의 문제로 의회의 집중 공격을 받아온 코만치는 양산 대수 축소에 따른 단가의 급등으로 무기 체계로서의 효율성을 의심받아 결국 2004년 2월 27일에 개발이 전면 취소되고 말았다.

08
이스라엘 라비(Lavi) 전투기

이스라엘의 라비^{Lavi} 국산 전투기 개발 배경에는 크필^{Kfir} 전투기가 있다. 크필 전투기는 프랑스가 이스라엘에 대한 무기 수출을 금지하자 이스라엘이 이에 대한 자구책으로 프랑스 미라지V 전투기를 개조해 개발한 다목적 전투기이다.

외국 전투기의 개조 개발로 전투기 개발의 첫 걸음을 시작한 이스라엘은 한발 더 나아가 전투기의 독자 개발을 추진했다. 독자 개발 전투기 개발 계획이 처음으로 언급된 것은 1979년이었으며, 공식적인 사업 추진은 1980년 2월부터 시작됐다.

라비^{Lavi}로 명명된 이 독자 개발 전투기는 이스라엘 공군의 지상 공격 임무를 담당하던 A-4 스카이호크 공격기와 크필 전투기, F-4 팬텀II 전투기를 대체할 계획이었다. 따라서 개발 요구도 또한 근접 항공 지원과 전장 항공 차단 임무 수행에 중점을 두고 설정됐다. 라비 전투기의 공대공 전투 능력은 기본 임무로서가 아닌 부차적인 임무로 고려됐다.

라비는 수십 년간에 걸친 이스라엘의 전투 경험이 그대로 반영된 경량 다목적 전투기였다. 전체적인 형상은 꼬리날개가 없는 무미익 카나드 델타형으로 설계됐고, 측면 형상은 F-16 전투기와 유사한 것이 특징이었다.

라비의 공허 중량은 6.7t, 최대 이륙 중량은 16t급으로 중량 면에서 한국 공군의 KF-

- 이스라엘의 국산 전투기 라비(Lavi)

- 라비 전투기의 측면 형상은 F-16과 유사하다.

▬ 정면에서 본 라비 전투기

▬ 라비 전투기 형상은 꼬리날개가 없는 무미익 카나드 델타형으로 설계되었다

16보다 가벼운 편이었고, 전반적인 크기는 F-16 초기형에 해당했다. 다만 일반적인 주익-미익이 아닌 델타익을 적용했기 때문에 주날개 면적이 넓어 날개 면적당 하중은 F-16보다 가벼운 것이 특징이다.

엔진으로는 개발 초기에 F404 엔진을 한 개 탑재하는 것이 고려되었으나, 추후 확장성을 고려하여 추력 9t급의 PW1120 엔진으로 변경됐다. 비행 제어 계통은 4중 전자식 비행 제어 방식으로 기계적인 백업은 없다. 복합재는 카나드와 수직 꼬리날개 등에 적용되어 전체 구조 중량의 약 22%를 차지하고 있다.

라비의 개발은 순조롭게 진행되어 첫 시제기[B-01]의 초도 비행이 1986년 12월 31일에 성공적으로 이루어졌다. 이어서 두 번째 시제기[B-02] 초도 비행도 1987년 3월에 실시됐다. 이스라엘의 첫 독자 개발 전투기 라비는 순조롭게 전력화가 진행될 것만 같았다.

1987년 8월, 첫 번째 시제기[B-01]가 초도 비행에 성공한지 채 8개월도 지나지 않아 라비 전투기 개발 계획은 돌연 취소되고 말았다. 라비 전투기 개발에는 국제적인 이해 관계가 걸려 있었던 것이었다.

라비 전투기 개발 사업에서 미국이 차지하는 비중은 상당히 컸다. 양산 계획 대수가 복좌형 60대를 포함하여 총 300대 규모에 달할 정도로 이스라엘로서는 상당히 큰 사업이었으나 이스라엘은 라비 개발비를 전액 부담할 여력이 없었다. 따라서 긴밀한 대미 관계를 이용하여 개발비의 약 40%를 미국 정부가 부담한다는 계획을 전제로 라비 개발은 추진됐다.

미국 정부가 40%의 개발비를 부담하게 됨에 따라 미국은 라비 개발 사업에 대한 통제가 가능했다. 미국은 라비 전투기가 미국산 전투기인 F-16, F/A-18과 수출시장에서 경쟁하게 될 것을 우려해 개발에 적극적이지 않았다. 라비 개발에 미온적인 입장이었던 미 정부는 미국 국회가 라비 개발비 지원을 중단한다는 입장을 밝히자 비용고-예산상의 이유로 지원을 취소했다. 이후 자금 여력이 없었던 이스라엘은 결국 독자 개발 전투기의 꿈을 접을 수밖에 없었다. 라비 전투기 실패 사례는 외부 자원에 의존한 독자 무기 체계 개발이 왜 사업적으로 위험한지를 보여주는 좋은 사례가 되고 있다.

09
고성능 스텔스 공격기 A-12 어벤저II

　A-12 어벤저II는 미국이 1980년대 말에 개발을 추진했던 스텔스기 이름이다. 마치 UFO를 연상시키는 외형의 이 스텔스기는 당시 미 해군의 주력 공격기였던 A-6 인트루더를 대체하기 위해 개발이 시작됐다.

　A-6는 초기형인 A-6A형이 1963년에 배치된 후 1997년까지 미 해군을 대표하는 함재 공격기였다. 약 8t의 외부 무장을 탑재하고도 1,600km의 전투 행동 반경을 보였던 A-6의 공격력은 A-7 콜세어II 공격기나 F/A-18 호넷 전투기가 쉽게 따라올 수 있는 것이 아니었다. 이러한 A-6의 대를 이어 미 해군은 A-6 수준의 공격 능력을 갖추면서도 미래 전장 환경에서 살아남을 수 있도록 생존성이 강화된 ATA$^{\text{Advanced Tactical Aircraft}}$ 사업을 계획했다.

　ATA 사업에는 업체들이 2개 팀을 구성해 미 해군에 설계안을 제시했다. 제네럴 다이나믹스와 맥도널 더글라스로 구성된 GD팀은 삼각형 모양의 기체를 제안했고, 노스롭과 그루먼, LTV로 구성된 노스롭 팀은 B-2 스텔스 폭격기를 축소한 듯한 형상의 기체를 제안했다. 결과는 GD팀의 승리였다. GD팀이 더 낮은 비용에 높은 성능을 미 해군에 제시했던 것이다.

　ATA 사업으로 탄생할 항공기는 걸프전에서 활약한 F-117 스텔스기보다 뛰어난 스

- A-12 어벤져II 스텔스 공격기 개념도

- A-12 공격기 축소 모형

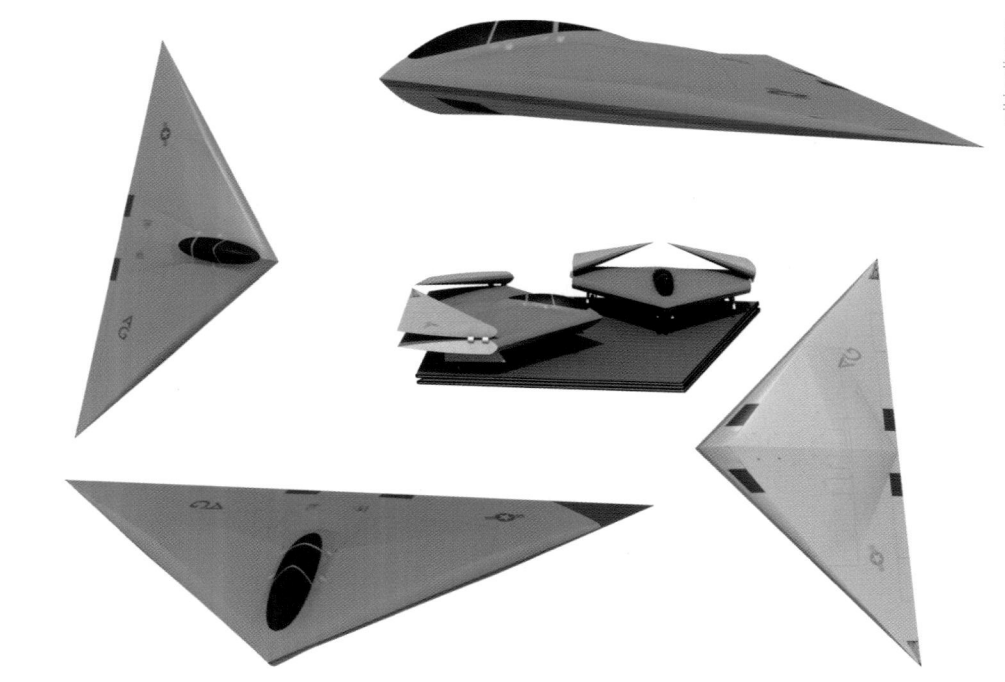

— 다양한 각도에서의 A-12

— F-14 전투기, A-6 공격기와의 A-12 크기 비교

텔스 성능과 무장 능력이 요구됐다. 미 해군은 A-6보다 2배의 신뢰도를 기대한다는 의미에서 명칭도 6의 2배를 곱하여 A-12로 명명했다.

A-12는 삼각형 모양의 다면체 설계와 대형의 내부 무기고를 탑재해 레이더 반사 단면적을 크게 낮출 수 있었다. 엔진은 쌍발로 결정됐고, A-6 보다 긴 작전 반경이 요구되어 삼각형의 전익기Flying Wing 형태로 설계가 진행됐다.

A-12는 최대 이륙 중량 약 31t에 내부 연료를 10t 이상 탑재한다. 충분한 내부 연료량 설계 덕분에 GD팀은 노스롭 팀 설계안이 전투 행동 반경 1,570km를 보였을 때 전투 행동 반경 약 2,030km라는 고성능을 제시할 수 있었다. 노스롭 팀보다 긴 항속 능력의 스텔스 공격기를 대당 3,100만US$에 공급하겠다는 GD팀의 설계안은 미 해군에게 매력적이지 않을 수 없었다.

스텔스기 개발 경험이 없었던 GD팀은 신기술을 대거 적용하면서도 개발비를 39억$로 예측했다. 그러나 계약이 체결된 1988년 11월 이후 예상 개발비는 3개월마다 3~4억$씩 증가했다. 급기야 2년도 안된 1990년 5월에는 예상 개발비가 54억$까지 상승했다. 계약 최고 한도가였던 47억$은 이미 개발 1년 만에 초과해버린 상태였다.

미 해군은 A-12가 탄생하면 3년 내에 미 해군 전투기 예산의 70%를 A-12가 소모시킬 것이라고 걱정했다. 걸프전이 발발하기 열흘 전인 1991년 1월 7일, 마침내 딕 체니 국방부 장관은 A-12 사업의 전면 백지화를 발표하고 말았다.

초기 소요가 미 해군 620대, 미 해병대 238대로 함재기 소요만 858대, 미 공군도 400대를 구매하게 되어 총 양산 대수는 1,258대에 이를 것으로 예상됐던 대규모 개발 프로젝트가 실물 크기 도형도 완성되기 전에 취소된 것이다.

A-12 개발 사업의 취소는 잘못된 사업 관리에서도 원인을 찾을 수 있겠지만 구 소련 붕괴와 전반적인 국방비 감축 무드라는 환경적인 이유도 결정적인 원인으로 꼽을 수 있겠다.

10
F-15와의 경쟁에서 패한 F-16XL

　F-16XL은 베스트셀러 전투기 F-16을 기본으로 성능을 최대로 이끌어낸 역사적인 전투기이다. 비록 미 공군의 신형 전투기 사업에서 탈락해 역사 속에 묻혔지만 F-16XL을 통해 연구됐던 기술은 오늘날까지도 영향을 미치고 있다.

　F-16XL은 미 공군이 F-111 단거리 폭격기를 대체하기 위해 1980년대에 추진한 ETF(Enhanced Tactical Fighter) 사업이 계기가 됐다. 폭격기를 폭격기로 교체하지 않고 전투기 개발 사업으로 추진한 이유는 별도의 호위 전투기 없이 폭격 임무를 수행하고, 필요 시 공중전까지 완벽하게 수행할 수 있도록 하기 위함이었다.

　폭격기와 제공 전투기를 단일 기종으로 교체하겠다는 야심찬 계획에 당시 맥도넬 더글라스(현 보잉)와 제너럴 다이나믹스(현 록히드마틴)가 경쟁에 뛰어들었다. 우수한 공중전 성능이 필요했기 때문에 폭격기를 전투기로 개조하는 것보다 전투기를 폭격기로 개조하는 것이 수월했다. 따라서 당대 최고의 전투기 제작사가 경쟁에 참여한 것이다.

　양사는 각각 F-15와 F-16 플랫폼을 이용하여 장거리 폭격이 가능하도록 항속 거리를 증가시키는 방안을 제시했다. F-15는 대형 기체였기 때문에 내부 공간의 여유가 많아 연료량 증가가 상대적으로 쉬웠다. 맥도넬 더글라스는 F-15 형상을 유지하면서 내부 연료 탱크를 추가하고, 외부에 컨포멀 연료 탱크를 추가한 F-15E형을 제안했다.

— Mk.82 열두 발, AIM-120A 네 발, AIM-9L 두 발을 탑재한 F-16XL 전투기

— F-16A(우)와 비행하는 F-16XL(좌)

▬ 나사 드라이든 비행연구센터에서 비행 실험에 사용된 F-16XL

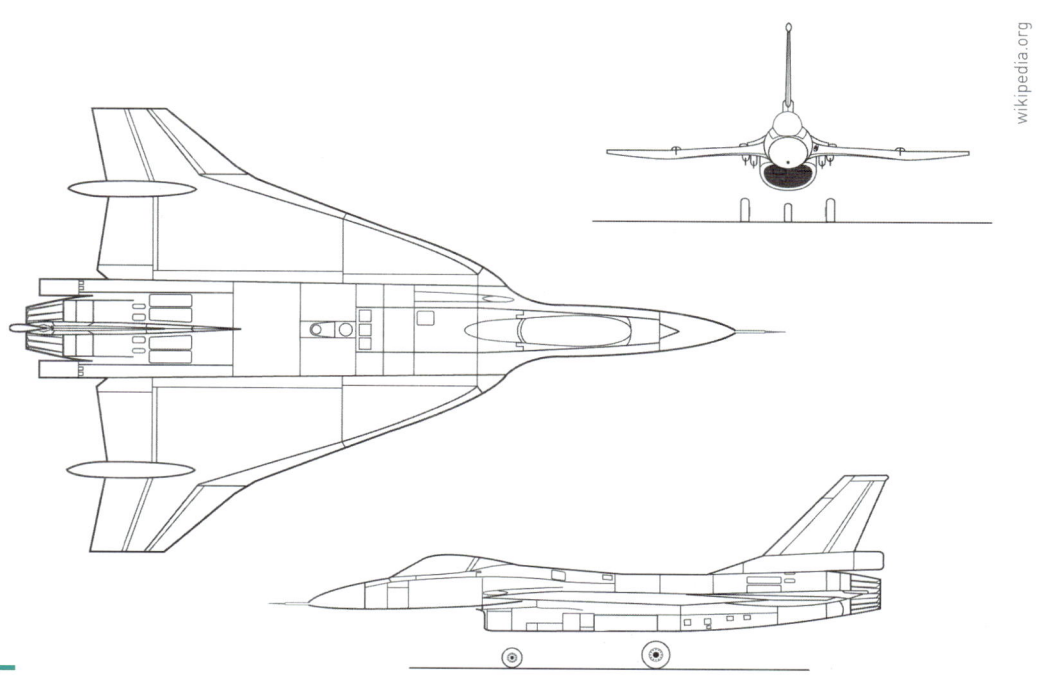

F-16XL 삼면도

반면 소형 경량 전투기였던 F-16은 연료량 증가가 쉽지 않았다. 이에 제너럴 다이나믹스는 델타익의 특성이 주목하고 F-16의 무미익 델타형을 제안했다. 기존 F-16 구성품을 그대로 활용하면서도 주날개를 대형화시켜 많은 연료를 내부에 탑재할 수 있게 한 것이다. 그리고 동체를 연장시켜 연료 탑재량을 추가로 증가시켰다. 기체 내부는 거의 유사하지만 외형은 확연히 달라진 새로운 F-16, 즉 F-16XL형이 탄생한 것이다.

F-16XL에 적용된 주익은 후퇴각이 70도인 내익과 후퇴각 50도인 외익이 결합된 형태다. 비교적 복잡한 형상이지만 단순 델타익에 비해 양력을 증가시킬 수 있고, 초음속에서 항력을 감소시키는 데 효과적이었다. 새로운 주익으로 F-16XL의 날개 면적은 기존형에 비해 두 배 이상 넓어졌고, 내부 연료 탑재량은 약 73%가 증가하였다. 중량이 소폭 증가한 데 비해 항력은 감소하고, 연료 탑재량이 증가했기 때문에 항공기 성능은 크게 향상됐다.

예컨대 기존 F-16의 최대 속도는 무장을 탑재하면 마하 0.9에 불과했지만 F-16XL은 무장을 탑재하고도 마하 1.6의 비행이 가능했다. 초음속 공대지 무장 투하가 가능했던 것이다. 무장탑재 스테이션도 총 17개소로 늘어나 500lb 폭탄 22발 탑재가 가능했다. 기존 F-16과 비교하면 F-16XL은 같은 무장 탑재에서 항속 성능이 2.24배, 두 배의 무장을 탑재해도 1.45배의 항속 성능이 향상된다고 제작사는 밝혔다.

F-16XL은 모듈화된 F-16의 구성품과 동체를 그대로 활용했기 때문에 기존 F-16과의 공통성이 72%에 달했다. 따라서 기존 F-16 생산 라인의 활용이 가능하여 개발비는 물론 획득가를 크게 낮출 수 있었다. 비용뿐만 아니라 F-15E에 비해 낮은 레이더 반사 단면적과 무장 투하 후 고속으로 귀환이 가능했던 F-16XL은 여러 모로 우수성이 있었다. 하지만 보다 높은 공격 능력을 원했던 미 공군의 눈높이를 맞추지 못해 F-16XL은 F-15E와의 경쟁에서 패하고, 결국 역사 속으로 사라지고야 말았다.

11

A-10과의 경쟁에서 패한 YA-9 공격기

근접 항공 지원에 특화된 공격기라면 미 공군의 A-10, 러시아의 Su-25 등을 대표적으로 꼽을 수 있다. 특히 A-10 공격기는 1991년 걸프전에서 눈부신 활약을 보임으로써 명성을 굳혔다. YA-9 공격기는 이 A-10 공격기와 경쟁에서 패해 역사 속에 묻힌 기종이다.

YA-9와 A-10 공격기는 미 공군이 1967년부터 시작한 A-X$^{Attack\ Experimental}$ 사업을 통해 개발됐다. 1960년대 나토군의 가장 큰 고민거리는 대량의 전차부대를 보유한 바르샤바조약기구 지상군을 어떻게 막아낼 것인가였다. 당시 서유럽의 나토군은 바르샤바조약기구에 대항할 충분한 양의 전차를 확보하지 못했다. 다양한 종류의 대전차 전력을 고심하던 나토군은 대전차 공격기와 공격 헬기에 관심을 가졌다. 특히 미 공군은 전차 공격을 전문으로 하는 저가의 대전차 공격기를 개발해 대량의 전차를 제압하겠다는 계획을 수립했다. 이러한 구상이 구체화 된 것이 바로 A-X 사업이었다.

A-X 사업으로 탄생하게 될 공격기는 전방의 비포장 활주로에서도 운용이 가능해야 했다. 그리고 지상군의 화력 지원 요청에 신속하게 대응하기 위해 전장 상공에서의 장시간 체공 능력이 요구됐다.

베트남전에서 미군은 F-4 팬텀 전투기에서 A-1 스카이레이더 공격기까지 다양한 기

— 노스롭 YA-9 공격기 시제기

— A-10과의 경쟁에서 패한 YA-9A 시제기

종을 근접 항공 지원 임무에 투입했다. 그 결과 프로펠러 공격기였던 A-1이 오히려 제트 전투기들보다 근접 항공 지원 임무에 더 효과적임이 판명됐다. 비록 무장 탑재량도

— 노즈기어가 A-10처럼 측면으로 치우친 YA-9A.

— 후면에서 본 YA-9A

팬텀에 비해 적고, 속도도 느렸지만 저공에서 장시간 체공할 수 있었던 A-1 공격기를 지상군은 더 선호했던 것이다.

총 6개 항공기 제작사가 A-X 사업에 뛰어들었지만 시제기 제작업체로 선정된 것은 노스롭 사와 페어차일드 사였다. 시제 항공기 명칭은 각각 YA-9와 YA-10으로 명명됐고, 1972년부터 본격적인 시험 평가가 이루어졌다.

베트남전 경험을 통해 저고도에서 작전하는 항공기는 다양한 구경의 대공 화기에 노출된다는 것을 알았다. 따라서 새로 개발되는 공격기는 대공 화기에 대한 생존성이 특히 강조됐다. 이러한 대책으로 양 기종은 조종석에 23mm 탄의 직격에도 견딜 수 있는 욕조형 방탄판을 탑재해 조종사의 생존 확률을 높였다.

A-10과 YA-9를 비교하면 형상 측면에서 엔진 위치와 꼬리날개가 가장 차이가 난다. A-10은 엔진을 후부 동체 위에 각각 떨어뜨려서 얹은 형태로 설계했다. 특이하게도 동체 위에 엔진을 위치시킨 이유는 앞과 뒤의 날개가 엔진을 가려 엔진을 보호하기 위해서였다. 엔진 뒤에 위치한 수직꼬리날개는 엔진으로부터 방사되는 적외선을 감추는 역할도 했다. 그리고 유사시 한쪽 날개가 피탄되더라도 조종 능력을 확보하기 위해 꼬리날개는 두 개로 설계했다.

독특한 외형의 A-10과 달리 YA-9는 일반적인 제트기 형상으로 설계됐다. 엔진은 주 날개 안쪽에 위치시켰고, 수직꼬리날개도 한 개였다. YA-9는 한국 공군도 장기간 운용했던 세스나 사의 A-373 공격기를 마치 그대로 확대시켜 개발한 듯한 외형을 보였다. YA-9는 A-10보다 최대 속도를 높여 생존성 향상을 도모했지만 현격한 차이를 보이지는 못했다.

양 기종의 시험 평가 결과, 미 공군은 1973년 1월 YA-10을 차기 공격기로 선정했다. 생존성과 양산 비용 측면에서 YA-10이 YA-9보다 우수했던 것이다. YA-9 공격기는 평범한 외형 때문에 널리 알려져 있지는 않지만 YA-9와 유사하게 설계된 러시아 Su-25 공격기는 다양한 국가에 수출되어 대표적인 주요 공격기 중 하나로 기억되고 있다.

12

궁극의 프로펠러 전투기 Ta 152

　제2차 세계대전이 끝나가던 1944년 말, 독일 하늘에는 독일 공군이 존재하지 않았다. 제공권을 장악한 연합군 소속 무스탕 전투기 네 대는 임무 수행 중 정체 불명의 기체 한 대를 발견했다. 독일의 기반 시설과 공군을 무력화시킨 이후 격추할 대상이 사라진 무스탕에게 나타난 독일 항공기는 날아다니는 표적에 불과한 상황이었다. 무스탕은 곧바로 멀린 엔진을 최고출력으로 높이며 접근을 시도했다. 하지만 적기는 단순히 기수를 기지로 향한 채 오히려 무스탕으로부터 점점 멀어져갔다. 무스탕 전투기 조종사들은 그저 멀어져가는 적기를 바라볼 수밖에 없었다. 당시 연합군의 가장 고성능 전투기였던 P-51D의 추격을 여유있게 뿌리칠 만큼 빠른 속도를 보였던 독일군의 이 정체 불명의 전투기는 바로 Ta 152였다.

　Ta 152 개발은 1942년 5월에 독일이 요구한 고고도 전투기 개발 계획으로 시작됐다. 이 고고도 전투기 개발 계획에는 메사슈미트와 포케울프가 각각 Me 155B, Ta 152 기종을 참여시켰다. Me 155B는 초고고도 전투기라는 발전된 개념이었지만 개발의 어려움이 예상돼 탈락됐고, Ta 152는 기존의 성공작 Fw 190D를 토대로 안정적인 개발이 예상돼 최종 채택됐다.

　Ta 152는 고고도로 비행하는 미국의 4발 중폭격기와 호위기들을 여유있게 요격할

— 궁극의 프로펠러 전투기 Ta 152H

— 영국에 노획된 Ta 152

수 있도록 고도 1만 2,500m(4만ft)에서도 고속 운용이 가능한 성능을 요구받았다. 즉, 당시 어떠한 프로펠러 전투기보다도 높게, 빠르게 비행할 것을 요구받게 된 것이다.

이를 가능하게 하기 위하여 Ta 152는 Fw 190의 주날개와 꼬리날개, 고양력 장치를

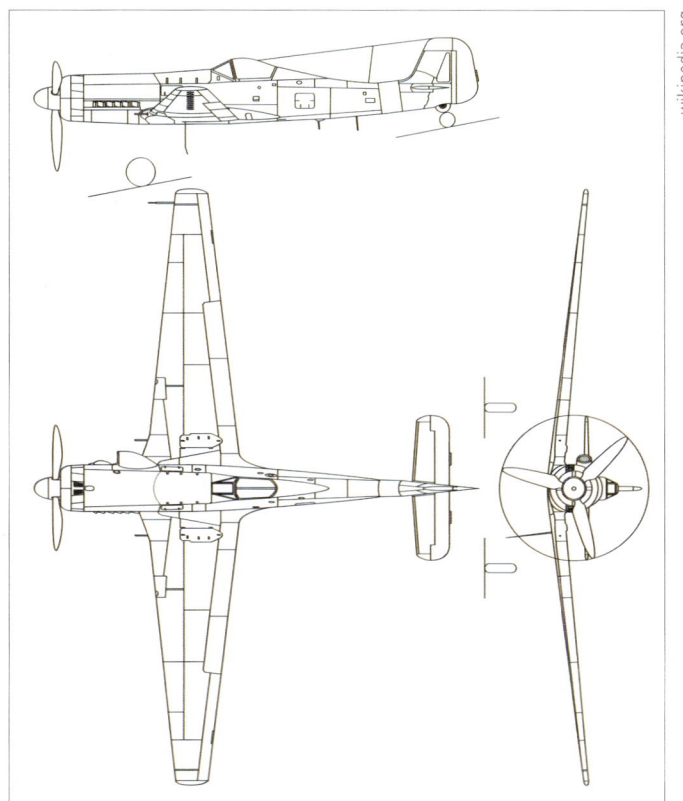

Ta 152H 삼면도

P-51D와 교전하는 Ta 152H

대형화시키고, 기수 연장과 더불어 동체를 여압화시키는 구조적 변경을 실시했다. 엔진은 신뢰성이 입증된 유모 213 엔진에 슈퍼차저와 MW-50 파워 부스터를 추가했다.

개량을 마친 Ta 152 시제기는 고도 9,000m에서 시속 750km를 낼 수 있었으며, 파워 부스터를 사용하면 고도 1만 2,500m에서도 시속 765km라는 경이적인 성능을 보였다. 이 성능은 프로펠러기로서는 한계에 다다른 것이기 때문에 독일 공군에서도 이 기체의 채용을 결정, 1944년 10월부터 선행 양산형인 Ta 152H-0 20대와 양산형 H-1 조달 계약이 체결되었다. 양산형의 날개 폭은 14.44m로 상당히 대형화되어 있었고, 무장은 프로펠러 축에 Mk 108 30mm 기관포 1문과 주날개와 동체에 MG151 20mm 4굴(H형은 2문)을 장착하고 있었다.

당시 연합군의 주력 전투기였던 P-51D의 최대 속도는 시속 703km, 스핏파이어XIV의 최대 속도는 시속 721km 정도였다. 이에 반해 시속 765km의 속도에 운용 고도 1만 2,500m 이상이라는 Ta 152의 성능은 어떠한 연합군의 전투기도 쉽게 요격할 수 없는 성능이었다. 게다가 12.7mm나 20mm 기관포를 주로 탑재하던 연합군 전투기에 비해 대구경 30mm 기관포와 20mm를 혼재한 Ta 152는 4발 중폭격기라도 일격에 파괴할 수 있는 강력한 화력을 지니고 있었다.

제트기가 등장하기 시작한 대전 말에도 Ta 152의 기동성, 속도, 화력은 연합군의 폭격기와 호위기를 요격하는 데 충분한 것이었다. 하지만 이미 독일의 산업 능력은 Ta 152를 대량 생산하기에 역부족이었다. 주력 생산형인 Ta 152C도 다섯 대의 시제기가 1945년 2월에 제작되었지만, 밀려드는 소련군에 생산 공장을 차례로 점령당하면서 결국 양산에 이르지 못했다. Ta 152는 제2차 세계대전 기간 중 어떠한 기종보다 빠르고, 고고도 성능이 뛰어난 기종이었지만 부족한 자재난과 인력난으로 인해 성능을 발휘하지 못한 채 그렇게 역사 속으로 사라진 비운의 전투기가 되었다.

| 저자 상세 소개 |

임상민 박사

- 한국항공대 겸임교수
- 방위사업교육원 겸임교수
- 방위사업청 전문관

전투기에 대한 지극한 관심과 열정으로 유년 시절부터 전투기 연구와 획득에 일생을 바치고 있다.

대한민국의 주요 전투기 국외 구매/연구 개발 사업에 참여했다. 방산 현장에서 엔지니어로 전투기를 연구 개발했고, 연구자로 전투기의 정량화/계량화된 비교 분석, 평가, 성능, 체계공학, 운용, OR/OA/M&S, 비용 대 효과 분석, 기술기획, 항공전사, 전술, 항공전력 기획과 항공우주산업 정책 분야를 연구하며, 논문과 외부 기고, 저서를 발간했다. 연구하고 경험한 지식을 정책에 반영하고자 공직자로서 국익을 위해 항공무기체계 획득 업무를 수행하고 있다. 또한 학자와 교수로서 지식과 경험을 후진에게 전달하는 것에도 노력하고 있다.

한국항공대에서 학사·석사·박사 학위를 받았고, 미국 조지아텍에서 '무기체계 시험 평가', 영국 크렌필드대에서 '무기체계 기술', 공군 29전대에서 '전자전' 과정 등을 교육받았다.

한국항공대 대학원 겸임교수로 '전투기시스템론', '방위사업론' 과목을 가르치고, 방사청 방위사업교육원 겸임교수로 '항공무기체계 특별 과정', '국방M&S', '국외 구매' 과목, 공군대학 SOC과정에서 '전력학(특강)'을 강의하고 있다.

한국전자통신연구원ETRI 정보화기술연구소에서 연구원으로 근무했고, 한국항공우주산업KAI 개발본부에서 엔지니어로 FA-50 파상형 전투 효과 분석, KF-X 개념 연구를 담당했다. 국방기술품질원(현 국방기술진흥연구소)에서 전투기 체계 기술 기획과 F-X, KF-X 등 전투기 임무급EADSIM 교전을 연구했다. 현재 방위사업청에서 항공 분야 전문관으로 항공무기체계 획득 업무를 수행하고 있다.

F-35 구매 시, 차기 전투기F-X 사업의 성능/기술 분야를 담당하여, ROC 검토, 평가 요소/가중치 산출, S&A단계/제안서 평가(성능)/기술 협상 등을 수행했다. '차기 전투기F-X 사업 기종 결정 평가 방법 연구', '차기 전투기F-X 사업 분석 평가', '5세대 전투기 공중전 영향성 분석'에서 전투기 임무 수행 능력, 성능 평가를 담당했고, 'F-X 사업 선행 연구', '공군본부 기참부 차기 전투기 자문위원'으로 참여했다.

KF-21 연구 개발 시, '보라매KF-X 개발 사업 사전 타당성 분석 연구'에서 KAI KF-X 개념 연구를 담당했고, 합참 요청으로 '소요제기서' 주요 ROC 결정을 위한 정량적 분석을 수행했다. 이후 'KF-21 Block-III 사전 개념 연구'를 수행하여 KF-21 소요 및 발전 방향 수립에 참여했다.

6세대 및 유무인 전투기와 관련하여 전투기 체계 기술 전문가로 공군 '6세대 전투기 …전략' 수립에 참여하였고, '…6세대 전투기 …연구'에서 핵심기술과 로드맵을 조성, '유무인 전투기 복합 체계 기술 분석 전문가 검토위원', '국방기술기획서 기술 조사 분석 전문가(차세대 전투기 WG)', '…기획협의체 위원'으로 참여하여 미래 유무인 전투기 개발 방향 수립에 참여했다.

또한 '유무인 적용을 위한 15,000lbf 이상급 터보팬 엔진 기술 개발' 미래 도전 기획 협의체 위원장을 맡아 KF-21, 6세대 전투기, 항공 엔진 등 한국의 미래 전투기 연구 개발 로드맵을 연계하여 기획하는 업무를 수행했다.

그 외에도 '공군 전투기 전투효과지수 산출' 연구에서 군 전력지수를 산출, 'KF-16 전투기 성능개량사업 선행 연구'에서 기술, 성능 분야를 자문했고, 공군본부 미래기획센터 자문위원, 방위사업교육원 국방사업관리사 출제위원, 우주정책연구(항우연) 편집위원으로도 활동하고 있으며, 국방과학기술조사서(전투기 분야) 작성, 공군 항공우주무기편람(전투기 파트)과 히스토리채널의 공중전 다큐 〈실전 최강 전투기 대전 Dogfight〉 시즌 1, 2를 감수했다.

저서로 『전투기의 이해(이지북/플래닛미디어, 항공대 대학원 교재/공사 부교재, 방사청 추천도서)』, 『항공기 체계효과도의 이해(청문각, 문화부 공학분야 우수학술도서)』, 『어린이 항공교실(두산동아, 항공소년단 교재)』, 『항공과학 세상(대교, 항공소년단 교재)』 등 항공 전문서적 9권을 발간하였다.

'4세대 및 5세대 전투기 전투효과지수에 관한 비교 연구(항공우주학회)', '전투기 성능, 설계 기술 진화에 기반한 제트전투기 세대 구분 연구(군사과학기술학회)', '전투기 유무인 복합 체계 개발 동향 및 운용 개념에 관한 연구(항공우주학회)', '미래전 전망과 한국형 6세대 전투기 발전 방향(군사과학기술학회)' 등 20여 편의 전투기 관련 논문을 관련 학회에 게재, 발표하였다.

그리고 1992년부터 월간 『공군』, 월간 『항공』, 『국방일보』, 『날틀』 등 항공·국방 매체에도 전투기 관련 최장기 연재 코너로 400여 편을 연재, 기고하고 있다.

항공무기의 이해

초판 1쇄 발행일   2025년 12월 19일

저자 | 임상민
펴낸이 | 김현중
책임 편집 | 황인희
관리 | 위영희

펴낸 곳 | ㈜양문
주소 | 01405 서울 도봉구 노해로 341, 902호(창동 신원베르텔)
전화 | 02-742-2563
팩스 | 02-742-2566
이메일 | ymbook@nate.com
출판 등록 | 1996년 8월 7일(제1-1975호)

ISBN 979-11-995705-1-1   03390
* 잘못된 책은 구입하신 서점에서 교환해 드립니다.